Office 软件高级应用实践教程

（第二版）

潘巧明　胡伟俭　主　编
沈伟华　张定俊　副主编

ZHEJIANG UNIVERSITY PRESS
浙江大学出版社

图书在版编目(CIP)数据

Office 软件高级应用实践教程 / 潘巧明,胡伟俭主编.
—2版. —杭州:浙江大学出版社,2018.6(2023.7重印)
ISBN 978-7-308-18290-4

Ⅰ.①O… Ⅱ.①潘… ②胡… Ⅲ.①办公自动化—应用软件—高等学校—教材 Ⅳ.①TP317.1

中国版本图书馆 CIP 数据核字(2018)第 117531 号

Office 软件高级应用实践教程(第二版)

潘巧明　胡伟俭　主编

责任编辑	吴昌雷
责任校对	汪　潇
封面设计	续设计
出版发行	浙江大学出版社
	(杭州市天目山路 148 号　邮政编码 310007)
	(网址:http://www.zjupress.com)
排　版	杭州林智广告有限公司
印　刷	浙江省邮电印刷股份有限公司
开　本	787mm×1092mm　1/16
印　张	19.75
字　数	480 千
版 印 次	2018 年 6 月第 2 版　2023 年 7 月第 7 次印刷
书　号	ISBN 978-7-308-18290-4
定　价	45.00 元

内容简介

本书在 2012 年出版的《Office 软件高级应用实践教程》的基础上进行修订,采用最新的教育技术,将核心内容做成微课形式,通过搭建网络教学平台,实现全部教学资源上网,是一种新形态的教材。教材主要内容以微软公司的 Office 2016 为基础,涉及 Word 高级应用、Excel 高级应用、PowerPoint 高级应用以及 Office 软件其他高级应用。本次修订以最新版 Office 2016 为平台,依据编者多年实际教学经验,结合最新的教学改革成果,以 CDIO 工程教育理念为指导,进行教材的整体设计。突出以工作需求为导向,将实际工作中所用到的最主要的技术提炼出来,通过情景教学及项目驱动的方式,用实际例子来讲解知识,避免了纯理论的说教,具有重点突出、简明扼要、可操作性强等特点。全书项目均来自对生活和工作实际案例的加工提炼,每个项目从项目描述、知识要点、制作步骤、项目小结等四个方面进行设计,每个项目安排了若干个实践练习题,使学生举一反三达到复习巩固的目的。本书内容丰富,语言精练,通俗易懂,是 Office 基本功能的提高篇。通过学习本书,读者不仅可以体会办公软件的强大功能,掌握办公软件的使用技巧,而且可以学会综合运用办公软件来处理复杂的实际问题。本书在内容设计与编排上充分考虑了计算机技术的最新发展和现有社会工作的实际需求,同时与我国教育部对大学生计算机技能要求相符。因而,它既可作为高等院校学生公共课课程的教材,也可作为各级、各类学校教师培训或继续教育课程的教材。同时,也可供普通高等院校计算机专业相关的人员阅读。

前　言

大学计算机基础是大学生的必修课，这门课程在培养学生的技术应用能力方面起着重要的作用。本书是一本高起点的"计算机基础"课程的最新教材。教材紧密围绕全国高等学校计算机基础教育教学大纲，以适应社会需求为目标，以培养技术应用能力为主线，理论上以必需、够用为度，以讲清概念、强化应用为重点，并加强针对性和实用性，注重使读者在掌握计算机基础知识和基本应用的基础上具备一定的可持续发展能力。全书在 2012 年出版的《Office 软件高级应用实践教程》的基础上进行修订，采用最新的教育技术，将核心内容做成微课形式，通过搭建网络教学平台，实现全部教学资源上网，是一种新形态的教材。教材将原版的 Office 2010 平台操作升级为 Office 2016 最新版，更新了一批最新的项目案例，调整结构将原有的 6 章改为 5 章。

第 1 章介绍 Word 的高级应用，主要包括文档的版面设计、样式设置、域和修订等知识。第 2 章介绍 Excel 的高级应用，主要包括工作表美化、公式和常用函数、数据处理、图表创建和美化等知识。第 3 章介绍 PowerPoint 的高级应用，主要包括背景、主题、母片、模板的使用、多媒体素材效果、幻灯片放映和演示文稿的输出等知识。第 4 章介绍 Access 软件，主要包括数据表、查询、窗体、报表和数据的导入导出等知识。第 5 章介绍 Office 组件协作及团队协作，主要包括 Office 组件之间的协作运用技巧，Word、Excel、PowerPoint 三个软件之间协作的常用方法，在线团队协同办公等知识。

本书的编写得益于编写组成员的鼎力合作。所有编写老师都参与了统稿和审稿工作。本书在编写过程中还得到了丽水学院教务处、工学院和教师教育学院等单位的全力支持，同时还得到了丽水学院计算机学系所有教师的大力帮助,在此表示衷心的感谢!本书所配套的电子教案和教学相关资源可以联系作者或出版社编辑索取:潘巧明,lsxypqm@163.com;吴昌雷,chang_wu@zju.edu.cn

由于时间匆促,加上编者水平所限,书中难免会出现不足之处,恳请读者批评指正。

编　者

2018 年 1 月

目　录

Word 高级应用

 学习目的及要求

掌握 Word 2016 的高级应用技术,能够熟练掌握文档的版面设计、样式设置、域和修订等,具体地说,掌握以下内容。

1. 版面设计

(1) 掌握设置页面效果相关技巧,能熟练进行封面设计、页面背景设计、页面边框设计等操作。

(2) 掌握分节、分页、分栏的概念,能够熟练使用分节符和分页符及页面分栏。

(3) 掌握页面设置相关技巧,能熟练进行页面纸张设置、页边距设置、版式设置等操作。

(4) 掌握页眉和页脚设置技巧,能熟练进行插入页码,设置不同页面的页眉和页脚等操作。

2. 图文混排

(1) 掌握图片的插入处理,能熟练进行调整图片的大小、色彩、阴影、边框和环绕方式等操作。

(2) 掌握形状绘制的相关操作,能熟练设置形状的阴影和三维效果,进行形状的排列和组合。

(3) 掌握表格的使用,能熟练创建、编辑表格,修改布局设计,进行表格的排序与数学计算。

(4) 掌握图文混排,能熟练进行插入水印,保护文件等操作。

3. 样式设置

(1) 掌握样式的创建和使用,可规范全文的格式,便于文档内容的修改和更新。

(2) 掌握注释的相关操作,能熟练使用脚注、尾注和题注注释文档。

(3) 掌握多种引用的创建,能熟练地为脚注、题注、编号项等创建交叉引用,熟练进行目录创建、索引等操作。

(4) 掌握文档和模板间的相互关系,能熟练创建模板和使用模板、在模板中管理样式。

4. 域和修订

(1) 掌握域的概念,能熟练进行插入域,编辑域、更新域等操作。

(2) 掌握文档修订的方式,能熟练进行文档修订、批注的相关操作。

1.1 Word 高级应用主要技术

1.1.1 版面设计

要使一篇文档美观和规范,仅仅进行简单的文字段落格式化操作并不能满足实际需要,必须对文档进行整体的版面设计,通过编排达到文档的整体效果。因此,要完成一篇文档的高质量排版,首先应当根据文档的性质和用途进行版面设计。

1. 设置页面效果

在 Word 中编辑好文档后,为了使文档更加美观,常常要对其页面进行适当的设置,设置页面主要包括在合适的位置插入封面、插入页面背景、定义稿纸和设置页眉/页脚等。

(1) 插入封面

在编辑文档的过程中,封面默认是插入文档的首页。操作步骤如下:

① 打开要插入封面的文档,选择"插入"选项卡,单击"页"组中的"封面"按钮。弹出"内置"封面列表,如图 1-1 所示。

② 选择需要的封面样式选项,即可在文档首页插入封面,然后根据实际需要进行修改。

(2) 添加页面背景

为了使制作的 Word 文档不单调,可以给文档页面添加漂亮且合适的背景,在插入页面背景时还可设置页面的水印效果、页面颜色和页面边框等。

一旦在文档中插入设置的水印效果,将应用于整篇文档。插入水印效果主要有插入软件提供的水印样式和自定义水印样式两种情况。自定义水印效果操作步骤如下:

① 打开需要插入水印效果的文档,选择"设计"选项卡,单击"页面背景"组中的"水印"按钮。

② 在弹出的下拉列表中选择"自定义水印"命令,打开"水印"对话框。

1-1 "内置"封面列表

③ 若要使用电脑中的图片做水印,可选中"图片水印"单选按钮,然后单击"选择图片"按钮,通过打开的"插入图片"对话框选择需要的图片,在"缩放"下拉列表框中选择缩放比例选项即可。

④ 若要使用文字水印,可选中"文字水印"单选按钮,然后设置水印文字的语言、文字、字体、字号、颜色和版式等,如图 1- 2 所示。

⑤ 设置完毕后,单击"确定"按钮,即可将所设置的水印样式应用于整篇文档。

在 Word 文档中使用漂亮页面颜色可以使文档从视觉上感到清新。设置页面颜色操作步骤如下：

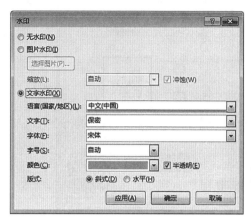

图 1-2　"水印"对话框

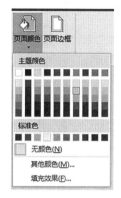

图 1-3　页面颜色

① 打开需要设置页面颜色的文档，选择"设计"选项卡，单击"页面背景"组中的"页面颜色"按钮。

② 在弹出的下拉菜单的"主题颜色"栏和"标准色"栏中可选择需要的颜色，如图1-3所示，也可选择"其他颜色"命令，通过打开"颜色"对话框，自定义需要的颜色。

③ 选择"填充效果"命令，打开"填充效果"对话框。在"渐变"选项卡中可设置填充效果的颜色、透明度、底纹样式和变形等，如图 1-4 所示。在"纹理"选项卡中可选择一种纹理样式，也可单击"其他纹理"按钮，选择需要的图片做纹理。在"图案"选项卡中可选择一种图案样式，还可在"前景"和"背景"下拉列表框中选择需要的颜色为页面设置前景和背景色。在"图片"选项卡中可单击"选择图片"按钮，通过打开的对话框选择需要的图片作页面背景。

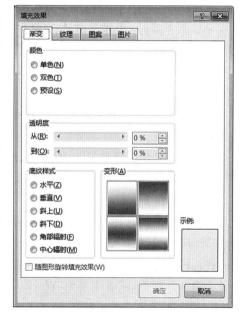

图 1-4　设置渐变效果

在 Word 文档中设置页面边框的操作步骤如下：

① 打开需要设置页面边框的文档，选择"设计"选项卡，单击"页面背景"组中的"页面边框"按钮，弹出"边框和底纹"对话框。

② 在"页面边框"选项卡的"设置"栏中可选择需要的边框样式，在"样式"列表框中可选择边框线的样式，在"宽度"数值框中可输入线的宽度大小，在"艺术型"下拉列表框中可选择边框图案形式，在"应用于"下拉列表框中可选择应用边框的范围，如图1-5所示。

③ 单击"确定"按钮，可将设置的边框样式应用于需要的文档中。

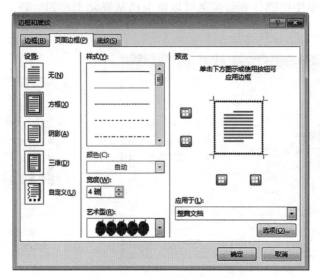

图 1-5 "边框和底纹"对话框

2. 分节和分页

(1) 节和分节符

在文档中加入分节符后,就将文档分为了节,这时用户可以根据需要对每一节的格式进行设置,这些格式类型包括:页边距、页面边框、纸型或方向、打印机纸张来源、垂直对齐方式、页眉和页脚、页码编排等。插入分节符的操作步骤如下:

① 打开文档,单击要插入分节符的位置,然后单击"布局"选项卡的"页面设置"组中的"分隔符"按钮,弹出"分隔符"列表,如图 1- 6 所示。

② 在"分节符"类型选项组中选择要插入的分节符类型。

如果需要删除分节符,在草稿视图中单击要删除的分节符,再按"Delete"键即可。

(2) 页和分页符

在编辑文档时,如果文字或图形填满了一页,Word 会自动插入一个分页符,并开始新的一页。而在实际操作中,有时需要在特定位置手动插入分页符,或者需要对 Word 自动插入的分页符进行一定的设置以保持所需的外观效果。

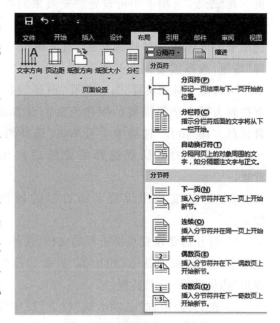

图 1-6 "分隔符"下拉列表

手动插入分页符的操作步骤如下:

① 单击新页的起始位置。

② 然后单击"布局"选项卡的"页面设置"组中的"分隔符"按钮,出现"分隔符"列表(见

图 1-6)。

　　③ 在"分隔符"列表中的"分页符"下选择"分页符"选项,则在光标所在位置插入分页符。

　　设置分页符的操作步骤如下:

　　① 选定需要设置的分页符位置的段落。

　　② 单击"开始"选项卡下"段落"组中的对话框启动器,打开"段落"对话框,切换到"换行和分页"选项卡,如图 1-7 所示。在该对话框中可进行选择。如果选定了多个段落,并选中"与下段同页"复选框,则多个段落都将始终保持在同一页上。

　　③ 完成所需设置后,单击"确定"按钮关闭"段落"对话框,则分页符的设置将对选定段落生效。

3. 分栏

　　分栏经常用于报纸、杂志、论文的排版中,它将一篇文档分成多个纵栏,而其内容会从一栏的顶部排列到底部,然后再延伸到下一栏的开端。在一篇没有设置"节"的文档中,整个文档都属于同一节,此时改变栏数,将改

图 1-7　"换行和分页"选项卡

变整个文档版面中的栏数。如果只想改变文档某部分的栏数,就必须将该部分独立成一个节。

　　(1)创建分栏

　　如果希望对文档或其中的部分内容进行分栏,操作步骤如下:

　　① 按以下方法选定需要进行分栏的文档内容:

　　如果是对整篇文档进行分栏,则选择整篇文档;

　　如果是对部分文档进行分栏,则选中这部分文本;

　　如果是对分过节的文档其中的某节或某些节进行分栏,则单击要分栏的节或选定多个节。

　　② 单击"布局"选项卡下"页面设置"组中的"分栏"按钮,出现如图 1-8 所示的"分栏"下拉列表。

　　③ 根据需要单击合适的分栏类型,则所选部分就按选定栏数分栏了。

　　(2)对分栏进行设置

　　进行分栏之后,用户还可以通过"分栏"对话框来设置每栏的栏宽、栏之间的间距,以及是否插入分隔线等。设置分栏操作步骤如下:

　　① 选定要对分栏进行设置的文本。

　　② 单击"布局"选项卡的"页面设置"组中的"分栏"按钮,在出现的下拉列表中单击"更多分栏"选项。打开如图 1-9 所示的"分栏"对话框,在该对话框中可以进行设置。

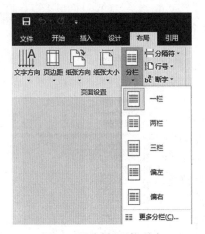
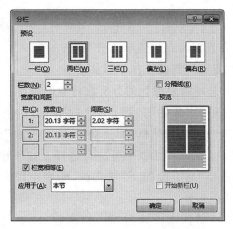

图 1-8 "分栏"下拉列表　　　　　图 1-9 "分栏"对话框

（3）分栏中的文本操作

正常情况下，只有文本填满了一栏之后才会转到下一栏中。但是，有时需要将文本提前转入下一栏以使得外观效果更好，这时需要插入"分栏符"来开始新的分栏。另外，当要创建跨多个分栏的标题时，则需要将该标题与分栏内容隔离开。将文本转入新的分栏的操作步骤如下：

① 在页面视图下单击要开始新栏的位置。

② 单击"布局"选项卡的"页面设置"组中的"分隔符"按钮，在出现的列表中单击"分栏符"选项，则插入点后的文本将被移到下一栏的顶部。

4．页面设置

一篇文档的页面设置包括：页面纸张设置、页边距设置、版式设置和文档网格。页面设置是版面设计的重要组成部分。要想打印出来的效果令人满意，需要根据实际情况来设置页边距和页面方向，以及纸张大小等。

（1）设置页边距和纸张方向

设置页边距的操作步骤如下：

① 选择"布局"选项卡，单击"页面设置"组中的对话框启动器，在弹出的"页面设置"对话框中打开"页边距"选项卡，如图 1-10 所示，设置相应的选项。

② 完成所需的设置后，单击"确定"按钮，关闭"页面设置"对话框，页边距和纸张方向设置将在所选应用范围中生效。

（2）选择纸张大小

在 Word 中，用户可以自由设置纸张的大小，单击"布局"选项卡下"页面设置"组中的"纸张大小"按钮，在出现的选择列表中选择纸张大小，如图 1-11 所示。

如果没有合适的纸型，则选择"其他页面大小"选项，在弹出的"页面设置"对话框（见图 1-10）中的"纸张"选项卡下设置纸张大小，完成所需设置后，单击"确定"按钮，纸张大小设置将在所选范围中生效。

图 1-10 "页边距"选项卡

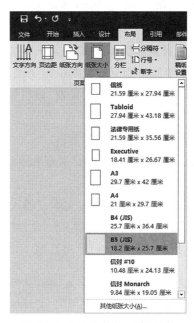

图 1-11 "纸张大小"下拉列表

5. 插入页码

当一篇文档页数较多时,为了便于查看和排序,应插入页码。插入页码的操作方法如下:

① 单击"插入"选项卡的"页眉和页脚"组中的"页码"按钮,在出现的菜单中选择页码的插入位置,在插入位置的级联菜单中选择页码样式,如图 1-12 所示。再单击"关闭页眉和页脚"按钮即可。

② 设置页码可以单击"插入"选项卡下"页眉和页脚"组中的"页码"按钮,在出现的菜单中单击"设置页码格式"命令,打开"页码格式"对话框,如图 1-13 所示,进行相应设置。

图 1-12 插入页码

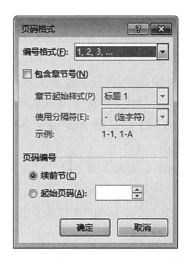

图 1-13 "页码格式"对话框

　　如果要删除页码,单击"开始"选项卡下"页眉和页脚"组中的"页码"按钮,在出现的菜单中单击"删除页码"命令即可。

6. 设置页眉和页脚

　　页眉和页脚分别是指文档中每个页面页边距的顶部和底部区域。一般来说,用户可以在页眉、页脚位置插入页码、日期、标题等文本或图形。

　　(1) 创建页眉和页脚

　　创建页眉的操作步骤如下:

　　① 单击"插入"选项卡的"页眉和页脚"组中的"页眉"按钮,在出现的页眉列表中选择页眉样式,如图 1-14 所示。

　　② 在插入的页眉中键入文本或插入图形。

　　③ 选择"页眉和页脚工具"下"设计"选项卡,单击"位置"组中的"插入对齐方式选项卡"按钮,在弹出的"对齐制表位"对话框中设置文本的对齐方式,如图 1-15 所示。

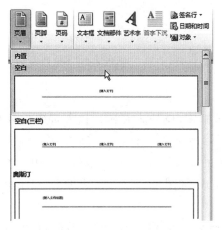

图 1-14 "页眉"列表　　　　　　　　图 1-15 "对齐制表位"对话框

　　④ 单击"关闭页眉和页脚"按钮即可。

　　创建页脚的操作步骤和创建页眉的步骤相同。

　　(2) 在首页上创建不同的页眉或页脚

　　在实际操作中,首页上经常要求不显示页眉或页脚,或要求创建不同的首页页眉或页脚。在首页上创建不同的页眉或页脚的操作步骤如下:

　　① 单击"插入"选项卡的"页眉和页脚"组中的"页眉"按钮,在出现的页眉列表中选择页眉样式(见图 1-14)。

　　② 选择"页眉和页脚工具"下"设计"选项卡,单击"选项"组中的"首页不同"复选框。

　　还可以单击"布局"选项卡的"页面设置"组中的对话框启动器,打开"页面设置"对话框,切换到"版式"选项卡,在"页眉和页脚"选项组中选中"首页不同"复选框,如图 1-16 所示,然后单击"确定"按钮。

　　③ 在"首页页眉"中插入文本或图片,单击"导航"组中的"转至页脚"按钮,则切换到"首页页脚"区域,设置首页页脚。

④ 创建文档首页的页眉或页脚。如果不想在首页使用页眉或页脚,可将页眉或页脚区保留为空白。

⑤ 设置结束后,单击"关闭页眉和页脚"按钮即可。

设置好页眉后,若不希望在页眉区域出现下框线,可以将页眉设置为"无框线",操作步骤如下:

① 单击"插入"选项卡的"页眉和页脚"组中的"页眉"按钮,在出现的页眉列表中选择"编辑页眉",在页眉编辑区选中页眉中的所有内容,包括结束标记。

② 选择"开始"选项卡,单击"段落"组中的"边框"按钮。在出现的下拉列表中选择"无框线",即可删除页眉区域中的下框线。如图 1-17 所示。

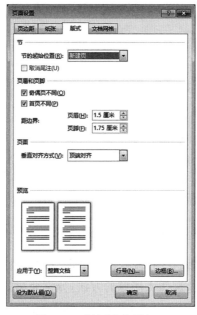

图 1-16 "版式"选项卡

图 1-17 选择"无框线"

(3) 为奇偶页创建不同的页眉或页脚

为奇偶页创建不同的页眉或页脚的操作步骤如下:

① 单击"插入"选项卡的"页眉和页脚"组中的"页眉"按钮,在出现的页眉列表中选择页眉样式(见图 1-14)。

② 选择"页眉和页脚工具"下"设计"选项卡,单击"选项"组中的"奇偶页不同"复选框。

③ 分别单击"导航"组中的"转至页脚"按钮、"上一节"按钮或"下一节"按钮,切换到奇数页或偶数页的页脚、上一节或下一节的页眉页脚区域。

④ 在"奇数页页眉"和"奇数页页脚"区域为奇数页创建页眉和页脚;在"偶数页页眉"和"偶数页页脚"区域为偶数页创建页眉和页脚。

⑤ 完成设置后,单击"关闭"组中的"关闭页眉和页脚"按钮即可。

1.1.2 图文混排

要使一篇文档更加美观和形象,仅仅使用文字是不够的。很多时候用户需要为 Word

文档添加图片、图形和表格来美化页面,使得文件图文并茂,生动活泼。

1. 图片排版

(1) 插入图片

插入的图片主要有来自文件的图片、联机图片和截屏图片。

插入来自文件的图片

下面我们先介绍插入来自文件的图片,操作步骤如下:

① 单击"插入"选项卡的"插图"组中的"图片"按钮。接着会弹出如图 1-18 所示的"插入图片"对话框。

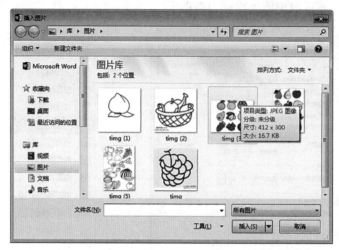

图 1-18 "插入图片"对话框

② "插入图片"对话框默认显示为"图片库"中的内容。单击"插入"右侧的下三角形按钮,弹出下拉菜单,如图 1-19 所示,在此有 3 种插入图像的方法,分别介绍如下。

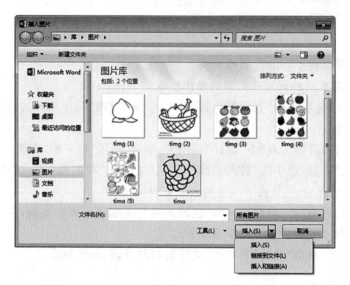

图 1-19 "插入图片"对话框中的"插入"下拉列表

方法一：插入。将图片嵌入到当前文档中，即使删除了原文件或移动了位置，它仍存在于文档中。但是，如果原文件被更改过，文档不能反映这种更新。采用这种方法得到的文件会比较大，因为原始图片存储在文件中。

方法二：链接到文件。插入图片的链接，并在文档中显示图片。存储文件比较小。因为图片在 Word 文档外部。如果删除了原文件或移动了位置，在文档中将看不到该图片，而是会看到警告无法显示链接图片信息。另一方面，如果图片被修改或更新，Word 文档中会及时反映出来。

方法三：插入和链接。图片被嵌入到文档中，同时也链接到源文件。如果源文件被更新，文档中的图片也会更新以反映源文件的变化，因为图片被嵌入到文档中，所以文档也会比较大。

③ 如果图片在其他位置，则可以在左侧的列表框中找到相应的盘符，在右侧的列表框中找到对应的图像，单击"插入"按钮，将图片插入到文档中。

如果"插入图片"对话框中没有显示想要插入的图片，但是图片确实保存到了当前文件夹中，就可以单击右下角"所有图片"按钮，显示所有图片格式列表，如图 1-20 所示，在下拉列表中可以看到所有支持的图片格式。

图 1-20　"插入图片"对话框中的"所有图片"按钮下拉列表框

插入联机图片

Word 2013 版以前的版本都包含了一个本地保存的剪贴画集，可以通过"剪贴画"窗口或库，插入剪贴画，自 Word 2013 版本起该功能取消，取而代之的是联机图片。联机图片是指从 office.com 中搜索和选择图像。插入联机图片的具体操作步骤如下：

① 将光标放置到需要插入图像的位置。

② 单击"插入"选项卡中"插图"组中的"联机图片"按钮，弹出"插入图片"对话框，在"必应图像搜索"右侧的文本框中输入需要索引的关键字。如图 1-21 所示。

图 1-21 "插入图片"对话框

图 1-22 "必应图像搜索"对话框

③ 如果决定不了要索引什么图片,可以单击"必应图像搜索"按钮,进入到如图 1-22 所示的对话框。

④ 可以在图 1-22 所示的链接中选择一项,然后弹出如图 1-23 所示的面板,从中可以选择尺寸、类型、颜色和仅知识共享等 4 种条件模式。

⑤ 根据选择的条件,面板中出现相应的图像内容。

⑥ 选择需要插入的图像,单击"插入"按钮,即可将图像插入到文档中。

图 1-23 "必应图像搜索"结果

插入屏幕截图

Windows 系统本身一直提供了捕捉屏幕的快捷键"Print Screen"，Word 2016 以这个功能为基础，允许直接在 Word 中插入其他已打开的 Office 文件窗口的屏幕截图。将屏幕截图插入到文档中的具体操作步骤如下：

① 将光标放置到需要插入屏幕截图的位置。

② 单击"插入"选项卡中"插图"组中的"屏幕截图"按钮，弹出"可用的视窗"面板，从中选择需要的截图并插入文档的屏幕，如图 1-24 所示。

图 1-24　"可用的视窗"面板

③ 截屏将自动添加截图到文档中。

（2）调整图片

调整图片主要包括调整图片的位置、大小、色彩、旋转、裁剪。

调整图片位置

我们先来介绍调整图片位置。拖动图片可以移动其位置。一些图片可以放置到文档中的任意位置，需要移动图片时，可以选择图片后，使用键盘上的箭头键，在 4 个方向上移动微小的距离，微移操作适用于精确对齐，但使用这个功能时，不会显示对齐辅助线，所以只能用眼睛来对齐。

要使用 Word 内置的对齐辅助线逐格拖动图形，可以按住"Alt"键并慢慢拖动。在图片捕捉到网格时，图片会跳过一小段距离。但是，如果在"视图"选项卡中的"显示"组中选中"网格线"复选框，即可显示网格线。拖动时按住"Alt"键会使 Word 忽略网格，显示网格时，方向键位移的行为也会发生变化。此时方向键将一个网格一个网格地移动图片。按住"Ctrl"可以以更小的幅度微移图片。

除了上述所用的移动图像位置的方法外，还可以选择需要调整位置的图片，在"图片工具"的"格式"选项卡中的"排列"组中单击"位置"按钮，弹出可调图片位置的下拉面板。如图 1-25 所示，根据不同的情况选择需要的图片位置。

调整图片大小

调整图片的大小，会改变图片在文档中的显示尺寸。在 Word 中调整大小，并不会实际修改所关联文件的大小，如果是先缩小文件，然后再放到文件中，仍然会保留原文件的分辨率。调整图片大小有以下三种方法。

方法一：单击需要调整的图片，可以看到图片周围出现八个不同的控制手柄，将鼠标指针放置到其中一个控制手柄上，鼠标指针将会变为双向箭头，拖动鼠标指针，直到图片大小

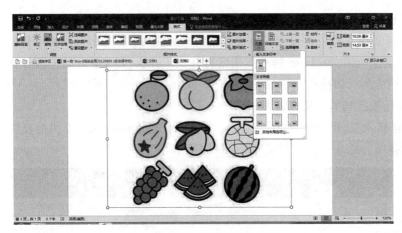

图 1-25　图片位置的下拉面板

调整到满意为止,然后松开鼠标即可。

要相对于图片中心对称地调整大小,使图片在所有方向上等量增加或减少,需要在拖动时按住"Ctrl"键。

要分步拖动,并捕捉到隐藏的对齐辅助线上,需要在拖动时按住"Alt"键,并慢慢拖动,以便看到图片的大小递增过程,如果已经显示了网格线,那么如前所述,按住"Alt"键会起到相反的效果。

方法二:双击图片,显示"图片工具"的"格式"选项卡,在"大小"组中可以精确地设置"形状高度"和"形状宽度",在"高度"和"宽度"的微调框中输入数值,按"Enter"键即可应用输入的数字。默认情况下,系统会自动保持纵横比,所以输入高度值,按"Enter"键,宽度也会随之调整。

方法三:要通过调整"大小"组中的设置,改变图片的纵横比,可以单击"大小"组右下角的按钮,在弹出的"布局"对话框中,切换到"大小"选项卡,如图 1-26 所示,从中设置高度、宽度、旋转以及缩放的各项参数来调整图像的大小。

图 1-26　"布局"对话框中的"大小"选项卡

旋转图片

旋转图片的方法有以下两种。

方法一:选择需要旋转的图片,设置图片的位置或环绕文字为除"嵌入型"外的其他方式。选择图片后,则在图片的中上方出现可旋转的控制手柄。将鼠标指针放置到旋转的控制手柄上,则出现旋转箭头,按住鼠标即可旋转图片,如图 1-27 所示。

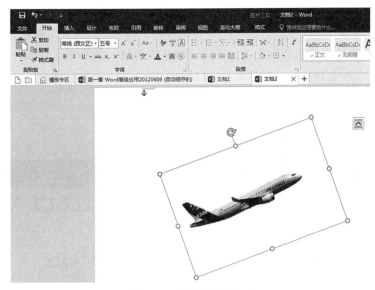

图 1-27　旋转图片界面

　　方法二：单击"大小"组右下角按钮，在弹出的"布局"对话框中，切换到"大小"选项卡，如图 1-26 所示，从中设置旋转参数，就可精确调整图片的旋转。

裁剪图片

　　裁剪指的是通过更改图片的外部边框来遮挡图片的特定部分。Word 中的裁剪不会影响到实际图片的本身，而只是改变图片在 Word 中的显示方式，不修改实际图片。用户改变主意时可以调整回来。

　　裁剪图片的具体操作步骤如下：

　　① 选择要裁剪的图片，在"图片工具""格式"选项卡的"大小"组中，单击"裁剪"按钮，选中的图片会出现裁剪手柄，如图 1-28 所示。

图 1-28　裁剪图片界面

　　② 将鼠标放置到了任意手柄上，鼠标指针改变形状，然后按住鼠标左键进行拖动。

　　③ 当将鼠标拖过不需要图片的位置后，释放鼠标即可删除要隐藏的图片部分。

　　④ 单击图片的外部，完成裁剪。

调整图片色彩

将图片插入到文档时,不必担心最初图片的外观。Word 提供了多种调整图片色彩和色调的工具。给文档的图片用统一的样式和效果,会得到统一的外观。下面学习如何设置图片的亮度、对比度和重新着色的效果。

设置图片的亮度/对比度,具体操作步骤如下:

① 选择需要调整的图片,单击"图片工具""格式"选项卡的"调整"组中的"更正"按钮,弹出下拉列表显示预设亮度/对比度参数效果图,如图 1-29 所示。

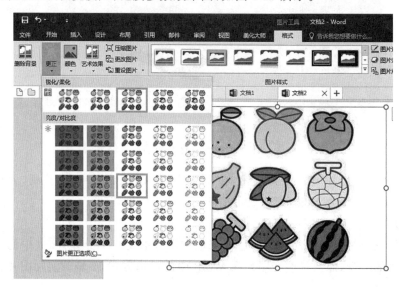

图 1-29　图片"更正"列表

② 选择一个满意的效果即可。

③ 如果觉得预设的参数幅度太大,可以选择"图片修正选项"命令,弹出"设置图片格式"面板,从中可以微调"亮度/对比度"的参数,如图 1-30 所示。

设置图片的重新着色。

在 Word 2016 文档中,用户可以为图片重新着色,调整 Word 图片的灰度、褐色,冲蚀、黑白等显示效果。

选择需要调整的图片,单击"图片工具""格式"选项卡的"调整"组中的"颜色"按钮,弹出下拉列表显示重新着色效果图,如图 1-31 所示。

在 Word 2016 文档中,对于背景上只有一种颜色的图片,用户可以将该图片的纯背景色设置为透明色,从而使图片更好地融入 Word 文档。该功能对设置有背景色的文档尤其适用。在 Word 文档中设置图片透明色的具体操作步骤如下:

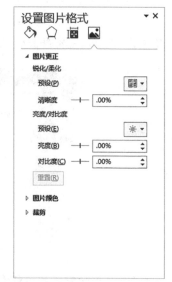

图 1-30　"设置图片格式"面板

① 选择需要设置透明色背景色的图片。

② 单击"图片工具""格式"选项卡的"调整"组中的"删除背景"按钮。

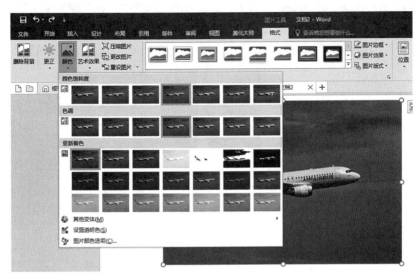

图 1-31　图片"颜色"列表

③ 在需要设置透明色的颜色区域上,标记好要保留或删除的位置,单击"保留更改"按钮,即可将颜色设置为透明。如图 1-32 所示。

图 1-32　背景删除操作界面

(3) 设置图片(阴影效果、边框、环绕和排列)

设置图片包括设置图片阴影效果、边框、环绕和排列等操作。

设置图片阴影效果

我们先看设置图片阴影的操作步骤:

① 在 Word 文档中选择需要设置阴影的图片。

② 单击"图片工具""格式"选项卡中的"图片样式"组中的"图片效果"下拉列表,在弹出的下拉菜单中,点击"阴影"选项,如图 1-33 所示。

17

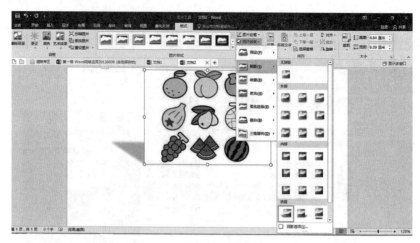

图 1-33　设置图片阴影的界面

③ 通过选择"阴影"弹出菜单的"阴影样式",可以快速设置阴影。

④ 如果现有的样式不能满足要求,可以点击"阴影选项",弹出"设置图片格式"面板,如图 1-34 所示,通过调整具体的参数进行阴影设置。

设置图片边框

有时候为 Word 文档的图片添加一个边框,能够起到改善效果,使文章主题更加鲜明的作用。添加图片边框的具体操作步骤如下。

① 在文档中选择需要添加边框的图片,单击"图片工具""格式"选项卡的"边框"组中的"图片边框"按钮。在弹出的下拉面板中选择合适的边框颜色。如图 1-35 所示。

图 1-34　设置图片
格式的阴影设置

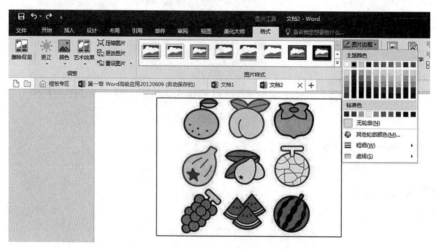

图 1-35　设置图片边框界面

② 点击"虚线"菜单,可以设置边框的线型,如图 1-36 所示。

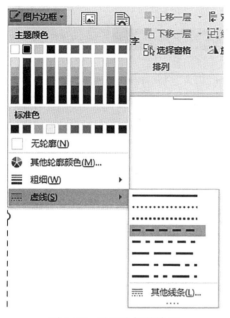

图 1-36　设置边框的线型

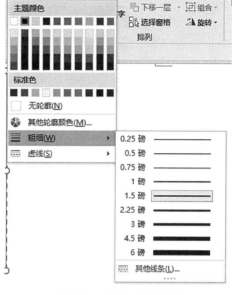

图 1-37　设置边框的粗细

③ 点击"粗细"菜单,可以设置边框的粗细,如图 1-37 所示。

设置图片环绕方式

在 Word 2016 中,可以设置图片的环绕方式。单击"图片工具""格式"选项卡的"排列"组中的"环绕文字"按钮,弹出下拉菜单。从中可以选择想要的环绕方式,如图 1-38 所示。"环绕文字"设置决定了图形之间以及图形与文字之间的交互方式。图片的环绕方式有嵌入型、四周型、紧密型环绕、衬于文字下方、穿越型环绕、上下型环绕等。

图 1-38　"环绕文字"下拉菜单

在 Word 2016 中,也可以单击所选图片或图形右上角的"布局选项"按钮,在弹出的下拉面板中设置"文字环绕"方式,如图 1-39 所示。

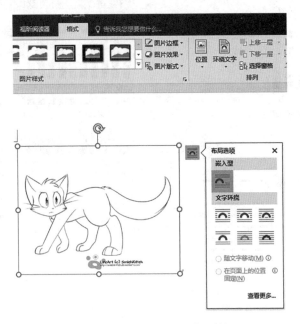

图 1-39 "布局选项"下拉面板

在"嵌入型"和"文字环绕"选项组中选择一个环绕设置,可以改变环绕方式。单击"查看更多"按钮,弹出"布局"对话框,如图 1-40 所示。使用"位置"选项卡可以设置所选图形在页面上的水平和垂直位置。使用"文字环绕"选项卡,可以设置环绕选项,例如,可以在"距正文"选项组中设置被环绕图形和周围文字之间的空白。

图 1-40 "布局"对话框

设置图片排列

除了前面介绍的位置和环绕文字外,"图片工具"和"绘图工具"的"格式"选项卡中的"排列"组还提供了处理分层、对齐、旋转、组合各种 Word 图形的工具,这些附加工具介绍如下。

上移一层:给对象分层时,把所选对象移动到上一层中。单击"上移一层"右侧的下三角按钮,选择"上移一层"(至于顶层)或"浮于文字上方"的命令。

下移一层:给对象分层时,把所选对象移动到下一层中。单击"下移一层"右侧的下三角按钮,选择"下移一层"(至于底层)或"浮于文字下方"命令。

对齐对象:允许相互对齐所选的对象。

组合对象:允许组合和取消组合所选的对象。组合对象后可以作为一个整体移动。

旋转对象:允许旋转一个预设项(而不使用旋转手柄),旋转或反转所选对象。

2. 形状排版

(1)形状绘制

要在文档中绘制形状,具体的操作步骤如下。

① 打开一个需要插入形状的文档。单击"插入"选项卡中的"插图"组件中的"形状"按钮。在弹出的下拉面板中显示预设的形状列表。如图 1-41 所示。在"形状"下拉面板中显示出最近使用的形状、线条、矩形、基本形状、箭头总汇、公式形状流程图、星和旗帜、标注。

图 1-41　形状列表

② 从中选择需要添加的形状并单击,然后在文档所需要位置绘制出图形的形状。

(2)形状效果设置

格式化形状类似于格式化图片和其他类型的图形,具体的操作步骤如下。

① 选择需要设置样式的图形,切换到"绘图工具""格式"选项卡的"形状样式"组中,其中有预设的形状样式,如图 1-42 所示。

② 选择一个合适的预设样式后,还可以单击"形状填充"按钮,弹出形状填充的下拉面板,从中设置形状的填充效果。除可以选择预设的颜色外,还可以设置"图片""渐变""纹理"

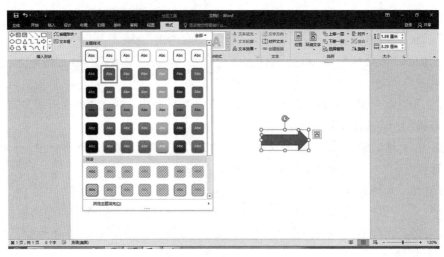

图 1-42　预设的形状样式

等。而且可以设置形状为"无填充颜色",如图 1-43 所示。

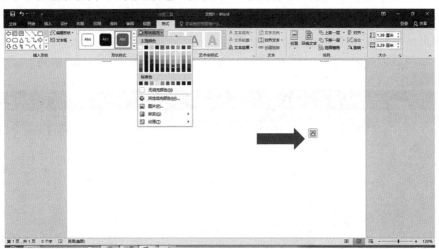

图 1-43　"形状填充"下拉面板

③ 可以通过"形状轮廓"下拉面板,设置形状的轮廓、颜色、粗细、虚线、图案等。

④ 可以通过"形状效果"下拉面板,选择要修改为的形状点击即可。

(3) 形状组合

在使用 Word 制作流程图时,往往会使用较多的文本框,文本框绘制完成后需要将一部分或所有的文本框进行组合。形状组合的具体操作步骤如下。

① 首先在文档中创建形状。

② 按住"Ctrl"键,单击选择所有形状,如图 1-44 所示。

③ 单击"绘制工具""格式"选项卡的"排列"组合中的"组合"按钮,弹出下拉菜单,选择"组合"命令,将选择的形状组合为一个,如图 1-45 所示。

④ 组合完成形状后,如果看到形状位于文字的上方,则选择组合的形状,单击"绘制工具""格式"选项卡的"排列"组合中的"环绕文字"按钮。在弹出的下拉菜单中选择"衬于文字

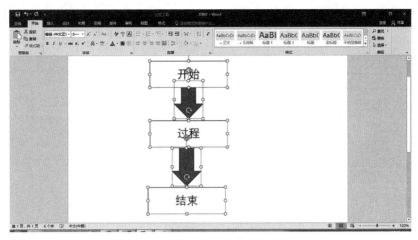

图 1-44　在文档中选中所有形状

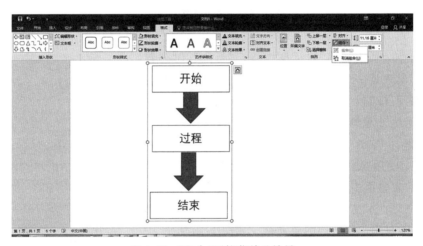

图 1-45　"组合"下拉菜单及效果

下方"命令即可。

⑤ 选择组合的形状,设置形状的样式,直到满意为止。

3. 表格排版

(1) 创建表格

创建表格的方法有许多,具体可以分为新创建表格,根据内容创建表格,创建快速表格等几种类型。

新创建表格

先介绍新创建表格,它有多种方法。

方法一:单击要插入表格的位置,以定位插入点,切换到"插入"选项卡,单击"表格"按钮,在弹出的下拉面板中将鼠标指向快速表格,通过移动鼠标定义表格的行数和列数,如图 1-46 所示。

方法二:使用"插入表格"对话框新创建表格。单击"插入"选项卡中"表格"组中的"表格"按钮,在弹出的下拉面板中选择"插入表格"命令,弹出如图 1-47 所示的"插入表

图 1-46　插入表格下拉面板

格"对话框。在"插入表格"对话框中指定"行数"和"列数",将
"自动调整"设置成一个合适的选项,可以指定"固定列宽""根
据内容调整表格"或"根据窗口调整表格"选项。如果想让
Word 把所选大小设置为默认值,需要选中"为新表格记忆此
尺寸"复选框。

　　方法三:使用"绘制表格"命令进行绘制。首先,单击"插
入"选项卡的表格组中的 "表格"按钮,在弹出的下拉面板中选
择"绘制表格"命令,拖动矩形画笔绘制出表格的外框。然后使
用绘制表格工具画出所需要的单元格。如图 1-48 所示。

图 1-47　"插入表格"对话框

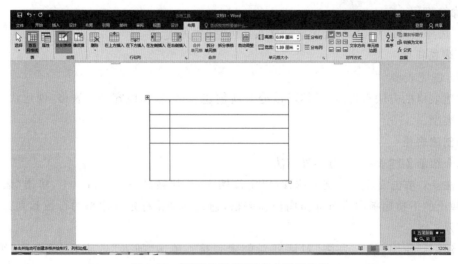

图 1-48　使用"绘制表格"命令进行绘制

根据内容创建表格

将文字内容转化为表格的具体操作步骤如下。

① 选择需要创建为表格的文本段落。

② 单击"插入"选项卡的"表格"组中的"表格"按钮,在弹出的下拉面板中选择"文本转换成表格"命令,弹出"将文字转换成表格"对话框,可以在"文字分隔位置"选项组中设置表格的分隔符号,如图 1-49 所示,单击"确定"即可。

图 1-49　"将文字转换成表格"对话框　　　　图 1-50　"快速表格"命令下的子面板

创建快速表格

Word 中自带有快速的样式表格,可以快速创建各种样式表格,创建快速表格的具体操作步骤如下。

① 单击"插入"选项卡的"表格"组中的"表格"按钮,在弹出的下拉面板中选择"快速表格"命令,弹出子面板,从中可以看到预设的可以创建的表格样式,如图 1-50 所示。

② 选择一种需要的样式表格,可以在文档中添加表格。

（2）修改表格

修改表格,主要介绍以下几项内容,即删除表格和表格内容,删除或插入行、列或单元格,合并单元格,拆分单元格,调整单元格的大小,对齐方式和文字方向,设置单元格的边距和间距。

删除表格和表格的内容

如果要删除表格的内容,则可以选中其中的内容,然后按"Delete"键,将表格中的内容删除,而不删除表格。删除整个表格的方法有以下三种。

方法一：在表格的任意位置单击,然后在"布局"选项卡的"行和列"组中单击"删除"按钮,在弹出的下拉菜单中选择"删除表格"命令,这时 Word 会立即删除表格。

方法二：当鼠标指针移到表格时,右击表格移动手柄,在弹出的快捷菜单中选择"剪切"命令,只要不使用"粘贴"功能,表格就不会显示了。

方法三：选中整个表格,按"Backspace"键,删除表格。

删除行、列或单元格

要删除某行、某列或单元格,只需将光标放置到要删除的行、列或单元格中,单击"表格工具""布局"选项卡"行和列"组中的"删除"按钮,在弹出的下拉菜单中即可执行操作。使用"删除行""删除列"命令可以直接删除相对应的行和列。使用"删除单元格"命令,可以根据选择的选项来调整删除单元格后的表格效果。

插入行、列和单元格

要在表格中插入行、列和单元格,可以使用以下三种方法。

方法一：单击与插入位置相邻的行和列,然后根据需要新行新列出现的位置,在"表格工具""布局"选项卡中的"行和列"组中单击"在上方插入""在下方插入""在左侧插入""在右侧插入"按钮。

方法二：可以通过插入控件添加行或列。移动鼠标指针到需要添加行的水平线左侧,会出现添加图标,单击可添加行。添加列则需要移动光标到添加列的顶部垂直线上,当出现添加图标时,单击可添加列。

方法三：将光标放置到需要添加行或列的表格中,右击,在弹出的快捷菜单中选择"插入"命令,显示子菜单,从中选择合适的添加行、列和单元格命令。

合并单元格

在 Word 表格中,通过使用"合并单元格"命令,可以将两个或两个以上的单元格合并成一个单元格,从而制作出多种形式、多种功能的表格,合并单元格的方法主要有以下两种。

方法一：选择需要合并的单元格,单击"表格工具""布局"选项卡的"合并"组中的"合并单元格"按钮,就可以将选择的单元格合成一个单元格。

方法二：选择需要合并的单元格,右击,在弹出的快捷菜单中选择"合并单元格"命令,就可以对该单元格进行合并。

除了以上两种方法外,还可以通过橡皮擦工具对单元格的线进行擦除。

拆分单元格

在 Word 文档中通过"拆分单元格"功能,可以将一个单元格拆分成两个或者多个单元格,通过拆分单元格可以制作比较复杂的多功能表格,方法有以下两种。

方法一：选择要拆分的单元格,单击"表格工具""布局"选项卡的"合并"组中的"拆分单元格"按钮,弹出"拆分单元格"对话框,从中可以指定"行数"和"列数",最后单击"确定"按钮,拆分出单元格。

方法二：在需要拆分的单元格中单击,将其激活,然后右击,在弹出的快捷菜单中选择"拆分单元格"命令,打开"拆分单元格"对话框,从中可以指定"行数"和"列数"。

调整单元格的大小

当使用表格构建一个窗体时,单元格的度量有时必须很准确。当需要精确控制单元格的高度和宽度时,需要在"表格工具""布局"选项卡的"单元格大小"组中单击"表格行高"和"表格列宽"按钮。通过为其指定参数可以设置合适的行高和列宽。

如果要求所有行的行高相同,可以单击"表格行高"右侧的"分布行"按钮。如果各行有不同的高度,该功能会确定单元格的最佳高度,并使所有选定行的高度等于此最佳高度。当没有选中行时,该功能会使表格中所有行的高度等于此最佳高度。

同样,单击"表格列宽"右侧的"分布列"按钮,可使列或所选列具有相同的宽度。如果不同行具有不同的高度,也不影响该功能使整个表格具有相同的高度。

对齐方式和文字方向

在"表格工具""布局"选项卡的"对齐方式"组中提供了九个单元格对齐选项,要更改单元格内容的水平或垂直对齐方式,单击或选中要更改的单元格,然后单击合适的对齐工具即可。

要控制单元格中文字的方向,可以单击"表格工具""布局"选项卡的"对齐方式"组中的"文字方向"按钮,设置文字的水平和垂直效果。需要注意的是垂直的文本会使行高变宽。

设置单元格的边距和间距

Word 提供了几种控制单元格边距的方法。单元格边距是单元格内容和单元格边线之间的距离,设置恰当的边距,可以避免单元格的内容过于拥挤,提高可读性。当使用表格为预定在打印窗体上打印的数据设置格式时,增加间距也可以防止数据打印到边界以外。单击"表格工具""布局"选项卡的"对齐方式"组中的"单元格边距"按钮。在"表格选项"对话框的"默认单元格边距"选项组中设置当前选定表格的单元格边距,所输入的设置会应用于表格的所有单元格。

(3)表格排序和计算。

Word 提供了一种灵活的方法,可以对表格中的数据进行快速排序。要对表格进行排序,其具体操作步骤如下。

① 选择需要排序的表格,然后单击"表格工具""布局"选项卡的"数据"组中的"排序"按钮。在弹出的"排序"对话框中设置"主要关键字"为"列 2",并选择"类型"为"数字";设置"次要关键字"的类型为"数字"。

② 可以看到数据根据列 2 的数字升序排列。

如果在"排序"对话框中没有选中列,就从"主要关键字"下拉列表中选择第一个排序字段。在"类型"下拉列表中选择"笔画""拼音""数字"或"日期"来匹配排序列中存储的数据类型。根据从 A 到 Z、从大到小或从近到远来排序,选择"升序"或"降序"。要按其他字段排序,就在"次要关键字"和"第三关键字"下拉列表中选择字段名,以包括两个排序字段,并设置类型和排列顺序。单击"选项"按钮,弹出"排序选项"对话框,进行其他设置,包括字段中使用什么分隔符、排序是否区分大小写以及排序语言等。

表格的数学计算

在 Word 2016 中,可以通过"表格工具""布局"选项卡的"数据"组中的"公式"按钮来执行这一计算。要使用该功能,应先创建一个包含公式的单元格或行,计算表格中的数据的具体操作步骤如下。

① 将光标放置到计算列数据的最底端。

② 单击"表格工具""布局"选项卡的"数据"组中的"公式"按钮,弹出"公式"对话框,从中使用默认的公式,"公式"文本框的内容,可以在"粘贴函数"下拉列表中选择一个预设的函数,并在括号中指定要计算的单元格,如果需要,就从"编号格式"下拉列表中选择一个格式,这样可以对计算的数字进行编号格式处理。

③ 可以得到该列的数据和。

④ 使用同样的方法可以得到另一列数据和。

如果改变了表格用于计算的值,就需要重新计算表格,因为 Word 中表格公式插入形式为字段。这与 Excel 中的公式不同,它们是不会自动重新计算的。

1.1.3 样式设置

一篇文档包括文字、图、表、脚注、题注、尾注、目录、书签、页眉、页脚等多种元素,其中可见的页面元素都应该以适当的样式加以驾驭和管理,无须逐一进行调整。样式不仅可规范全文格式,更与文档大纲逐级对应,可由此创建题注、页码的自动编号、文档的目录、文档结构图、多级编号等。

1. 样式

(1) 应用内置样式

在文本中应用某种内置样式的操作步骤如下:

① 单击需要应用样式的段落或选中需要应用样式的文本。

② 单击"开始"选项卡下"样式"组中的"其他"按钮,出现如图 1-51 所示的样式库列表。

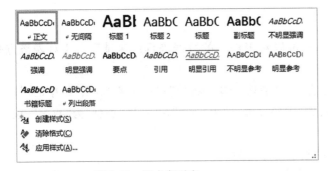

图 1-51 样式库列表

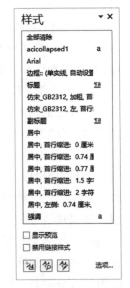

图 1-52 "样式"任务窗格

③ 在"请选择要应用的格式"列表中列出了可选的样式,单击需要应用的样式即可。

如果熟悉了某种样式的格式设置内容,以后就可以直接单击"开始"选项卡下"样式"组中的对话框启动器,打开"样式"任务窗格,如图 1-52 所示。

(2) 修改样式

如果所有的内置样式都无法完全满足某格式设置的要求,则可以在某内置样式的基础上进行修改。例如将"标题 1"格式设置中的字体由宋体改为"微软雅黑",将"段前"间距均改为 22 磅,其操作步骤如下:

①单击"开始"选项卡下"样式"组中的"其他"按钮,出现样式库列表(见图 1-51)。

② 在要修改的样式名,如"标题 1"上右击,在出现的快捷菜单中选择"修改"命令,打开如图 1-53 所示的"修改样式"对话框。单击该对话框中的"格式"按钮,即出现一个下拉菜单,如图 1-54 所示。选择其中的"字体"命令,出现"字体"对话框。在"字体"选项卡的"中文

字体"下拉列表框中选择"微软雅黑",然后单击"确定"按钮。

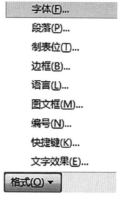

图 1-53　"修改样式"对话框　　　　　图 1-54　"格式"下拉列表

③ 返回到"修改样式"对话框,单击"格式"按钮,在其下拉列表中选择"段落"命令,则打开"段落"对话框。

④ 在"缩进和间距"选项卡的"间距"选项组中的"段前"文本框中,输入"22 磅",然后单击"确定"按钮。

⑤ 返回到"修改样式"对话框,单击"确定"按钮,"标题 1"的样式即被成功修改。

如果希望将此修改后的样式应用于其他的文档,则可以在"修改样式"对话框中选中"添加到快速样式列表"复选框,这样修改后的样式就被添加到该文档应用的模板中,以后凡是加载了该模板的文档就都可以应用该样式了。

（3）创建样式

当文档现有的内置样式与所需格式设置相差甚远时,创建一个新样式将是最有效的办法。以创建一个段落样式为例,创建样式的操作步骤如下:

① 选中标题,单击"开始"选项卡的"样式"组中的对话框启动器,打开"样式"任务窗格。

② 单击"新建样式"图标按钮,打开如图 1-55 所示的"根据格式设置创建新样式"对话框。

③ 单击"格式"按钮,打开下拉列表(见图 1-54),用户可以根据需要选择其中的格式选项来进行设置。完成各项设置后,单击"确定"按钮。

④ 返回到"根据格式设置创建新样式"对话框,单击"确定"按钮即成功新建了一个段落样式。

如果要按照已经进行了段落格式或字符格式设置的文本来新建样式,则可以选中该文本,然后在"样式"任务窗格中单击"根据格式设置创建新样式"按钮,在打开的"新建样式"对话框的"名称"文本框中键入样式名,单击"确定"按钮即可。

(4) 删除样式

删除样式时,单击"开始"选项卡的"样式"组中的对话框启动器,打开"样式"任务窗格,将鼠标置于"样式"任务窗格中将要删除的样式上,如"样式 1"上,在"样式 1"右侧出现一个下三角按钮,单击该按钮,在打开的列表中单击"删除样式 1"选项,如图 1-56 所示,将打开确认删除提示框。单击"是"按钮,即可删除该样式。

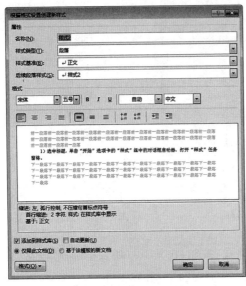

图 1-55 "新建样式"对话框

图 1-56 删除样式

2. 模板

模板就是将各种类型的文档预先编排成一种"文档框架"。每一个文档都是在模板的基础上建立的。在同一类型的所有文档中,文字、图形、页面设置、样式、自动图文集词条、工具栏和快捷键等元素的设置都相同。另外,Word 带有一些常用的文档模板,如传真、信函、备忘录以及出版物等,用户可以使用这些模板来快速地创建文档。

(1) 创建模板

在创建新的模板时,有根据现有文档创建和根据现有模板创建两种方法。

根据现有文档创建模板操作步骤如下:

① 打开所需的文档。

② 单击"文件"选项卡按钮,选择"另存为"命令,弹出"另存为"对话框。在该对话框的"保存类型"下拉列表框中选择"Word 模板",并选择模板的保存位置,如图 1-57 所示。

③ 在"文件名"文本框中键入新建模板的名称。

④ 单击"保存"按钮,则该文档就被保存为一个模板文件。此后对其的修改将不影响原文档。

根据现有模板创建模板操作步骤如下:

① 单击"文件"选项卡按钮,选择"新建"命令,打开"新建文档"对话框。

② 选择"欢迎使用 Word"模板,如图 1-58 所示,进入新模板编辑。

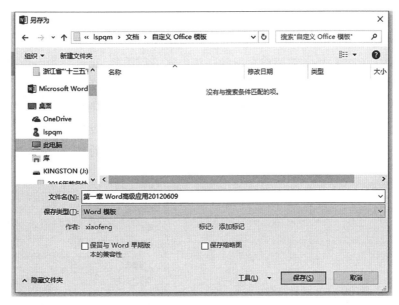

图 1-57　将文档另存为"Word 模板"

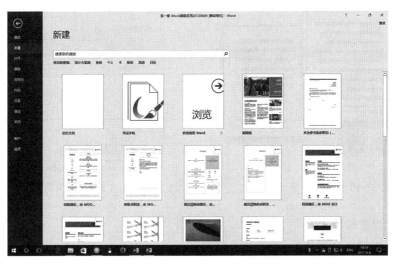

图 1-58　根据现有模板创建模板

③ 在新模板中添加必要的文本和图形,进行必要的设置修改。

④ 修改完毕后,将该新建模板按新的模板名另存为 Word 模板。

(2) 修改模板

修改模板中的设置操作步骤如下:

① 单击"文件"选项卡,选择"打开"命令,弹出"打开"对话框,在"文件类型"下拉列表框中选择"Word 模板",通过"查找范围"下拉列表框和文件列表,查找并选择需要进行修改的模板文件,然后单击"打开"按钮。

② 更改模板中的文本和图形、样式、格式、自动图文集词条、工具栏和快捷键等设置。

③ 在快速访问工具栏中单击"保存"按钮,则所作修改将被保存到当前打开的模板中。

④ 修改完毕后,单击"关闭"按钮关闭模板文件即可。

3. 脚注和尾注

在写长篇的论文时,经常需要对文中的一些内容进行注释,并对一些引用的文字标注具体出处,此时就需要用到 Word 的脚注和尾注功能。

脚注和尾注主要分为两个部分:一个是插入文档中的引用标记;另一个就是处于页面底端或文档结尾处的注释文本。另外,还有用分隔符将脚注或尾注与文档正文分隔开,如图1-59 所示,图中的标注 1 为脚注和尾注引用标记,标注 2 为分隔符线,标注 3 为脚注文本,标注 4 为尾注文本。

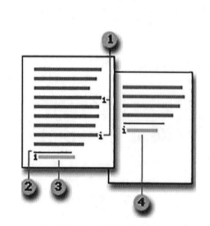

图 1-59　脚注和尾注

图 1-60　"脚注和尾注"对话框

(1) 插入脚注和尾注

当需要插入脚注和尾注时,其操作步骤如下:

① 单击要插入脚注和尾注的位置。

② 单击"引用"选项卡的"脚注"组中的对话框启动器,打开如图 1-60 所示的"脚注和尾注"对话框,在对话框中可进行设置。

③ 单击"插入"按钮,则脚注或尾注引用标记将插入到相应的文档位置,而光标则将自动置于设定的位置,此时键入脚注或尾注注释文本即可。

④ 以后在设定的应用范围内插入其他脚注和尾注时,Word 将按该范围内的编号设置自动为这些脚注和尾注编号。

(2) 编辑脚注和尾注

要移动、复制或删除脚注或尾注时,所处理的事实上是注释标记,而非注释窗口中的文字。

① 移动脚注或尾注:可以在选取脚注或尾注的注释标记后,将它拖至新位置。注释标

记如图 1-61 所示。

　　② 删除脚注或尾注：可以在选取脚注或尾注的注释标记后，按"Delete"键将它删除。此时若使用自动编号的脚注或尾注，Word 会重新替换脚注或尾注编号。可使用查找替换功能，查找脚注或尾注标记并替换为空格，以此删除全文中的脚注或尾注。

　　③ 复制脚注或尾注：可以在选取脚注或尾注的注释标记后，按住"Ctrl"键，再将它拖至新位置。Word 会在新的位置复制该脚注或尾注，并在文档中插入正确的注释编号，相对应的脚注或尾注文字也复制到适当位置。

　　（3）脚注和尾注的转换

　　在 Word 中，可以实现将脚注转换为尾注，将尾注转换为脚注，以及脚注和尾注的相互转换。单击"引用"选项卡的"脚注"组中的对话框启动器，在弹出的"脚注和尾注"对话框中点击"转换"按钮即可设置，如图 1-62 所示。右键点击页面底部创建的脚注编号，选择"转换为尾注"，也可按照同样方法将脚注转换为尾注。

图 1-61　注释标记　　　图 1-62　"转换注释"对话框　　　图 1-63　"题注"对话框

4. 题注

　　在 Word 中，可为表格、图片或图形、公式或方程式以及其他选定项目加上自动编的题注，"题注"由标签及编号组成。用户可以选择 Word 所提供的一些标签的项目编号方式，也可以自己创建标签项目，并在标签及编号之后加入说明文字。

　　（1）插入题注

　　若要插入题注，在"引用"选项卡的"题注"组中选择"插入题注"工具。弹出"题注"对话框，如图 1-63 所示。可以使用"题注"对话框插入题注，新建题注标签、建立题注编号或者自动插入题注。

　　可在"标签"下拉列表中选取所选项目的标签名称，默认的标签有：表格、公式、图表。在"位置"下拉列表框中，可选择题注的位置：所选项目下方、所选项目上方。一般论文中，图片和图形的题注标注在其下方，表格的题注在其上方。若 Word 自带的标签无法满足需要，可点击下方的新建标签按钮，自定义标签，如输入"图 1-"标签。

　　（2）样式、多级编号与题注编号

　　为图形、表格、公式或其他项目添加题注时，可以根据需要设置编号的格式。设置方式与页码格式中的编号方式相似。

　　在"题注"对话框中单击编号按钮，弹出"题注编号"对话框，在"格式"下拉列表中选择一种编号的格式，如果希望编号中包含章节号，则选中"包含章节号"复选框，并设置"章节起始样式"，以及章节号与编号之间的"使用分隔符"，如图 1-64 所示。设置完毕，单击"确定"

按钮,返回"题注"对话框。

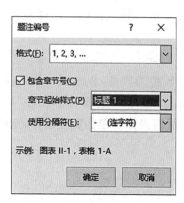

图 1-64　"题注编号"对话框　　　　图 1-65　"自动插入题注"对话框

（3）自动插入题注

通过设置"自动插入题注",当每一次在文档中插入某种项目或图形对象时,Word 能自动加入含有标签及编号的题注,在"题注"对话框中,单击对话框中的"自动插入题注"按钮,出现"自动插入题注"对话框,如图 1-65 所示。

在"插入时添加题注"列表中选取对象类别（可用的列表项目依所安装 OLE（对象连接与嵌入）应用软件而定）,然后通过"新建标签"按钮和"编号"按钮,分别决定所选项目的标签、位置和编号方式。

设置完成后,一旦在文档中插入设定类别的对象,Word 就会自动根据所设定的格式,为该图形对象加上题注。如要中止自动题注,可在"自动插入题注"对话框中清除不想自动设定题注的项目。

5. 书签

在日常阅读书本时,若需要记录阅读到的位置,可以通过插入一个书签来进行标识。在 Word 文档中也可以插入这样的"书签"来标识文档位置,以便在文档中进行快速定位。

（1）添加书签

当需要记录某文档位置,例如,要标识以后需要修订的文档部分时,就可以在该位置添加一个书签,操作步骤如下:

①　单击要添加书签的位置或选定要添加书签的项目。

②　单击"插入"选项卡的"链接"组中的"书签"按钮,打开如图 1-66 所示的"书签"对话框。

③　在"排序依据"选项组中选择是按"名称"还是按插入"位置"来排序。

④　在该对话框的"书签名"文本框中键入书签名称。书签名必须以汉字或字母开头,可包含数字但不能有空格,可以用下划线字符来分隔文字。例如,这里键入"修改 1"。

⑤ 单击"添加"按钮,则在选定位置添加了一个书签。

(2) 定位书签

插入书签的目的就是要快速定位到标识的文档位置或项目,定位书签的操作步骤如下:

① 单击"插入"选项卡的"链接"组中的"书签"按钮,打开"书签"对话框(见图 1-66)。

② 在该对话框"排序依据"选项组中选择一种排序方式以方便查找。

③ 在"书签名"下面的列表中单击要定位的书签。

④ 单击"定位"按钮,则光标将自动移动到该书签标识的文档位置,如果书签标识的是某项目,则该项目将被突出显示。

(3) 删除书签

当需要删除书签时,打开"书签"对话框。在该对话框的"书签名"列表框中选择要删除的书签,然后单击"删除"按钮,则该书签即被删除。如果要删除书签和其所标记的项目,则可以先通过书签定位到该项目,然后按"Delete"键删除该项目。

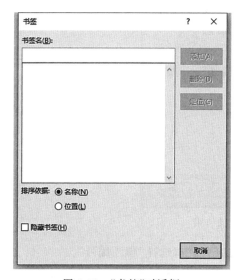

图 1-66　"书签"对话框

图 1-67　题注的交叉引用

6. 交叉引用

交叉引用可以将文档插图、表格、公式等内容与相关正文的说明内容建立对应关系,既方便阅读,又为编辑操作提供自动更新手段,用户可以为编号项、标题、脚注、尾注、书签、题注标签等多种类型进行交叉引用。

(1) 题注的交叉引用

在为图片插入题注后,需要在图片前面的正文中添加交叉引用,就可以使用交叉引用来实现,操作步骤如下:

① 在文档中输入交叉引用开始部分的介绍文字"如所示",并将插入点放在要出现引用标记的位置,即文字"如"之后。

② 单击"引用"选项卡的"题注"组中的"交叉引用"按钮,出现如图 1-67 所示"交叉引用"对话框。

③ 在"引用类型"列表框中选择新建的"图表"标签。注意：下拉列表中并没有名为题注的选项，题注的标签直接显示在下拉列表中。

④ 在"引用内容"列表框中，选取要插入到文档中的有关项目内容，即"只有标签和编号"。

⑤ 在"引用哪一个题注"项目列表框中，选定要引用的指定项目，点击插入，完成设置。

（2）脚注的交叉引用

当文档中某一段文字添加了脚注，若在同一页面中的另一段文字需要添加相同的脚注，可以通过插入交叉引用实现，在第二次插入的位置引用第一个脚注。操作步骤如下：

① 将插入点置于希望显示引用标记的位置。

② 进入"交叉引用"对话框，如图 1-68 所示。

图 1-68　脚注的交叉引用

③ 在"引用类型"框中，选择"脚注"，在"引用内容"框中，选择"脚注编号"。

注意：在"引用内容"下拉列表中，选择"脚注编号"，则该编号在论文中显示为正文样式，需自行将其设为上标。另可选择脚注编号（带格式）选项，会自动将引用标志设置为上标形式。但通过这两个选项生成的引用标志都不采用脚注标志的内建样式"脚注引用"样式。如有需要，可以按住"Shift"键，在"格式"工具栏的"样式"下拉列表中选择"脚注引用"样式。

④ 在"引用哪一个题注"项目列表框中，选定要引用的指定项目，点击插入，完成设置。

（3）编号项的交叉引用

前文脚注和尾注章节提到，可以通过尾注的形式为论文中的参考文献与正文位置实现一一对应。事实上，参考文献也可以通过交叉引用到编号项来实现。操作步骤如下：

① 将论文中的参考文献设定为项目符号和编号。选中全部参考文献，右击，设定项目符号和编号。若论文规范要求编号项需要两侧使用中括号，则可在编号选项卡中设置自定义编号，在编号项两边输入中括号。

② 进入"交叉引用"对话框。

③ 在"引用类型"框中，选择"编号项"，选择引用内容为"段落编号"，如图 1-69 所示。

④ 在"引用哪一个题注"项目列表框中，选定要引用的指定项目，点击插入，完成设置。

图 1-69   编号项的交叉引用

（4）更新注释编号和交叉引用

如果对脚注和尾注进行了位置变更或删除等操作，Word 会即时将变动的注释标记更新。而题注和交叉引用发生变更后却不会主动更新，需要用户要求"更新域"，Word 才会将其自动调整。对于域内容的更新可以采用统一的方法处理，方法如下：

① 在该域上右击，然后在快捷菜单中选择"更新域"命令，即可更新域中的自动编号。如果有多处域需要更新，可以选取整篇文档，然后在文档中右击，在快捷菜单中选择"更新域"命令，即可更新全篇文档中所有的域。采用快捷键更新全文的域更为方便，全选的快捷键是"Ctrl＋A"，更新域的快捷键是"F9"，只需要在文档修改完成后，使用这两个快捷键即可更新域。

② 在题注中更新域主要是针对自动编号的更新，如果需要调整题注的标签，就无法实现。因此在文章最初设定题注标签时，还请谨慎确定，否则在长文档中更改标签会是一个浩大的工程。交叉引用是对题注标签、编号、分隔符的整体引用，所以即便手动更新了题注标签，在交叉引用中仍然可以自动更新。

7. 目录

当文档中的内容非常繁杂时，编制一个目录可以帮助读者快速了解文档的主要内容。

目录将显示各级标题文本（需要先对标题应用标题样式或设置大纲级别）、各级标题下内容的起始页码，用户可以通过目录中的超链接直接跳转到想要查看的内容。

（1）根据内置标题样式或大纲级别编制目录

对标题应用了内置的标题样式或大纲级别格式后再编制目录，是编制目录最简单的方法。操作步骤如下：

① 单击文档要插入目录的位置。

② 单击"引用"选项卡下"目录"组中的"目录"按钮，在出现的列表中选择目录样式，如图 1-70 所示。

③ 在光标所在位置将插入目录选定样式的目录。

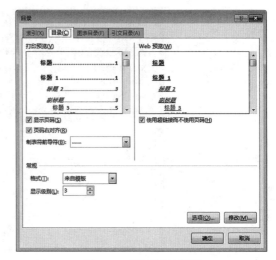

图 1-70　目录样式列表　　　　　　　　　图 1-71　"目录"对话框

（2）根据自定义标题样式编制目录

当对各级标题应用了自定义的标题样式,而且也希望应用自定义标题样式的标题出现在目录中时,也可以根据自定义标题样式编制目录,操作步骤如下:

① 单击要插入目录的位置。

② 单击"引用"选项卡下"目录"组中的"自定义目录"按钮,在出现的列表中单击"插入目录"按钮,打开"目录"对话框,如图 1-71 所示。

③ 在"显示级别"文本框中键入目录中要显示的标题级别数或大纲级别数,例如"3",则目录中将显示标题 1 至标题 3 或大纲级别 1 至大纲级别 3 的内容。

④ 在该对话框中单击"选项"按钮,则打开如图 1-72 所示的"目录选项"对话框。

⑤ 在"有效样式"选项组中查找要出现在目录中的标题样式,然后在其右方的"目录级别"文本框中键入相应的样式级别(即出现在目录中的级别)。

图 1-72　"目录选项"对话框

⑥ 对每个要出现在目录中的标题样式重复步骤⑤的操作。

⑦ 单击"确定"按钮返回到"目录"选项卡。单击"确定"按钮,则将根据自定义标题样式在选定位置插入一个目录。

（3）更新目录

当更改了文档中的标题内容和样式后,或标题所在页码有了变化时,需要及时更新目录以反映这些变动。更新目录的操作步骤如下:

① 在页面视图中,右击目录中的任意位置,此时目录区域将变灰,并打开如图 1-73 所示

的快捷菜单。

②　在该快捷菜单中选择"更新域"命令,打开如图 1-74 所示的"更新目录"对话框。

③　在该对话框中选择更新类型,如果单击"更新整个目录"单选按钮,目录将根据所有标题内容以及页码的变化进行更新。

④　单击"确定"按钮,目录将根据步骤③所选的类型进行更新。

图 1-73　更新目录的快捷菜单　　　　图 1-74　"更新目录"对话框

除了上述方法外,还可以单击"引用"选项卡的"目录"组中的"更新目录"按钮,来对目录进行更新。在单击该按钮后也将出现图 1-74 所示的"更新目录"对话框,根据需要选择更新方式,然后单击"确定"按钮即可。

(4) 删除目录

当要删除目录时,可以手动选定需要删除的整个目录,然后按"Delete"键。

1.1.4　域和修订

在前面两节介绍的页码、目录、索引、题注、标签等内容中,域已伴随这些过程自动插入到文档中。本节将进一步讨论域概念、域操作和常用域的应用。

文档在最终形成前,往往要通过多人或多次修改。如何跟踪修订标记和对修订进行审阅也是本章讨论的主题。运用文档"审阅"功能可以有效提高文档编辑效率。

1. 什么是域

(1) 域的概念

在文档中插入日期、页码和建立目录、索引过程中,域会自动插入文档,如在文档中插入"日期和时间",可单击"插入"选项卡下"文本"组中的"日期和时间"按钮,如果选定了格式后按"确定",将按选定格式插入系统的当前日期和时间的文本;如果在"日期和时间"对话框中勾选了"自动更新"对话框,再按"确定",则以选定格式插入日期和时间域。如图 1-75 所示。

虽然两种操作的显示是相同的,但是文本是不会再发生变化的,而域是可以更新的。单击日期时间域,可以看到域以灰色底纹突出显示。

域是文档中可能发生变化的数据或邮件合并文档中套用信封、标签的占位符。可能发生变化的数据包括了目录、索引、页码、打印日期、储存日期、编辑时间、作者、文件名、文件大小、总字符数、总行数、总页数等,邮件合并文档中收信人的单位、姓名、头衔等。

通过域可以提高文档的智能性,在无须人工干预的条件下自动完成任务,例如编排文档页码并统计总页数;按不同格式插入日期和时间并更新;通过链接与引用在活动文档中插入其他文档;自动编制目录、关键词索引、图表目录;实现邮件的自动合并与打印;为汉字加注拼音等。

图 1-75　插入"日期和时间"

（2）域的构成

域代码一般由三部分组成：域名、域参数和域开关。域代码包含在一对花括号"{ }"中，"{ }"称为域特征字符。特别要说明的是，域特征字符不能直接输入，必须按下快捷键"Ctrl＋F9"，或单击"邮件"选项卡下的"编写和插入域"组中的"插入合并域"操作自动建立。

域代码的通用格式为：{域名［域参数］［域开关］}，其中在方括号中的部分是可选的域代码，不区分英文大小写。

① 域名：是域代码的关键字，是必选项。域名表示了域代码的运行内容。Word 提供了70 多个域名，此外的域名不能被 Word 识别，Word 会尝试将域名解释为书签。

例如，域代码"{AUTHOR}"，AUTHOR 是域名，域结果是文档作者的姓名。

② 域参数：是对域名作的进一步的说明。

例如，域代码"{DocProperty Company\ ＊ MERGEFORMAT}"，域名是 DocProperty，DocProperty 域的作用是插入指定的 26 项文档属性中的一项，必须通过参数指定。代码中的"Company"是 DocProperty 域的参数，指定文档属性中作者的单位。

③ 域开关：是特殊的指令，在域中可引发特定的操作。域开关通常可以让同一个域出现不同的域结果。域通常有一个或多个可选的开关，开关与开关之间使用空格进行分隔。

域开关和域参数的顺序有时是有关系的，但并不总是这样。一般开关对整个域的影响会优先于任何参数，影响具体参数的开关通常会立即出现在它们影响的参数后面。

三种类型的普通开关可用于许多不同的域并影响域的显示结果，它们分别是文本格式开关、数字格式开关和日期格式开关，这三种类型域开关使用的语法分别由"\ ＊""\ ♯"和"\ @"开头。一些开关还可以组合起来使用，开关和开关之间用空格进行分隔。

2. 域的操作

（1）插入域

有时域会作为其他操作的一部分自动插入文档,例如前面谈到的插入"页码"和插入"日期和时间"的操作都能自动在文档中插入 Page 域和 Date 域。

① 菜单操作:单击"插入"选项卡下"文本"组中的"文档部件"按钮,选择"域"选项,打开如图 1-76 所示"域"对话框。在"域"对话框中选择"类别"和"域名",还可以进一步对"域属性"和"域选项"进行设置,单击"确定",在文档中插入指定的域。

图 1-76　"域"对话框

在"域"对话框中单击"域代码"按钮,则会在对话框中右上角显示域代码和域代码格式。可以在域代码编辑框中更改域代码,也可以借助域代码显示来熟悉域代码中域参数、域开关的用法。

② 键盘操作:如果对域代码十分熟悉,也可以通过键盘操作直接输入域代码。在开始输入域代码之前,按"Ctrl＋F9",先键入域特征符"{ }",然后在花括号内开始输入域代码。键盘操作输入域代码后不直接显示为域结果,必须更新域后才能显示域结果。

（2）编辑域

在文档中插入域后,可以进一步修改域代码,也可以对域格式进行设置。

① 显示或隐藏域代码:单击"文件"选项卡,打开"Word 选项"对话框,切换到"高级"选项卡,如图 1-77 所示。在"显示文档内容"区域选中或取消"显示域代码而非域值"复选框,并单击"确定"按钮,即可选择显示域代码或显示域值,如要隐藏则不选该复选框。

② 修改域代码:修改域的设置或域代码,可以在"域"对话框中操作,也可以在文档的域代码中进行编辑。

方法一:右击域,单击"编辑域",打开"域"对话框,重新设置域。

方法二:右击域,单击"切换域代码",直接对域代码进行编辑。

③ 设置域格式:域也可以被格式化。可以将字体、段落和其他格式应用于域,使它融合在文档中。

图 1-77　"Word 选项"对话框

在使用"域"对话框插入域时,许多域都有"更新时保留原有格式"选项,一旦选中,则域代码中自动加上"\ * MERGEFORMAT"域开关,这个开关会让 Word 保留任何已应用于域的格式,以便在以后更新域时保持域的原有格式。

(3) 删除域

与删除其他对象一样删除域。

(4) 更新域

在键盘输入域代码必须更新域后才能显示域结果,在域的数据源发生变化后也需要手动更新域后才能显示最新的域结果。

① 打印时更新域:选择"文件"选项卡,单击"选项"命令,弹出"Word 选项"对话框,切换到"显示"选项卡。在"打印选项"区域选中"打印前更新域"复选框,并单击"确定"按钮即可。

② 切换视图时自动更新域:在页面视图和 Web 版式视图方式切换时,文档中所有的域自动更新。

③ 手动更新域:选择要更新的域或包含所有要更新域的文本块,通过快捷菜单"更新域"或快捷键"F9"手动更新域。

有时更新域后,域显示为域代码,必须切换域代码后才可以看到更新后的域结果。

3. 文档修订

(1) 开启和关闭修订功能

在 Word 2016 中启用修订功能,审阅者对文档的每一次插入、删除或是格式更改操作都会被标记出来。当作者查看审阅者所做的修订时,可以接受或拒绝每处更改。

要启动修订功能以标记每一次对文档的修改时,首先打开需要修订的文档,选择"审阅"选项卡,单击"修订"组中的"修订"按钮,在出现的下拉列表中单击"修订"选项,此时"修订"

按钮呈橙色,表示"修订"功能处于激活状态。

完成修改后,单击"审阅"选项卡的"修订"组中的"修订"按钮,在出现的下拉列表中单击"修订"选项,即可关闭"修订"功能。

(2)插入和修改批注

使用批注功能,审阅者可以更详细地向作者表达自己的意见。

在文档中插入文字批注时,需先选中要设置批注的文本内容,或单击文本的尾部,然后单击"审阅"选项卡下"批注"组中的"新建批注"按钮,页面右边的页边距中将出现如图 1-78 所示的标注框,在该标注框中输入批注文字即可。

如果作者要对审阅者所做的批注做出响应,可以单击要响应的批注,单击"审阅"选项卡下"批注"组中的"新建批注"按钮,在分支批注标注框中输入文字,如图 1-78 所示的"谢谢!"。

图 1-78　批注

(3)显示或隐藏修订和批注

在 Word 中可以浏览文档中所有标记的修订,或限定所显示的修订类型,也可只显示特定审阅者所做的批注和更改,而隐藏其他审阅者的批注和更改。

快速显示或隐藏批注和修订的具体操作步骤如下:

① 单击"审阅"选项卡下"修订"组中的"显示以供审阅"按钮,在出现的列表中选择"所有标记"选项,如图 1-79 所示,即可显示全部的批注和修订。

② 按照同样的方法再次单击"审阅"选项卡的"修订"组中的"显示以供审阅"按钮,在出现的列表中选择"无标记"选项,即可隐藏全部的批注和修订。

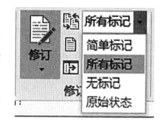

图 1-79　"所有标记"选项

按类型查看标记的操作步骤如下:

① 单击"审阅"选项卡的"修订"组中的"显示标记"按钮。

② 在其下拉列表中选中或清除标记类型左边的复选框即可。

可供选择的标记类型有"批注""墨迹""插入和删除""设置格式"和"批注框"等。

按审阅者查看标记的操作步骤如下:

① 单击"审阅"选项卡的"修订"组中的"显示标记"按钮,在其下拉列表中选择"特定人员"命令,弹出"审阅者"级联菜单,如图 1-80 所示。

② 在"审阅者"级联菜单中,选中或清除某个审阅者(例如,微软用户),即可显示或隐藏该审阅者所做的修订和批注。选中或清除"所有审阅者"菜单项左边的复选框,则可以显示或隐藏所有审阅者所做的修订和批注。

(4)审阅修订和批注

审阅文档的修订和批注可以进行以下审阅操作:

① 若要逐个审阅所有的修改,可以单击"审阅"选项卡的"更改"组中的"上一条"按钮,

图 1-80 "审阅者"级联菜单

或单击"下一条"按钮查看标记,如图 1-81 所示。

② 接受所有修订时,单击"审阅"选项卡的"更改"组中的"接受"按钮,在其下拉列表中选择"接受对文档的所有修订"命令即可。

图 1-81 "审阅"选项卡的"更改"组

③ 拒绝所有修订或删除全部标注时,单击"拒绝"按钮,在其下拉列表中选择"拒绝对文档的所有修订"命令即可。

④ 审阅显示在句子中的各处批注时,单击"审阅"选项卡的"批注"组中的"上一条"按钮或"下一条"按钮查看批注标记。

(5) 打印带有修订和批注显示的文档

要在打印文档内容时同时打印出指定的标记,需先切换到页面视图,显示所有要和文档内容一起打印出来的标记,然后选择"文件"选项卡,单击"打印"命令,在"打印"对话框中单击"打印"按钮即可。

1.2　项目1:"走进我的大学"文档排版

1.2.1　项目描述

某学校为了配合招生宣传,决定制作一份学校简介,用于介绍学校情况和专业特色,并要求在制作完成简介的相关内容之后,在文档末尾附加一页以图文混排的方式,进一步介绍学校情况和环境等信息。

本节以"走进我的大学"为题设计制作一份介绍学校基本情况的文档,通过该文档的制作,掌握情况简介、产品说明书等类型文档的设计与制作方法。

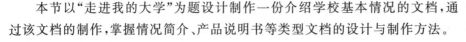

项目描述

1.2.2　知识要点

(1) 制作封面。

(2) 设置首字下沉效果。

(3) 创建图片项目符号。

（4）利用样式格式化文档。

（5）"导航"窗格的应用。

（6）为文档添加图片水印。

（7）设置页眉页脚。

（8）使用分栏。

（9）插入并设置图片。

1.2.3　制作步骤

本文档总体分为 3 部分：封面页，内容页，底部宣传页。具体步骤如下：

1. 制作文档的封面效果

在文档中插入封面的操作步骤如下：

① 打开要插入封面的文档，选择"插入"选项卡，单击"页"组中的"封面"
按钮，弹出"内置"封面列表。

② 选择需要的封面样式选项，如选择"奥斯丁"模板，即可在文档首页插入
封面。

插入封面

③ 在"键入文档标题"处，输入"走进我的大学"。选择"文档副标题"，按键
盘的"Delete"键删除。

④ 选择"细节"，按键盘的"Delete"键删除。选择"插入"选项卡，单击"插图"组中的"图
片"按钮，选择"丽水学院校名.jpg"图片。

⑤ 选择图片，单击"图片工具"下"格式"选项卡"调整"组中的"删除背景"按钮，删除图
片的白色背景。说明书封面效果如图 1-82 所示。

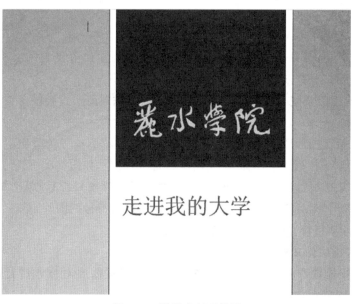

图 1-82　说明书封面效果

2. 设置首字下沉效果

首字下沉可以使文档显得充满活力,设置首字下沉操作步骤如下:

① 将插入点定位于要设置"首字下沉"的段落中,单击"插入"选项卡下"文本"组中的"首字下沉"按钮,在下拉列表中选择"首字下沉"选项,如图 1-83 所示。

首字下沉

② 弹出"首字下沉"对话框,在"位置"选项区域中显示了下沉和悬挂两种下沉方式,单击"下沉"选项。

③ 设置下沉文字格式,在"首字下沉"对话框中的"字体"下拉列表中,选择下沉文字字体,在"下沉行数"文本框中设置下沉的行数,单击确定,其效果如图 1-84 所示。

图 1-83 "首字下沉"对话框

·前沿:

丽水学院地处素有"秀山丽水、养生福地、长寿之乡"之称的"中国生态第一市"——丽水市。学校校园占地面积 1008.16 亩,校舍建筑面积 38.74 万平方米,教学科研仪器设备总值 1.44 亿元。图书馆馆藏纸质图书 156.37 万册,电子图书 64.32 万册,电子期刊 5.28 万种,电子资源数据库 35 个。

图 1-84 "首字下沉"效果

3. 创建图片项目符号

在 Word 文档中,可以将图片设为项目符号,从而制作出更美观的文档。创建图片项目符号的操作步骤如下:

图片项目符号

① 选择所有二级学院,拖动水平标尺中的"首行缩进"标记,设置段落首行缩进两个字符。

② 选择"开始"选项卡,在"段落"组中单击"项目符号"下拉三角按钮。在打开的"项目符号"下拉列表中选择"定义新项目符号"命令,如图 1-85 所示。

③ 弹出"定义新项目符号"对话框,此时需要设置图片项目符号,单击"图片(P)"按钮,弹出"图片项目符号"对话框,在此选择需要作为段落项目符号的图片,单击"确定"按钮返回文档中,添加图片项目符号的效果如图 1-86 所示。

4. 利用样式格式化文档

Word 为用户提供了多种内建样式,并允许用户根据需要对样式进行修改。应用 Word 内置标题样式步骤如下:

① 将插入点定位在第一行标题处,选择"开始"选项卡,单击"样式"组中的"标题 1"样式按钮。

样式格式化文档

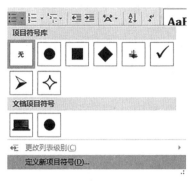

图 1-85　"项目符号"下拉列表　　　图 1-86　添加图片项目符号的效果

② 此时可以看到第一个段落应用了"标题 1"的样式，单击"段落"组中的"居中"按钮，设置段落居中对齐。

③ 按住"Ctrl"键选择文档中需要应用"标题 2"样式的内容，在"样式"组中单击"标题 2"选项，此时可以看到文档中所选内容已经应用了"标题 2"样式，如图 1-87 所示。

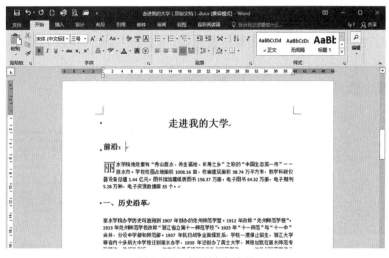

图 1-87　应用样式效果

5. 通过"导航"窗格查看文档

如果需要查看文档的结构、定位文档，可以使用"导航"窗格进行操作，具体步骤如下：

① 选择"视图"选项卡，勾选"显示"组中的"导航窗格"复选框。此时可以看到在文档的左侧出现了"导航"窗格。

② 在"导航"窗格中，显示了文档中应用了样式的标题，单击需要定位到的标题，显示定位文档的效果。此时立即定位到了标题所在的位置，如图 1-88 所示。

导航窗格

6. 为文档添加图片水印

① 选择"设计"选项卡，单击"页面背景"组中的"水印"按钮，单击"自定义水印"命令。

图片水印

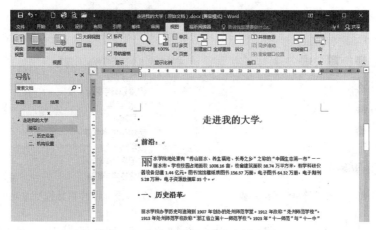

图 1-88　通过"导航"窗格查看文档

② 在弹出的"水印"对话框中,选择"图片水印"单选按钮,单击"选择图片"按钮,如 1-89 所示。

③ 在弹出的"插入图片"对话框中,选择需要的图片,单击"插入"按钮。

④ 返回"水印"对话框中,选择"缩放"下拉列表中的 150% 选项(或合适的选项)。

⑤ 取消勾选"冲蚀"复选框,单击确定按钮,返回文档中,此时可以看到设置了图片水印后的效果,如图 1-90 所示。

图 1-89　"水印"对话框

图 1-90　设置图片水印效果

7. 设置页眉和页脚

① 选择"插入"选项卡,单击"页眉和页脚"组中的"页眉"按钮,在下拉列表中选择"空白"选项。

页眉页脚

② 切换至文档第 2 页页眉区域,输入文字"走进我的大学",再设置其字体格式。

③ 在新出现的"页眉和页脚"选项卡下的"设计"选项卡中,勾选"选项"组中的"首页不同"复选框,如图 1-91 所示。此时可以看到第一页文档没有显示页眉。

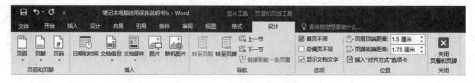

图 1-91　"设计"选项卡

④ 单击"导航"组中的"转至页脚"按钮,切换至第 2 页页脚区域,单击"页眉和页脚"组中的"页码"按钮,在下拉列表中将指针指向"页面底端"选项,选择"带状物"样式。

⑤ 单击"页眉和页脚"组中的"页码"按钮,在下拉列表中选择"设置页码格式"选项,打开"页码格式"对话框。

⑥ 选择编号格式,弹出"页码格式"对话框,并在"起始页码"文本框中输入 0,单击"确定"按钮,此时可以看到设置的页码。

⑦ 单击"关闭"组中的"关闭页眉页脚"按钮完成设置。设置了页眉和页脚后的效果如图 1-92 所示。

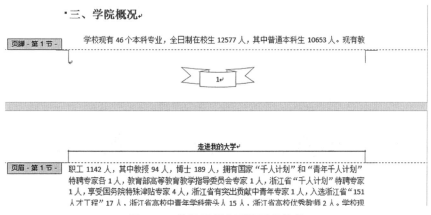

图 1-92　设置页眉和页脚后的效果

8. 制作底部宣传展示页面

在制作完成相关内容之后,在文档底部附加一页学校宣传展示的相关内容,用于介绍学校的环境、景观等信息。操作步骤如下:

宣传展示

(1) 为展示页设置分栏

① 在文档末尾插入一页空白页,选择"布局"选项卡,单击"页面设置"组中的"分栏"按钮,在展开的下拉列表中选择"更多分栏"选项。

② 在弹出的"分栏"对话框中,选择"三栏"选项,单击"应用于"下三角按钮,在展开下拉列表中选择分栏应用的范围。在此选择"插入点之后"选项,如图 1-93 所示。

③ 在设置好分栏的栏数和应用范围之后,如果需要在文档中显示分隔线,则勾选"分隔线"复选框,再单击"确定"按钮。

④ 选择"插入"选项卡,单击"插图"组中的"图片"按钮,在弹出的"插入图片"对话框中选择需要插入的图片,单击插入按钮。此时可以看到在插入点定位的位置处显示了插入的图片,并出现了"图片工具"的"格式"选项卡,如图 1-94 所示。

⑤ 在图片后面输入文字,如果文字未输入到页面底部就想要换一栏输入,则需要插入"分栏符"。单击"布局"选项卡"页面设置"组的"分隔符"下拉按钮中的"分栏符",如图 1-95 所示。

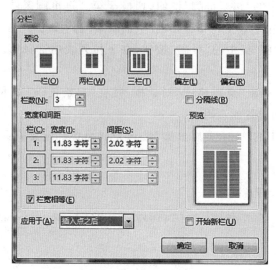

图 1-93　"分栏"对话框

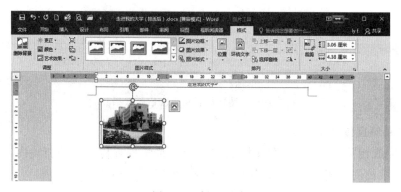

图 1-94　插入图片

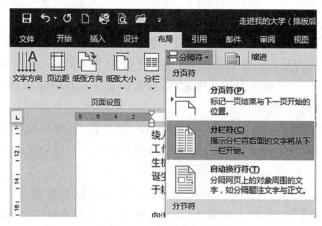

图 1-95　插入分栏符

重复前面的步骤,插入需要的图片后,输入相应的文本,并设置字体格式,完成后的效果如图 1-96 所示。

工学院是我校规模最大、最具活力和发展最为迅速的学院之一。学院紧密围绕人才培养这个中心，教学工作扎实规范并呈现蓬勃生机，科学研究锐意进取并诞生丰硕成果，社会服务勤于耕耘并广受业界好评。

学院立足丽水地区，面向浙江乃至长三角地区，志在把学院建成服务于"两山战略"最需要的和特色鲜明的学院，使学院成为培养应用型工程技术人才的摇篮，成为解决区域经济和社会发展重大问题的工程技术服务中心，成为辅助区域经济和社会发展的决策智库。

学院现有教职工 179 人，其中专任教师 147 人。具有正高职称教师 27 人、副高职称教师 54 人，具有博士学位教师 50 人。入选国家级"千人计划"1 人，"百千万人才工程"国家级 1 人。

享受国务院特殊津贴 1 人，省级"千人计划"1 人、省"151 人才工程"7 人、省高校中青年学科带头人 5 人。

学院目前拥有两个省一流学科，一个省重点实验室。学院设有八个学系：数学系、机械工程系、工业设计系、电子与电气系、光电工程系、计算机科学与技术系、数字……

学院具有良好的教学实验环境和条件，其中省重点计算机虚拟仿真示范中心建设点 1 个，省级实验教学示范中心 3 个，中央财政支持地方高校发展专项实验室建设项目 6 项，浙江省提升地方高校办学水平专项实验室建设项目 15 项。拥有大学生校内创新实践基地 4 个。

图 1-96　产品展示页面效果

1.2.4　项目小结

学校简介是向人们简要介绍情况或者注意事项的一种手册类型的应用文体。这种手册最适合于制作各种情况介绍及产品使用说明书，公司内部使用的文档，如规章制度、聘用合同等。熟练使用 Word 提供的排版功能，可以很方便地制作出一份完善的情况简介。

1.2.5　举一反三

1. 结合本校的专业设置情况，设计一份"专业介绍"文档。文档制作要求如下：

（1）设计和美化封面页。

（2）应用默认样式进行修改并设计新样式。

（3）插入页眉页脚，插入页码，要求首页不显示页码。

（4）使用分栏功能设计美化页面。

（5）为文档添加有关专业名称图片的水印。

（6）进行页面纸张设置、页边距设置、版式设置。

2. 结合学校或单位的规章制度，设计一份具体的"规章制度"文档。文档制作要求如下：

（1）设计和美化封面页。

（2）定义新样式并运用新样式。

（3）为文档添加有关规章制度的文字水印。

（4）进行页面纸张设置、页边距设置、版式设置。

（5）插入页眉页脚，插入页码，要求首页不显示页码。

1.3 项目 2：毕业论文排版的设计与制作

1.3.1 项目描述

小王即将大学毕业,大学要完成的最后一项作业是对写好的毕业论文进行排版。毕业论文文档不仅篇幅长、格式比较多,且处理起来比一般文档复杂。如为章节和正文等快速设置相应的格式、自动生成目录、为奇偶页创建不同的页眉和页脚等。

总体介绍

本节利用样式来快速设置相应的格式、利用大纲级别的标题自动生成目录、利用域命令灵活插入页眉和页脚等方法,对毕业论文进行有效的编辑排版。

1.3.2 知识要点

(1) 设置文档属性。

(2) 创建和使用样式。

(3) 使用分节和分页。

(4) 设置奇偶页页眉和页脚。

(5) 图、表的自动编号及交叉引用。

(6) 创建目录。

(7) 使用修订和批注。

1.3.3 制作步骤

本文档需要完成的排版设计任务有：页面设置,属性设置,格式设置,图案编号等,具体步骤如下:

1. 页面设置

将毕业论文文档的页面大小设置为 16 开(18.4 厘米×26 厘米),设置文档每行输入 30 个字符,每页 36 行。

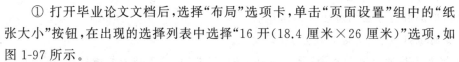

① 打开毕业论文文档后,选择"布局"选项卡,单击"页面设置"组中的"纸张大小"按钮,在出现的选择列表中选择"16 开(18.4 厘米×26 厘米)"选项,如图 1-97 所示。

页面设置

② 选择"布局"选项卡,单击"页面设置"组中的对话框启动器,在弹出的"页面设置"对话框中打开"文档网格"选项卡,选中"网格"单选框中的"指定行和字符网格"选项,在"字符数"中输入每行为"30",在"行数"中输入每页为"36",如图 1-98 所示。

③ 单击"确定"按钮,页面设置完毕。

2. 属性设置

选择"文件"选项卡。选择"信息"命令,在"信息"的右边侧有关于"作者"的信息,有关于"文档"的信息。我们可以在"作者"文本框中输入"李四",在"标题"文本框中输入"毕业设计论文"。要看到更详细的信息,点击"显示所有

属性设置

属性"。可以看到更多的属性设置,如在"单位"文本框中输入"小教 171 班"等。

样式设置

3. 样式设置

论文标题的多级符号可以采用 Word 中 Normal 模板的内置样式的"标题 1""标题 2"或"标题 3"等样式,也可以自己新建样式。样式可以根据论文排版的要求修改。

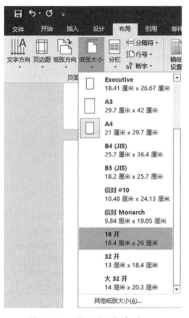

图 1-97　设置纸张大小

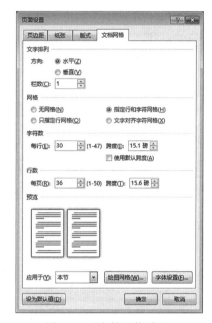

图 1-98　"文档网格"标签

根据论文标题使用多级符号的要求,按照表 1-1 所示的参数,对 Word 模板内置样式进行修改。

表 1-1　毕业论文格式要求

名称	字体	字号	间距	对齐方式
标题 1	黑体	小三	固定行距 20 磅,段后间距 30 磅	居中
标题 2	黑体	四号	固定行距 20 磅,段后间距 20 磅	左对齐
标题 3	黑体	小四	固定行距 20 磅,段后间距 18 磅	左对齐
正文	宋体	小四	固定行距 20 磅	首行缩进两个字符

① 单击"开始"选项卡下"样式"组中的对话框启动器,打开"样式"任务窗格。将鼠标指针移到"标题 1"样式名处,单击其右边的下拉箭头,在弹出的菜单中单击"修改"命令。

② 打开"修改样式"对话框(见图 1-53),在"字体"下拉列表中选择"黑体",在"字号"下拉列表中选择"小三",单击"居中对齐"按钮。

③ 在"修改样式"对话框中,选择"格式"下拉菜单中的"段落"选项,打开"段落"对话框。

选择"缩进和间距"标签,在"行距"下拉列表中选择"固定值",在"设置值"中输入"20 磅",在"段后"数值框中输入"30 磅",如图 1-99 所示。

④ 依次单击"确定"按钮即可。

⑤ 按照上述方法,根据表 1-1 所示参数要求设置其他格式。

样式修改后,即可应用样式。选中文档中要应用样式的文字,或将插入点置于要应用样式所在段落的任意位置,然后再单击"样式"组中相应的样式名称即可。

图 1-99 "段落"对话框 　　　　　　　图 1-100 论文中的标题

4. 多级符号

标题是论文的眉目,应该突出、简明扼要、层次清楚,如图 1-100 所示。

设置论文的标题层次格式如下所示:

1. ××××(居中)　　　一级标题

　　1.1 ××××(顶头)　　　　二级标题

　　　1.1.1 ××××(顶头)　　　　　三级标题

多级符号设置

① 随意选中一个使用"标题 1"样式的段落,比如"引言[标题 1]"。

② 单击"开始"选项卡下"段落"组中的"多级列表"按钮,在"列表库"中,选择第二行第三个选项。

③ 单击"定义新的多级列表"按钮,打开"定义新多级列表"对话框,在"编号样式"下拉列表中选择"一,二,三(简)"样式,单击"更多"按钮,在"将级别链接到样式"下拉列表框中选择"标题 1"样式。接着单击"级别"列表框中的"2",在"编号样式"框中选择"1,2,3,…"样式,在"将级别链接到样式"下拉列表框中选择"标题 2"样式,选中"正规形式编号"复选框(否则符号二级标题只能显示为"一.1")。同样方法,单击"级别"列表框中的"3",选择"编号样式"下拉列表框中的"1,2,3,…"样式,在"将级别链接到样式"下拉列表框中选择"标题 3"样式,选中"正规形式编号"复选框,如图 1-101 所示。

④ 依次单击"确定"按钮即可,设置好的多级符号,如图 1-102 所示。

5. 创建图、表的自动编号

论文中创建好图、表后要对其进行编号,如"图 4-1,图 4-2,表 4-1,表 4-2"等。但如果图、表的引用较多,在插入或删除图、表时,手动修改图、表编号和引用就容易出错。因此在编辑有大量图、表的论文时,一定要实现图、表自动编号。

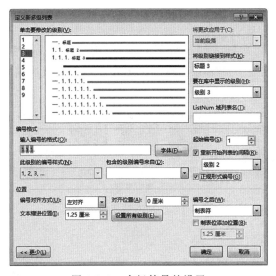

图 1-101　多级符号的设置

图 1-102　多级符号

（1）插入题注

为论文中的图添加题注,格式设置为"图 4-×"。插入题注操作步骤如下:

① 打开"论文图表"Word 文档,如图 1-103 所示。

图表题注设置

图 1-103　"论文图表"文档

② 选中要设置编号的图,单击"引用"选项卡下"题注"组中的"插入题注"按钮,打开"题注"对话框(见图 1-63)。

③ 单击"新建标签"按钮,在"新建标签"对话框中的"标签"文本框中输入"图 4-",如图 1-104 所示。再设置"编号"格式为"1,2,3,…","位置"为"所选项目下方"。

④ 依次单击"确定"按钮。这样,在图的下方就插入了一行文本,内容就是刚才新建标签的文字和自动生成的序号,此时可以在序号后输入文字说明"首页"。选中该行文字,设置字体格式。

用同样的方法插入其他图片题注,当再次插入同一级别的图时,则直接单击"引用"选项卡下"题注"组中的"插入题注"按钮就可以了,Word 会自动按图在文档中出现的顺序为图编号。为图片插入题注的效果如图 1-105 所示。

图 1-104 新建标签

图 4-1 首页

图 1-105 插入题注显示

（2）交叉引用

对论文文档中题注"图 4-1 首页"进行引用。

① 光标定位到需要引用题注编号的地方,单击"引用"选项卡下"题注"组中的"交叉引用"命令,打开"交叉引用"对话框。在该对话框的"引用类型"下拉列表中选择刚刚添加的题注标签"图 4-"。

交叉引用设置

② 在右侧的"引用内容"下拉列表框中选择"只有标签和编号"选项,然后在下方的列表中选择要引用的题注,例如"图 4-1 首页",然后单击"插入"按钮,即可将"图 4-1"插入到光标处,完成对题注的引用,如图 1-106 所示。

图 1-106 "交叉引用"对话框

需要引用题注的地方重复执行单击"引用"选项卡下"题注"组中的"交叉引用"命令,这时直接选择要引用的题注就可以了,不用再重复选择引用类型和引用内容。

(3) 创建图、表的目录

根据排版要求,论文一般需要在文档末尾列一个图、表的目录。为论文文档创建图、表目录步骤如下:

图表目录

① 插入点定位在需要创建图、表目录的位置。

图 1-107　交叉引用显示

② 单击"引用"选项卡下"题注"组中的"插入表目录"按钮,打开"图表目录"对话框。在"题注标签"下拉菜单中选择要创建索引的内容对应的题注"图 4-",如图 1-108 所示。单击"确定"按钮即可完成目录的创建,如图 1-109 所示。

图 1-108　创建图表的目录

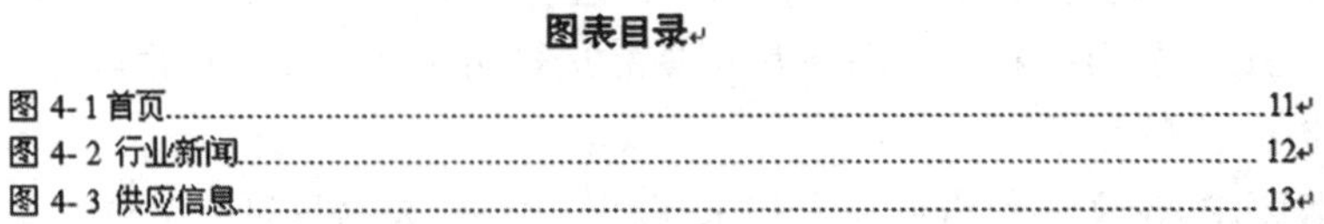

图表目录

图 1-109　创建的目录

图的编号制作成题注，实现了图的自动编号。比如在第一张图前再插入一张图，Word 会自动把原来第一张图的题注"图 4-1"改为"图 4-2"，后面图片的题注编号以此类推。

图的编号改变时，文档中的引用有时不会自动更新，可以使用鼠标右击引用文字，在弹出的菜单中选"更新域"命令。

表格编号需要插入题注，也可以选中整个表格后单击右键，选择"题注"命令，但要注意表格的题注一般在表格上方。

6. 插入分节符

在论文文档的适当位置插入分节符，操作步骤如下：

① 光标定位到需要插入分节符的位置。

② 单击"布局"选项卡下"页面设置"组中的"分隔符"按钮。

③ 在"分节符"单选框(见图 1-6"分隔符"下拉列表)中选择"下一页"选项，单击"确定"按钮。

创建节后，可以为只应用于该节的页面进行设置。由于在没有分节前，Word 整篇文档视为一节，所以文档中节的页面设置与在整篇文档中的页面设置相同。只要在"页面设置"对话框的"版式"标签中，单击"应用于"下拉列表框选择"本节"选项即可，如图 1-110 所示。

分节后的文档，可以设置不同的页码格式。还可以为该节的页码重新编号，并且能够设置新的页眉、页脚，不影响文档中其他节的页眉和页脚。

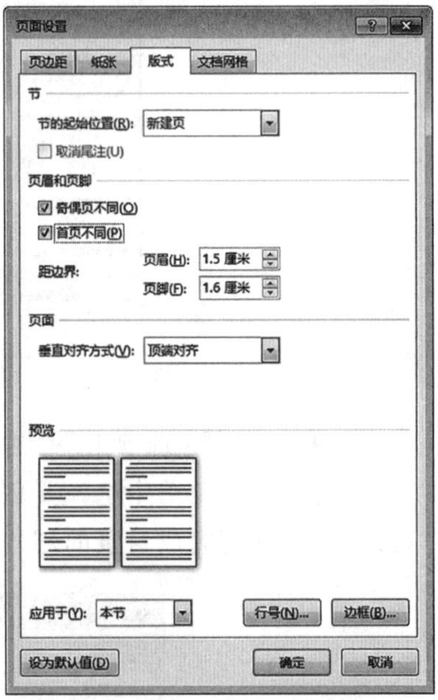

图 1-110　页面设置和节的使用

7. 添加页眉和页脚

在论文文档中，为奇偶页创建不同的页眉和页脚。具体操作步骤如下：

① 单击"插入"选项卡下"页眉和页脚"组中的"页眉"按钮，选择"空白"样式，打开"页眉和页脚工具"选项卡，如图 1-111 所示。

页眉页脚设置

图 1-111　创建页眉和页脚

② 键入文字后，如果要插入页码、日期和时间，单击"页眉和页脚"组中的相应按钮即可。

③ 在"选项"组中选中"奇偶页不同"和"首页不同"两个复选框。单击"导航"组中的"转至页脚"按钮或"转至页眉"按钮，可在页眉页脚编辑区之间切换。单击"上一节"按钮或"下一节"按钮，可以在不同节的页眉之间转换。

④ 单击"转至页脚"按钮，单击"页眉和页脚"组中的"页码"按钮，在"页面底端"列表中选择"普通样式 3"样式，插入页码。

⑤ 页眉和页脚设置完成后，单击"关闭页眉页脚"按钮即完成奇偶页创建不同的页眉和页脚。如图 1-112 所示。

图 1-112　奇偶页不同的页眉

8. 添加目录

在文档的开始位置为论文文档添加论文目录，并对其进行更新。操作步骤如下：

目录设置

① 目录都是单独占一页，将插入点定位到"引言"页前面，单击"布局"选项卡下"页面设置"组中的"分隔符"按钮，选择"分节符"选项组中的"下一页"，因为使用分节符可以使目录的页眉区别于正文的页眉。

② 插入目录。将插入点定位到空白页，单击"引用"选项卡下"目录"组中的"目录"按钮，单击"插入目录"命令，弹出"目录"对话框，在"常规格式"下拉列表框中选择"正式"，单击"确定"按钮，得到如图 1-113 所示的目录。

目录

图 1-113　生成的目录

③ 更新目录。若添加完目录后，又对正文内容进行了改动，并影响了目录中的页码，就

需要更新目录。右击目录区域,从弹出的快捷菜单中选择"更新域"命令即可更新目录。

1.3.4 项目小结

本案例以毕业论文的排版为例,介绍了长文档的排版方法与技巧,重点掌握样式、节、页眉和页脚的设置方法。

在 Word 中可以使用三种样式:内置样式、自定义样式和其他文档或模板中的样式。

在创建标题样式时,要明确各级别之间的相互关系及正确设置标题编号格式等,否则,将会导致排版出现标题级别的混乱状况。

分节符可以将文档分成若干个"节",不同的节可以设置不同的页面格式。在使用"分节符"时不要与"分页符"混淆。

可以为文档自动创建目录,使目录的制作变得非常简便,但前提是要为标题设置样式。当目录标题或页码发生变化时,注意及时更新目录。

通过本实例的学习,还可以对调查报告、实用手册、讲义、小说等长文档进行有效的排版。

1.3.5 举一反三

1. 设计一篇毕业设计论文,完成文档排版。文档制作要求如下:

(1) 使用多级符号对章名、小节名进行自动编号,代替原始的编号。要求章名的自动编号格式为:第 X 章(例:第一章),其中 X 为自动排序。中文序号。对应级别 1.居中显示。小节名自动编号格式为:X.Y,X 为章数字序号,Y 为节数字序号(例:1.1),X,Y 均为阿拉伯数字序号。对应级别 2.左对齐显示。

(2) 新建样式,样式名自定义其中字体:中文字体为"楷体",西文字体为"Time New Roman",字号为"小四"。段落:首行缩进 2 字符,段前 0.5 行,行距 1.5 倍;两端对齐。其余格式,默认设置。

(3) 对正文中的图添加题注"图",位于图下方,居中。要求:编号为"章序号"-"图在章中的序号"。例如第 1 章中第 2 幅图,题注编号 1-2。图的说明使用图下一行的文字,格式同编号。图居中。

(4) 对正文中出现的图使用交叉引用。在图前的文字中显示"如图 X-Y 所示",其中"X-Y"为图题注的编号。

(5) 对全文中的所有表添加题注"表",位于表上方,居中。编号为"章序号"-"表在章中的序号"。例如第 1 章中第 1 张表,题注编号为 1-1。表的说明使用表上一行的文字,格式同编号。表居中,表内文字不要居中。

(6) 对正文中出现的图使用交叉引用。在表前的文字中显示"如表 X-Y 所示",其中"X-Y"为表题注的编号。

(7) 为摘要页中的作者姓名插入脚注。脚注添加说明文字为作者的简介,如"计 171 班,张三,学号 1711010110"。

(8) 将(2)中的新建样式应用到正文中无编号的文字。不包括章名、小节名、表文字、表和图的题注、脚注。

（9）在正文前，摘要页之后按序插入三节，使用 Word 提供的功能，自动生成如下内容：

1）第 1 节：目录。其中，"目录"使用样式"标题1"并居中；"目录"下为目录项。

2）第 2 节：图索引。其中，"图索引"使用样式"标题1"并居中；"图索引"下为图索引项。

3）第 3 节：表索引。其中，"表索引"使用样式"标题1"并居中；"表索引"下为表索引项。

（10）使用适合的分节符，对正文进行分节。添加页脚，使用域插入页码。居中显示。

要求：

1）论文封面页不显示页眉和页码；

2）正文前的节，页码采用"i,ii,iii,…"格式，页码连续；

3）正文中的节，页码采用"1,2,3,…"格式，页码连续；

4）正文中每章为单独一节，页码总从奇数开始，更新目录、图索引和表索引。

（11）添加正文的页眉。使用域，按以下要求添加内容。居中显示。其中：

1）对于奇数页，页眉左对齐，文字为：章序号 章名（例如：第一章 XXX）

2）对于偶数页，页眉右对齐，文字为：节序号 节名（例如：1.1 XXX）

1.4　项目 3：合同的设计与制作

1.4.1　项目描述

在各种商务活动中，合同是最常用的商务文档之一，人们通过签订合同来确认合同双方的权利义务关系。制作合同时应注意版面简洁、清晰，以传递基本信息为准，不宜使用过多的字体和过于花哨的设计。

项目描述

下面以制作一份技术转让合同为例来分析合同的制作。其效果图如图 1-114技术转让合同所示。

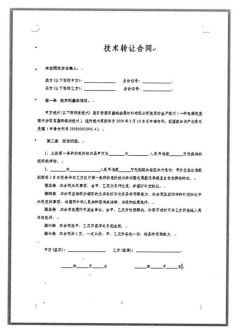

图 1-114　技术转让合同

对于一份已经制作好的合同,很有可能在不久的将来又要制作一份类似的文档,那么Word 中提供的模板功能可以将其保存为一份模板样本,留待下次开发时使用。

1.4.2　知识要点

(1) 插入水印。
(2) 强制保护文件。
(3) 修订文件。
(4) 保存为模板。

1.4.3　制作步骤

1. 制作与设置合同内容

利用之前学习过的相关格式设置合同内容,参照图 1-114 技术转让合同所示效果。

插入水印

2. 插入水印

由于技术转让合同属于商业机密文件,完成合同的内容条款后可以在每页上加上"绝密"水印字样,以提示合同双方处理文件时必须谨慎,承担保密责任及履行合同义务。操作步骤如下:

① 单击"设计"选项卡下"页面背景"组中的"水印"按钮,在弹出的下拉列表中选择"自定义水印",打开"水印"对话框,这里可以选择为文档添加图片或文字水印,本项目选择"文字水印",并按图 1-115 "水印"对话框作相关设置。

② 单击"应用"后,"关闭"该窗口即可。完成后效果如图 1-116 所示。

图 1-115　"水印"对话框

图 1-116　"水印"效果

3. 保护合同文件

常见的文档保护有:格式的保护、编辑的保护和启用强制保护,具体操作步骤如下。

① 单击"审阅"选项卡下"保护"组中的"限制编辑"按钮，打开"限制编辑"任务窗格。如图 1-117 所示。

格式保护

② 在"2.编辑限制"下勾选"仅允许在文档中进行此类型的编辑"复选框，此时下方的选项变为可选状态，在其下拉菜单中选择"修订"选项，仅允许对文档进行"修订"操作（如果选择"批注"选项，那么将仅允许对文档进行"批注"操作）。

③ 单击如图 1-118 所示的"3.启动强制保护"选项区域中的"是，启动强制保护"按钮，弹出"启动强制保护"对话框，在"新密码"文本框中输入密码并再次确认密码后单击"确定"按钮，即可开始执行强制保护。

④ 此时"保护文档"任务窗格显示如图 1-119 所示。

⑤ 如果用户要停止保护，单击该窗格中的"停止保护"按钮，在弹出的"取消保护文档"对话框中输入密码即可。

4. 审阅合同文件

制订合同的对方在收到文件后，如果对合同中的内容不甚满意，可以在文档中进行修改，该受保护的文档将显示其修改和删除的内容，以确保条文在双方共同监督下完全透明化。这种保护称为限制编辑中的"修订"保护，具体的操作方法如下：

限制编辑

图 1-117　"限制编辑"任务窗格　　图 1-118　启动强制保护　　图 1-119　显示文档受保护

① 假如文件出现修改和删除等情况，将自动显示更改内容，如图 1-120 所示。

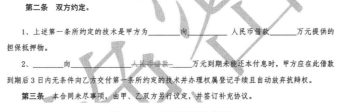

图 1-120　显示删除情况

② 在文件保护功能下,即使客户将该文档另存为一个新文档,文档保护功能仍然不会解除。

③ 当该合同文件被寄回后,如果想再审阅当初的原稿,可通过单击"审阅"选项卡下"修订"组中的"最终:显示标记"下拉列表中的"原始状态"菜单项来实现,如图 1-121 "原始状态"菜单项所示。

④ 如果经合同双方讨论后决定接受其条件,首先要解除文档的保护状态,单击"审阅"选项卡下"保护"组中的"限制编辑"按钮,单击该窗格中的"停止保护"按钮,在弹出的"取消保护文档"对话框中输入密码即可。

⑤ 单击"审阅"选项卡下"更改"组中的"接受"按钮,选择"接受所有修订",如图 1-122 所示,即可接受全部修改;如果只接受部分修改,那么选择"接受修订"再单击"上一条"或"下一条";如果不接受修改,可以选择"拒绝修订"命令。

⑥ 限制编辑的保护除了"修订"选项以外,还有"批注"、"填写窗体"、"不允许任何更改(只读)"等三种设置,操作方法类同限制编辑中的"修订"保护。

限制编辑保护

图 1-121 "原始状态"菜单项   图 1-122 接受修订

5. 保存为模板文件

完成文档中各种设置后,可以将该文档作为同类文件的模板,留待下次使用。操作方法如下:

① 清除合同中无须保留的内容,只保留合同名称、主要条目等。

② 单击菜单"文件"选项卡下的"另存为"命令,弹出"另存为"对话框,选择"保存类型"为"Word 模板",输入模板的名称后单击"保存"按钮即可。

模板文件

③ 如果今后需要再次制作类似合同,只需执行菜单"文件"选项卡下的"新建"命令,在"新建文档"任务窗格中选择所存的模板文件名,单击"确定"按钮即可。

1.4.4 项目小结

文档的保护和审阅修订及模板的制作是常用的 Word 处理技术。本节通过技术转让合同的制订来学习相关处理技术,以便今后可以灵活使用。

1.4.5 举一反三

1. 制作一份朋友之间的小额借款合同,要求插入水印提示合同双方处理文件时必须谨慎,承担保密责任及履行合同义务;设定强制保护文件,可通过审阅方式修订文件;最终保存为模板,以便以后重复使用。

2. 制作一份房屋租赁合同,要求插入房屋租赁公司的水印;设定强制保护文件,可通过审阅方式修订文件;最终保存为模板,以便以后重复使用。

1.5 项目4:邮件合并

1.5.1 项目描述

在日常生活中,经常要制作批量的邀请函、证件之类的文档,邀请对方参加展会、庆典和会议等活动,以增进友谊及拓展业务,或者是颁发证书,如图 1-123 所示。此类文档的共同特点为数量多,同时文档的主体部分相同。主体部分说明证件的事项、时间、地点和发证单位等,不同的部分是姓名、性别、编号、成绩、等级以及照片等信息。

图 1-123　证书效果

使用 Word 提供的"邮件合并"功能可以很好地解决这个问题。它可以将内容有变化的部分如姓名或地址等制作成数据源,将文档内容固定的部分制作成一个主文档,然后将其结合起来。这样就可以一次性制作大批量的文档。

项目描述

1.5.2 知识要点

(1)主文档的创建。
(2)数据源(收件人列表)的创建。
(3)合并数据(域的使用)。
(4)文档的输出。

1.5.3 制作步骤

证件是很多单位经常需要制作的一种文档。下面将利用之前学习过的相关知识点来制作一个普通话证书。

1. 制作主文档

① 单击"布局"选项卡下"页面设置"组中的"页面设置"对话框启动器,在

主文档制作

"页边距"选项卡中将上、下、左、右页边距均设置为 1 厘米,纸张方向为"纵向",并设置纸张大小为"自定义大小",宽度为"23 厘米",高度为"21 厘米",如图 1-124 所示。

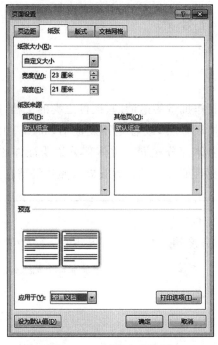

图 1-124　纸张大小设置

② 将页面分为两栏,在左栏插入 4 行 2 列的表格,右栏输入如图 1-125 所示的文字。

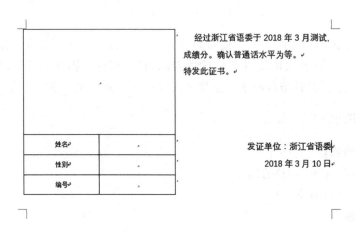

图 1-125　主文档制作

2. 数据源制作

创建如图 1-126 所示的数据源表——"普通话测试成绩表"。其中,"照片"列中存放的是照片的文件名。相应的图片文件存放在与普通话测试成绩表相同的文件夹内。

数据源制作

	A	B	C	D	E
1	姓名	性别	编号	分数	照片
2	张三	男	201701001	85	image1.jpg
3	李四	女	201701002	80	image2.jpg
4	王五	女	201701003	78	image3.jpg
5	赵六	男	201701004	90	image4.jpg
6	钱七	男	201701005	89	image5.jpg
7	孙八	女	201701006	88	image6.jpg
8	李九	女	201701007	86	image7.jpg
9	周一	男	201701008	82	image8.jpg
10	吴二	女	201701009	72	image9.jpg
11	郑十	男	201701010	71	image10.jpg

图 1-126　普通话测试成绩表　　　　图 1-127　"邮件合并"任务窗格

3. 邮件合并

下面就来使用 Word 提供的邮件合并功能将 Excel 中已有的资料合并到主文档中，即将一个主文档同一个收件人列表合并起来，最终生成一系列输出文档。

① 单击"邮件"选项卡下"开始邮件合并"组中的"开始邮件合并"按钮，选择"邮件合并分步向导"，弹出"邮件合并"任务窗格，如图 1-127 所示。

② 在"选择文档类型"栏中选择"信函"单选项，然后单击任务窗格下方步骤栏中的"下一步：开始文档"。

③ 在弹出的任务窗格中选择"使用当前文档"单选项，然后单击"下一步：选择收件人"，弹出"选择收件人"任务窗格，如图 1-128 所示。

④ 选择"使用现有列表"单选按钮，单击"浏览…"按钮，在弹出的"选取数据源"对话框中选择已有的"普通话测试成绩.xlsx" Excel 文件，然后单击"打开"按钮，弹出如图 1-129 所示的"选择表格"对话框，其中显示了该 Excel 工作簿中包含的 3 个工作表。

图 1-128　"选择收件人"任务窗格　　　　图 1-129　"选择表格"对话框

⑤ 选择数据所在的 Sheet1 工作表,单击"确定"按钮,弹出如图 1-130 所示的"邮件合并收件人"对话框。这里列出了邮件合并的数据源中的所有数据,可以通过该对话框对数据进行修改、排序、选择和删除等操作,单击"确定"按钮即可将所选的数据源与邀请函建立连接。

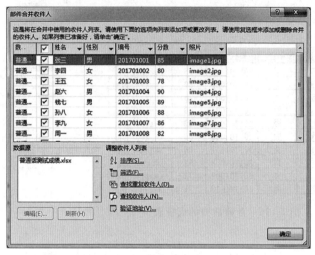

图 1-130 "邮件合并收件人"对话框

⑥ 单击"邮件合并"任务窗格下方步骤栏中的"下一步:撰写信函",任务窗格中显示"撰写信函"相关内容,效果如图 1-131 所示。

⑦ 下面为邀请函插入所需要的域,而这些域就取自于刚刚连接的数据源。将光标定位至文中"尊敬的"文字后,单击任务窗格中的"其他项目…"超链接,弹出"插入合并域"对话框,如图 1-132 所示。

⑧ 分别选择"姓名"域、"性别"域、"编号"域、"分数"域,单击"插入"按钮,将其插入到文档对应的区域中,再单击"关闭"按钮,效果如图 1-133 所示。

邮件合并操作 1

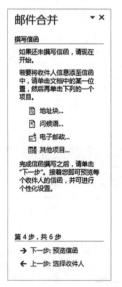

图 1-131 "撰写信函"任务窗格

图 1-132 "插入合并域"对话框

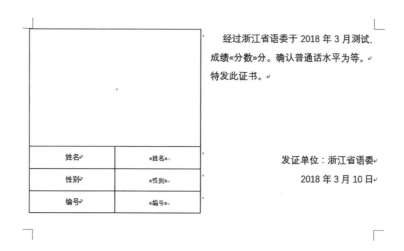

图 1-133　"插入合并域"后的文档

⑨ 根据测试成绩,给定对应等级,例如规定成绩大于等于 88 分的,为"二级甲"等,否则为"二级乙"等。单击"邮件"选项卡"编写与插入域组"的"规则"下拉按钮,选择"如果……则……否则"按钮。出现如图 1-134 所示的对话框,按照规则设置。

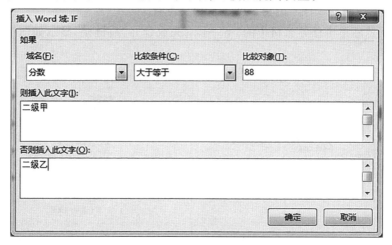

图 1-134　域规则设置

⑩ 首先需要利用域插入照片所在的路径。光标定位在主文档照片的区域,单击"插入"选项卡"文本"组的"文档部件"下拉按钮,选择"域"按钮,如图 1-135 所示选择类别为"链接和引用",域名为"IncludePicture",在域属性的文件名或 URL 处输入照片所在的文件路径,单击"确定"按钮。操作步骤可扫右侧二维码观看视频。

邮件合并操作 2

⑪ 由于只插入了图片的文件路径,所以不能正确显示图片,如图 1-136 所示。按下"Alt＋F9"组合键,切换域代码。显示{ INCLUDEPICTURE "E：\\普通话测试成绩"……},在"成绩"后面单击鼠标,输入"\\",与前面一样的操作方法插入"照片"域。再次按下"Alt＋F9"组合键,切换到域值。

⑫ 单击"邮件合并"任务窗格中的"下一步：预览信函"超链接,此时将显示合并后的第

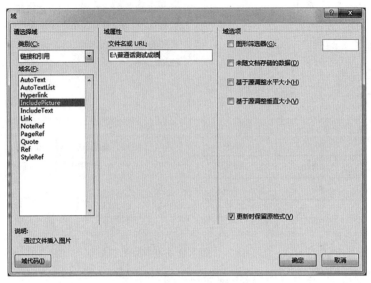

图 1-135　插入图片域

一位收件人的文档效果(见图 1-123)。可以通过单击"邮件合并"任务窗格中的左右箭头在每一个合并到邀请函的收件人的信函间进行切换浏览。

⑬ 完成预览后单击任务窗格中的"下一步：完成合并"超链接,显示如图 1-137 的"完成合并"窗格。

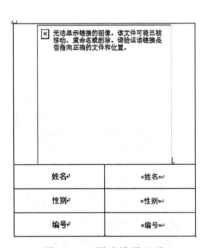

图 1-136　图片错误显示

图 1-137　"完成合并"窗格

⑭ 此时可通过以下方法处理合并后的邀请函文档：

合并：单击如图 1-137 所示窗格中的"打印…"超链接,弹出如图 1-138 所示的"合并到打印机"对话框,选择"全部"记录后单击"确定"按钮即可通过打印机将包含了所有客户的邀请函文档打印出来,每一份邀请函对应 Excel 工作表中的一条客户记录,这样便于通过邮寄的方式将邀请函递交给相应的客户。

合并到文档：单击如图 1-137 所示窗格中的"编辑单个信函..."超链接，弹出如图 1-139 所示的"合并到新文档"对话框，选择"全部"记录后单击"确定"按钮，该操作将会创建一个新的文档，该文档包含多份自动生成的邀请函，每一份邀请函对应 Excel 工作表中的一条客户记录。

图 1-138　"合并到打印机"对话框　　图 1-139　"合并到新文档"对话框

1.5.4　项目小结

在日常工作中，"邮件合并"功能除了可以批量制作证件，处理信函、信封等与邮件相关的文档外，还可以轻松地批量制造工资条、成绩单等。熟练使用"邮件合并"工具栏可以大大降低工作强度，提高操作的效率。

1.5.5　举一反三

1. 通过页面设置、文本框的格式设置以及表格运用等手段设计一张学生体能测试成绩报告单模板，并运用邮件合并技术，在设计好的模板上，根据数据源中数据填写姓名和成绩等信息，并提醒总评不合格的学生参加补考，效果参考图 1-140。数据源数据格式如图 1-141 所示。

2. 请根据某单位的工资表，利用"邮件合并"功能设计一份可以批量打印的个人工资条。

图 1-140　成绩单参考图　　　　　图 1-141　成绩单数据源示例

第 2 章

Excel 高级应用

 学习目的及要求

掌握 Excel 2016 的高级应用技术,能够熟练掌握工作表美化、公式和常用函数、数据分析与处理、数据透视表和透视图、图表创建和美化等知识,具体掌握以下内容:

1. 工作表美化

(1) 掌握单元格字体、边框、填充等设置。

(2) 掌握套用表格样式和条件格式设置。

(3) 掌握主题设置和图形对象修饰工作表。

2. 公式和函数

(1) 掌握公式审核和求值。

(2) 掌握 Excel 中函数的使用。

(3) 掌握常用的函数。

3. 数据的处理

(1) 掌握数据筛选和排序。

(2) 掌握分类汇总和合并计算。

4. 图表的应用

(1) 掌握创建和设计图表方法。

(2) 掌握图表和文本美化方法。

5. 数据透视表

(1) 掌握创建数据透视表的方法。

(2) 掌握创建数据透视图的方法。

(3) 掌握切片器的应用。

2.1　Excel 高级应用主要技术

2.1.1　工作表美化

在 Excel 2016 中,美化工作表是制作表格的一项重要内容,通过表格格式的设置,可以使表格的框线、底纹以不同的形式表现出来,美化工作表可以使表格更加美观,通过设置表格的条件格式,重点突出表格中的特殊数据。本小节将介绍美化工作表的基本操作。

1. 设置字体、字号、字形和颜色

在 Excel 2016 中默认的字体为宋体,可以根据实际需要自行设置单元格中的字体。下面介绍设置字体、字号和颜色等操作方法。

① 在打开的 Excel 2016 窗口中,选择准备设置字体的单元格。选择"开始"选项卡,在"字体"组中单击"字体"下拉按钮,在弹出的下拉列表中,选择所需的字体样式,如图 2-1 所示。

图 2-1　设置单元格字体

② 在打开的 Excel 2016 窗口中,选择准备设置字号的单元格,选择"开始"选项卡,在"字体"组中单击"字号"下拉按钮,在弹出的下拉列表中,选择所需的字号。

③ 单元格中文字的字形有三种,默认是常规,另外两种分别是加粗和倾斜。选择需要更改字形的单元格,在"字体"组中单击"加粗"按钮,将单元格文字加粗;单击"倾斜"按钮,使单元格文字倾斜。再次单击对应按钮可去掉字形效果。

④ Excel 2016 中默认的文本颜色是黑色,为了使工作表不单调或者强调重要的内容,可以设置文本的颜色。在打开的 Excel 2016 窗口中,选择准备设置字体颜色的单元格,选择"开始"选项卡,在"字体"组中单击"字体颜色"下拉按钮,在弹出的下拉列表中,选择所需的

字体颜色,如图 2-2 所示。

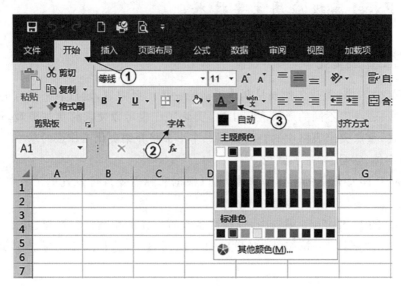

图 2-2　设置字体颜色

2. 设置对齐方式

设置对齐方式是指设置数据在单元格中显示的位置,包括居中、文本左对齐、文本右对齐三种横向对齐方式,以及顶端对齐、垂直居中、底端对齐三种垂直对齐方式。

在 Excel 2016 工作表中文本的对齐是相对单元格的边框而言的,与设置单元格字体格式相类似,也是通过功能区设置。文本基本对齐包括左对齐、右对齐、居中对齐、顶端对齐、垂直居中和底端对齐 6 种情况。下面以文本居中对齐为例,介绍通过功能区设置对齐方式的操作方法。在打开的 Excel 2016 窗口中,选择设置字体的单元格,在"开始"选项卡的"对齐方式"组中,单击"居中"按钮。

3. 设置边框与填充

在 Excel 2016 工作表中,设置边框与填充格式包括设置表格边框、填充图案与颜色、背景和底纹。下面详细介绍设置边框与填充格式的方法。

(1)设置表格边框

① 在打开的 Excel 2016 窗口中,选择准备设置边框格式的单元格或单元格区域,在"开始"选项卡的"单元格"组中,单击"格式"按钮,如图 2-3 所示。

② 在弹出的"格式"下拉菜单中,选择"设置单元格格式"命令。

图 2-3　"单元格"组

③ 在弹出的"设置单元格格式"对话框中,选择"边框"选项卡,在"线条"区域设置线条样式,在颜色下拉框中选择线条颜色,在"预置"或"边框"区域中,选择边框线位置。单击"确定"按钮,如图 2-4 所示,设置了表格的边框为蓝色实线。

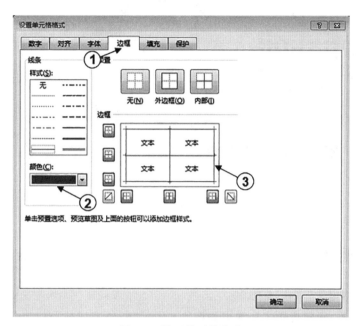

图 2-4　设置单元格格式

④ 设置单元格格式时,要注意按照先设置线条样式、颜色,再设置预置、边框的顺序操作。

（2）填充图案与填充效果

为达到突出显示或美化单元格的效果,可以对单元格填充图案与颜色。下面详细介绍在单元格中填充图案和颜色的方法。

① 填充图案。选择单元格区域,打开"设置单元格格式"对话框,选择"填充"选项卡。在"图案颜色"下拉列表框中选择所需的颜色,在"图案样式"下拉列表框中选择所需的图案样式,单击"确定"按钮。

② 设置填充效果。选择单元格区域,打开"设置单元格格式"对话框,选择"填充"选项卡。单击"填充效果"按钮,出现"填充效果"对话框,选择渐变的两种颜色和底纹样式,单击"确定"按钮,如图 2-5 所示。

4. 设置对话框启动器

对单元格区域的字体、对齐方式的设置,除了可以用对应功能区外,还可以通过对话框启动器快速启动相应对话框来进行设置。启动器位于功能区的右下角,如图 2-6 所示为"数字"功能区的对话框启动器。

5. 快速套用表格样式

（1）快速套用表格样式是指将 Excel 2016 中内置格式设置应用于单元格区域,以快速完成单元格设置和工作表美化的目的。首先,选择需要设置样式的单元格,选择"开始"选项卡,在"样式"组中,单击"套用表格格式"按钮,弹出"套用表格格式"下拉列表,选择所需的表格样式,如图 2-7 所示。单击"确定"按钮。

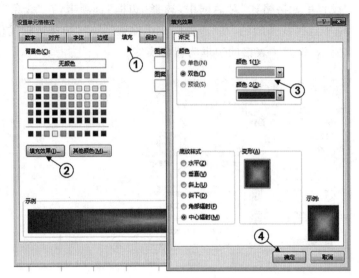

图 2-5　填充效果

（2）在套用表格格式中自定义表样式。

① 首先单击"开始"选项卡,单击"样式"组中的"套用表格格式"按钮,弹出"套用表格格式"下拉列表。

② 单击下方的"新建表样式",弹出如图 2-8 所示"新建表样式"对话框。

③ 在"名称"文本框中输入准备设置的表格样式名称,比如"a1"。

图 2-6　对话框启动器

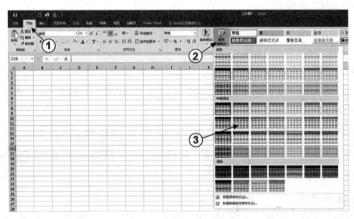

图 2-7　套用表格格式

④ 设置表格各元素的格式,对不满意的设置可单击"清除"按钮清除,单击"确定"完成自定义表格样式的设置。

⑤ 选择准备设置的单元格区域,单击"套用表格格式"按钮,在弹出的下拉列表中,单击"自定义"区域中表格样式名称"a1",弹出"套用表格格式"对话框,单击"确定"按钮,完成表格样式的自定义和套用。

图 2-8 新建表样式

6. 条件格式

Excel 2016 中提供了功能更加强大的条件格式,完成各种复杂的设置,允许指定多个条件确定单元格区域的行为。首先选择待设置的单元格区域,单击"开始"选项卡,在"样式"组中单击"条件格式",弹出如图 2-9 所示的下拉列表。

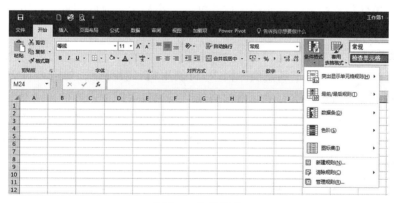

图 2-9 条件格式

(1) 突出显示单元格规则

选定的单元格区域的值满足大于、小于、介于、等于、文本包含、发生日期、重复值等条件时,设置相应的填充或文字或边框的格式,以突出显示某些单元格。也可在此设置自定义规则。

(2) 项目选取规则

选定的单元格区域的值满足最大前 n 项、最大前 n%、最小前 n 项、最小前 n%、高于平均值、低于平均值等条件时,设置相应的填充或文字或边框的格式,以突出显示某些单元格。

(3) 数据条

根据选定的单元格区域的值大小填充对应色条。操作步骤如下:

① 单击"开始"选项卡,选择需要设置条件格式的单元格区域。

② 单击"样式"组中的"条件格式"下拉按钮。

③ 单击"数据条"子菜单,选择子菜单中的"实心填充"或"渐变填充",如图 2-10 所示。

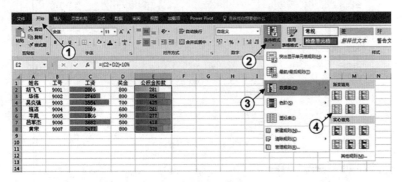

图 2-10 "数据条"条件格式

④ "数据条"条件格式会在每个单元格根据数据大小填充长短不一的实心或渐变颜色条。

(4)色阶

"色阶"条件格式和"数据条"条件格式的不同是:根据列数据的大小不同形成颜色的深浅渐变。

(5)图标集

"图标集"条件格式可根据单元格区域数据的大小显示对应的图标,有"方向""形状""标志""等级"等不同类型的图标集。也可根据实际自定义图标集规则。

(6)新建规则

如果已有的条件格式都不满足实际需求,可使用"新建规则"。如图 2-11 所示,"新建格式规则"有"基于各自值设置所有单元格的格式""只为包含以下内容的单元格设置格式""仅对排名靠前或靠后的数值设置格式""仅对高于或低于平均值的数值设置格式""仅对唯一值或重复值设置格式""使用公式确定要设置格式的单元格"等类型。选择每种类型后,可在"编辑规则说明"区域设置具体条件。

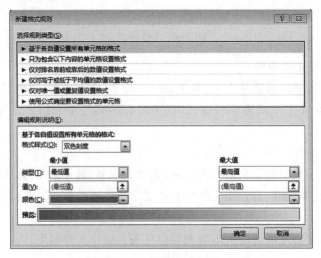

图 2-11 新建格式规则

7. 主题

主题是一套统一的设计元素和配色方案,是为文档提供的一套完整的格式集合。其中包括主题颜色、主题字体(标题文字和正文文字)和相关主题效果(线条或填充效果)等。设置主题操作如下:

① 选择需要设置主题的单元格区域。

② 选择"页面布局"选项卡,单击"主题"组中的"主题"下拉按钮,如图 2-12 所示。

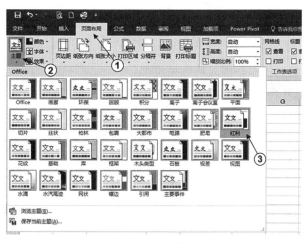

图 2-12　主题设置

③ 选择"红利"主题。

④ 也可根据需要,选择"主题"组中的"颜色""字体""效果"下拉列表进行自定义操作。

8. 图形对象

(1) 使用图片、联机图片、形状

① 单击要插入联机图片的单元格。

② 选择"插入"选项卡,单击"插图"组的"联机图片"按钮,如图 2-13 所示。

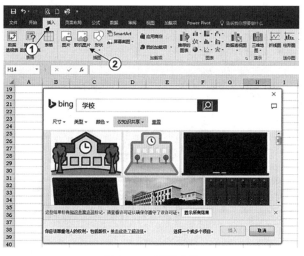

图 2-13　插图面板

③ 在"必应图像搜索"窗口中输入关键字搜索所需的图片并选中,选择一个或多个项目,点击"插入"。

④ 选中图片,单击"调整"组中相应按钮,可更改"颜色""艺术效果""删除背景"等,如图 2-14 所示。

图 2-14 "调整"组

⑤ 插入图片、形状的操作与插入剪贴画类似。

(2) 插入 SmartArt 图形

SmartArt 图形是信息和观点的视觉表示,SmartArt 图形种类繁多,根据不同类型的 SmartArt 图形显示,可快速、轻松、有效地传递信息。插入 SmartArt 图形的具体操作如下:

① 单击工作表任意单元格。

② 选择"插入"选项卡,单击"插图"组中的"SmartArt"按钮,如图 2-15 所示。

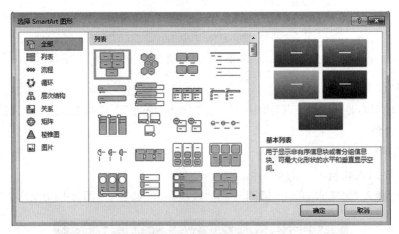

图 2-15 SmartArt 图形

③ 选择"层次结构",如图 2-16 所示。

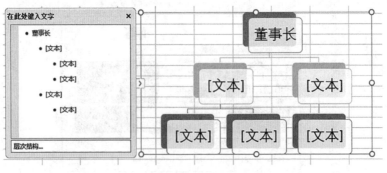

图 2-16 层次结构

④ 左侧"文本框"区域输入"层次结构"中要表述的文本。

（3）设置 SmartArt 图形格式

① 单击"SmartArt 图形"的文本框。

② 在"格式"选项卡的"形状样式"组中，单击"形状轮廓"按钮。

③ 选择"粗细"选项，在级联菜单中设置具体数值，如图 2-17 所示。

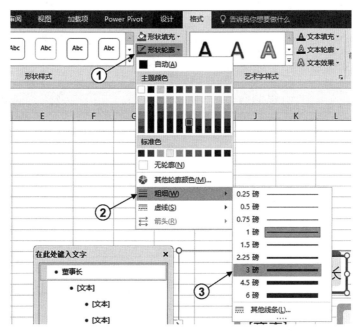

图 2-17　设置 SmartArt 图形格式

（4）更改 SmartArt 图形布局

① 选择需要更改布局的 SmartArt 图形。

② 选择"设计"选项卡，单击"布局"组中的"更改布局"下拉按钮。

③ 在弹出的下拉列表中，选择所需的图形布局。

④ 完成图形布局修改。

2.1.2　公式与函数

公式和函数是 Excel 的重要组成部分，灵活使用公式和函数可以节省处理数据的时间，降低在处理大量数据时的出错率，大大提高数据分析的能力和效率。

1. 公式概述

公式是对单元格中数据进行分析的等式，它可以对数据进行加减乘除或比较等运算。公式输入是从"＝"开始的。通常情况下，公式由函数、参数、常量和运算符组成。下面分别介绍公式的组成部分。

函数：在 Excel 中包含的许多预定义公式，可以对一个或多个数据执行运算，并返回一个或多个值，函数可以简化或缩短工作表中的公式。

参数：函数中用来执行操作或计算单元格或单元格区域的数值。

常量：是指在公式中直接输入的数字或文本值，并且不参与运算且不发生改变的数值。

运算符：用来连接公式中准备进行计算的数据的符号或标记。运算符可以表达公式内执行计算的类型，有算术、文本、比较和引用运算符，具体见表 2-1。

表 2-1 运算符

类型	运算符	含义或示例
算术运算符	＋和－(加减)	3＋2
	＊和 /(乘除)	3＊2
	－(负数)	－5
	%(百分比)	37%
	^(乘方)	2^3
文本运算符	&	将两个文本值连接或串起来产生一个连续的文本值
比较运算符	＝(等于)	A1＝B1
	＞、＜(大于、小于)	A1＞B1
	＜＝(小于等于)	A1＜＝B1
	＞＝(大于等于)	A1＞＝B1
	＜＞(不等于)	A1＜＞B1
引用运算符	:(冒号)	生成对两个引用之间所有单元格的引用
	,(逗号)	将多个引用合并为一个引用
	(空格)	生成在两个引用中共有的单元格引用

2. 公式审核

(1)错误检查

公式如果输入错误，将会产生一系列错误。利用 Excel 2016 提供的审核功能可以检查出工作表与单元格之间的关系，并找到错误原因。

① 单击任意一个单元格，选择"公式"选项卡，单击"公式审核"组中的"错误检查"按钮，如图 2-18 所示。

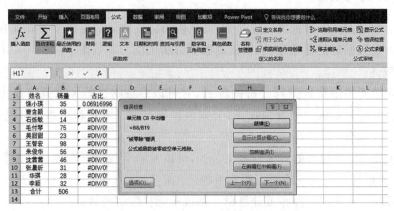

图 2-18 "公式审核"组中的"错误检查"

②　弹出"错误检查"对话框,可单击对话框中的"在编辑栏中编辑"按钮,在对应编辑栏修改公式。

③　编辑栏的编辑框中出现闪烁的光标,在编辑框中输入正确的公式,单击"错误检查"对话框中的"继续"按钮,会改正此错误。若工作表中已经无错误单元格,则会弹出Microsoft Excel 对话框,显示"已完成对整个工作表的错误检查",单击"确定"按钮。

④　或者单击"显示计算步骤"按钮,会显示将要出错的步骤的提示。

通过 Excel 公式审核功能,可以查找出现错误的公式,进而可以更正错误,下面将详细介绍。

（2）追踪引用单元格

追踪引用单元格是指追踪当前单元格中引用的单元格。追踪引用单元格的操作步骤如下:

①　单击任意一个包含公式的单元格,选择"公式"选项卡,单击"公式审核"组中的"追踪引用单元格"按钮,如图2-19 所示。

②　通过上面步骤即可完成追踪引用单元格的操作,其中指向 B14 的线就是出现除数为 0 这种错误的单元格。

图 2-19　追踪引用单元格

	A	B	C
1	姓名	销量	占比
2	饶小琪	35	0.06916996
3	曹含颖	68	#DIV/0!
4	石烁敏	14	#DIV/0!
5	毛付琴	75	#DIV/0!
6	吴甜甜	23	#DIV/0!
7	王智宏	98	#DIV/0!
8	朱俊华	56	#DIV/0!
9	沈茜茜	46	#DIV/0!
10	张晨昕	31	#DIV/0!
11	华琪	28	#DIV/0!
12	李颖	32	#DIV/0!
13	合计	506	
14			

（3）追踪从属单元格

在 Excel 2016 工作表中,追踪从属单元格是指追踪当前单元格被引用公式的单元格。追踪从属单元格的操作步骤如下:

①　单击任意一个被公式包含的单元格,选择"公式"选项卡,单击"公式审核"组的"追踪从属单元格"按钮,如图 2-20 所示。

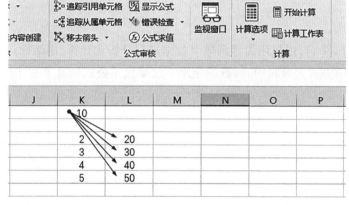

图 2-20　追踪从属单元格

②　通过上面步骤即可完成追踪从属单元格的操作。

（4）显示公式

显示公式可以显示出参加公式运算的单元格,以方便查阅和修改。显示公式的操作步骤如下:

① 选择编辑区中的任意单元格,选择"公式"选项卡,单击"公式审核"组的"显示公式"按钮。

② 通过上面的方法即可完成显示公式的操作。

(5) 公式求值

在计算公式的结果时,对于复杂的公式可以利用 Excel 2016 提供的公式求值命令,按计算公式的先后顺序查看公式的结果。公式求值的操作步骤如下:

① 单击准备进行公式求值的单元格,选择"公式"选项卡,单击"公式审核"组的"公式求值"按钮。

② 在"求值"文本框中显示公式内容,其中带下划线的部分是下次将计算的部分;

③ 单击"求值"按钮,显示公式的计算结果。

④ 单击"步入"按钮,将公式代入。

⑤ 单击"关闭"按钮,即可完成公式求值的操作,如图 2-21 所示。

图 2-21 公式审核中的公式求值

3. 函数基础

在 Excel 2016 中,可以使用内置函数对数据进行分析和计算,用函数计算数据的方式与用公式计算数据的方式大致相同,函数的使用不仅简化了公式而且节省了时间,从而提高了工作效率。

(1) 函数的概念与语法结构

函数是按照特定语法进行计算的一种表达式,使用被称为参数的特定数值来完成特定的顺序或结构并执行计算。多数情况下,函数的计算结果是数值,同时也可以返回文本、数组或逻辑值等信息。与公式相比较,函数可用于执行复杂的计算。

在 Excel 2016 中,调用函数时需要遵守 Excel 为函数制定的语法结构,否则将会产生语法错误。函数的语法结构由等号、函数名称、参数、括号和逗号组成。

① 等号:函数一般以公式的形式出现,必须在函数名称前面输入"="号。

② 函数名称:用来标识调用功能函数的名称。

③ 参数:参数可以是数字、文本、逻辑值和单元格引用,也可以是公式或其他函数。

④ 括号:用来输入函数参数,各参数之间用逗号隔开。

⑤ 逗号：各参数之间用来表示间隔的符号。

如"＝SUM(B3：B5,B7：B10)"表示将 B3 到 B5,B7 到 B10 单元格数据相加求和。

（2）函数的分类

在 Excel 2016 中,为了方便不同的计算,系统提供了丰富的函数,一共有三百多个,主要分为财务函数、逻辑函数、查找与引用函数、文本和数据函数、统计函数、日期与时间函数、数学与三角函数、信息函数、自定义函数等。

4. 常用函数

（1）IF 函数

IF 函数能判断是否满足某个条件,如果满足返回一个值,如果不满足则返回另一个值。

格式：IF(logical_test,value_if_true,value_if_false)

Logical_test 表示计算结果为 TRUE 或 FALSE 的任意值或表达式。

例如,根据工龄计算员工年假。年假规则规定：公司工龄小于 1 年的,享受 10 天年假;大于 1 年小于 10 年的,工龄每增加一年,年假增加 1 天;增长到 20 天不再增加。使用 IF 函数嵌套实现,假定单元格 F3 的值为工龄,则公式为"＝IF(F3＜1,10,IF(F3＜10,9＋F3,20))"。

（2）IF 和 OR、AND 嵌套使用

可用于执行更为复杂的判断。

格式：OR(logical1,logical2,…)

如果任一参数值为 TRUE,即返回 TRUE,只有当所有参数均为 FALSE,才返回FALSE。

格式：AND(logical1,logical2,…)

检查是否所有参数均为 TRUE,如果所有参数均为 TRUE,则返回 TRUE。

例如,公式"＝if(and(a1＞＝10,a1＜20),"合格","不合格")"表示如果 A1 大于等于 10并且小于 20 则显示合格,否则显示不合格。

公式"＝if(or(a1＜10,a1＞＝20),"不合格","合格")"表示如果 A1 小于 10 或者大于等于 20 则显示不合格,否则显示合格。

（3）IFERROR 函数

使用 IFERROR 函数可捕获和处理公式中的错误,计算得到的错误类型有：♯N/A、♯VALUE!、♯REF!、♯DIV/0!、♯NUM!、♯NAME? 或 ♯NULL!。

格式：IFERROR(value, value_if_error)

如果公式计算结果是一个错误,则返回 value_if_error,否则返回公式自身的值。

例如,函数 IFERROR(A1/A2, ""),计算单元格 A1 和 A2 相除结果,如果结果有误,则为空,否则为 A1 和 A2 相除的结果。

（4）COUNTIF 函数

COUNTIF 函数用来计算区域中满足给定条件的单元格的个数。

格式：COUNTIF（range,criteria）

range 为进行条件计数的单元格区域;

criteria 为确定哪些单元格将被计算在内的条件,其形式可以为数字、表达式或文本。

例如 COUNTIF（A1：A100,">60"），可以统计指定单元格数值中大于 60 的个数。

（5）SUMIF 函数

根据指定条件对若干单元格求和。如果满足某个条件,就对该记录里的指定数值字段求和。在第一个参数所在的区域里面查找第二个参数指定的值,找到后对第三个参数指定的字段进行求和。

格式：SUMIF（range,criteria,sum_range）

range 为条件区域,用于条件判断的单元格区域;

criteria 是求和条件,由数字、逻辑表达式等组成的判定条件;

sum_range 为实际求和区域,需要求和的单元格、区域或引用,当省略参数 sum_range 时,则条件区域就是实际求和区域。

例如 SUMIF(A1： A100,"??? 海 ＊",E1：E100),可以对指定单元格范围 A 列第 4 个字为海的 E 列的值求和。

注:"?"表示任意一个字符,"＊"表示任意个字符,用通配符可实现模糊条件求和。

（6）LEFT 函数

LEFT 从文本字符串的第一个字符开始返回指定个数的字符。

格式：LEFT(string, n)

string：必要参数,字符串表达式中最左边的那些字符将被返回,如果 string 包含 Null,将返回 Null。

n：必要参数,数值表达式,指出将返回多少个字符,如果为 0,返回零长度字符串（""）。如果大于或等于 string 的字符数,则返回整个字符串。

例如 LEFT（A1,2）,可以从字符串的左边取 2 个字符。

（7）RIGHT 函数

RIGHT 根据所指定的字符数返回文本字符串中最后一个或多个字符。

格式：RIGHT（string, n）

string：必要参数,字符串表达式中最右边的那些字符将被返回,如果 string 包含 Null,将返回 Null。

n：必要参数,数值表达式,指出将返回多少个字符,如果为 0,返回零长度字符串（""）。如果大于或等于 string 的字符数,则返回整个字符串。

例如 RIGHT（A1,3）,可以从字符串的右边取 3 个字符。

（8）MID 函数

MID 返回文本字符串中从指定位置开始的特定数目的字符。

格式：MID(text, start_num, num_chars)

说明：text 代表一个文本字符串;start_num 表示指定的起始位置;num_chars 表示要截取的数目。

例如 MID（A1,2,3）,可以从字符串的第 2 位起取 3 个字符。

（9）VLOOKUP 函数

如果需要在表格或区域中按行查找内容,可使用 VLOOKUP,它是一个查找和引用函数。例如,按部件号查找汽车部件的价格。

格式：VLOOKUP(lookup_value,table_array,col_index_num,range_lookup)

lookup_value 为需要在数据表第一列中进行查找的数值。Lookup_value 可以为数值、引用或文本字符串。当 VLOOKUP 函数第一参数省略查找值时，表示用 0 查找。

table_array 为需要在其中查找数据的数据表。使用对区域或区域名称的引用。

col_index_num 为 table_array 中查找数据的数据列序号。col_index_num 为 1 时，返回 table_array 第一列的数值；col_index_num 为 2 时，返回 table_array 第二列的数值，以此类推。如果 col_index_num 小于 1，函数 VLOOKUP 返回错误值 ♯VALUE!；如果 col_index_num 大于 table_array 的列数，函数 VLOOKUP 返回错误值 ♯REF!。

range_lookup 为一逻辑值，指明函数 VLOOKUP 查找时是精确匹配，还是近似匹配。如果为 false 或 0，则返回精确匹配，如果找不到，则返回错误值 ♯N/A。如果 range_lookup 为 TRUE 或 1，函数 VLOOKUP 将查找近似匹配值，也就是说，如果找不到精确匹配值，则返回小于 lookup_value 的最大数值。如果 range_lookup 省略，则默认为近似匹配。

5. 单元格的引用

单元格的引用分为相对引用、绝对引用和混合引用三种。

（1）相对引用

引用格式如"A1"，当引用单元格的公式被复制时，新公式引用的单元格的位置将会发生变化。例如，在 A1：A5 单元格区域中输入数字"1、2、3、4、5"，然后在"B1"单元格内输入公式"A1＋3"，则当把 B1 单元格中的公式复制到 B2：B5 单元格区域时，会发现 B2：B5 单元格区域中的计算结果为左侧单元格的值加上 3，如图 2-22 所示。

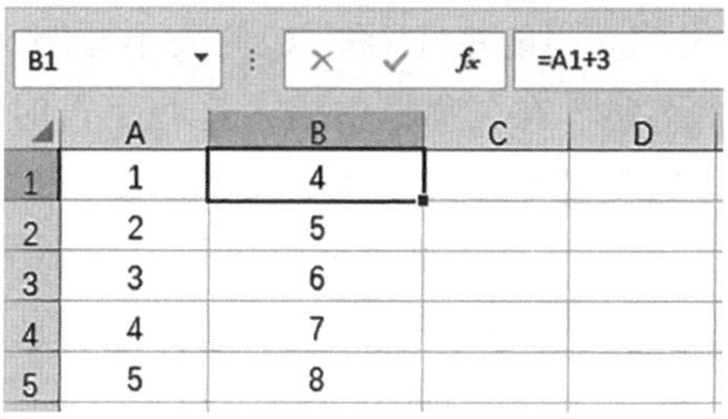

图 2-22　相对引用

（2）绝对引用

引用格式形如"＄A＄1"，这种引用方式是完全绝对的，即一旦成为绝对引用，无论公式如何被复制，采用绝对引用的单元格的引用位置是不会改变的。例如在单元格 B1 中输入公式"＝＄A＄1＋3"，然后把 B1 单元格中的公式分别复制到 B2：B5 单元格区域，只会发现 B2：B5 单元格区域中的结果均等于 A1 单元格的值加上 3，如图 2-23 所示。

（3）混合引用

引用形式如"＄A1"，指具有绝对列和相对行，或者具有绝对行和相对列的引用。绝对引用列采用＄A1、＄B1 等形式；绝对引用行采用 A＄1、B＄1 等形式。如果公式所在单元格的位置改变，则相对引用改变，而绝对引用不变。如果多行或多列地复制公式，相对引用自动调整，而绝对引用不作调整。

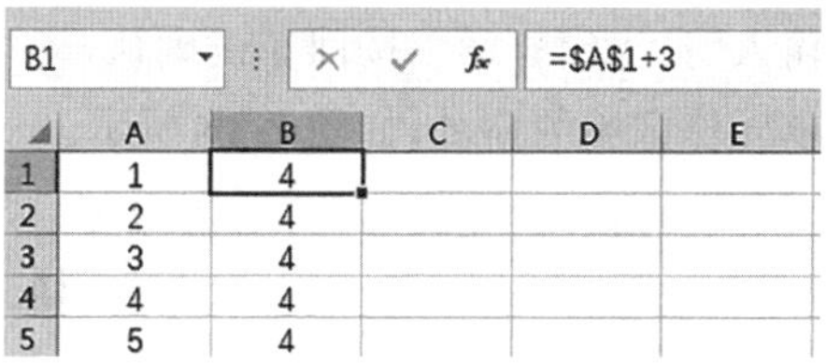

图 2-23　绝对引用

例如，当在 A1：A5 单元格区域中输入数值"1、2、3、4、5"，然后在 B1：B5 单元格区域中输入数值"6、7、8、9、10"，在单元格 C1 中输入公式"＝A＄1＋B1"，最后把 C1 单元格中的公式分别复制到 C2：C5 单元格区域，只会发现 C2：C5 单元格区域中的结果均等于 A1 单元格的值加上左侧单元格的值,如图 2-24 所示。

6. 名称的定义

(1) 为单元格命名

打开"员工工资明细表.xlsx",选择"销售奖金表"中的"G3"单元格,在编辑栏的名称文本框中输入"最高销售额"后按回车键确认,如图 2-25 所示。

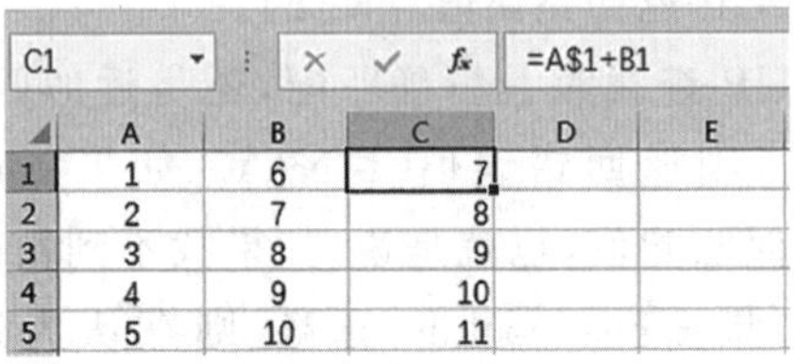

图 2-24 混合引用

图 2-25 单元格命名

为单元格命名时必须遵守以下几点:

① 名称中的第一个字符必须是字母、汉字、下划线或反斜杠,其余字符可以是字母、汉字、数字、点和下划线。

② 不能将"C"和"R"的大小写字母作为定义的名称。在名称框中输入这些字母时,会将它们作为当前单元格选择行或列的表示法。

③ 不允许单元格引用。名称不能与单元格引用相同,例如不能将 A2 单元格命名为"D5"。

④ 不允许使用空格。如果要将名称中的单词分开,可以使用下划线或句点作为分隔符。

⑤ 一个名称最多可以包含 255 个字符,名称不区分大小写字母。

(2) 为单元格区域命名

打开"员工工资明细表.xlsx",选择"销售奖金表"中的"C3：C16"单元格区域,在名称栏中输入"员工销售额",按回车键确认,即可完成对该单元格区域的命名,如图 2-26 所示。

图 2-26 单元格区域命名

也可使用"定义名称"按钮命名。选中"D3：D16"单元格区域,选择"公式"选项卡,单击"定义的名称"组中的"定义名称"按钮,在弹出的"新建名称"对话框中的"名称"文本框内输入"奖金比例",单击"确定"按钮即可定义该区域名称,如图 2-27 所示。

2.1.3 数据的处理

1. 数据筛选

数据筛选是一个隐藏除了符合指定条件以外的数据的过程,也就是说经过数据的筛选

图 2-27　定义名称

仅显示满足条件的数据。包括自动筛选、自定义筛选和高级筛选，下面分别予以介绍。

（1）自动筛选

根据所在列数据类型的不同，可以进行不同的筛选操作。下面以"销售情况表.xlsx"为例，介绍自动筛选的操作方法。

① 打开 Excel 工作表，在工作表的数据区任意选择一个单元格，如果只想对"第 1 季度"列进行筛选，则选择"B2：B10"单元格区域。选择"开始"选项卡，单击"编辑"组的"排序和筛选"按钮。

② 在弹出的下拉列表中选择"筛选"选项；或者选择"数据"选项卡，单击"排序和筛选"组中的"筛选"按钮，则在列标题上出现下拉按钮，如图 2-28 所示。

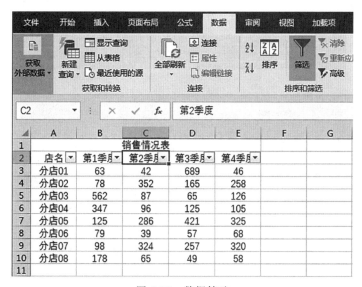

图 2-28　数据筛选

③ 单击"第 1 季度"右侧的下拉按钮，在筛选的"搜索"框中，输入准备显示的数据如"125"，单击"确定"按钮。

④ 也可在筛选的复选框中选择多个准备显示的数据,如"63""125""147"等。

(2)自定义筛选

使用自动筛选时,对某些特殊的条件,可以使用自定义自动筛选方式对数据进行筛选。

① 单击包含要筛选的数据列中的向下箭头,选择"数字筛选"下拉菜单。

② 在"数字筛选"下拉菜单中有:等于、不等于、大于、大于或等于、小于、小于或等于、介于、前 10 项、高于平均值、低于平均值、自定义筛选等条件设置方式,如图 2-29 所示。

③ 选择其中某一条件,在"自定义自动筛选方式"对话框中输入参数,即可完成自定义筛选。

(3)高级筛选

如果想对多个列同时设置筛选条件,比如希望筛选出"第 1 季度"数据超过 100 并且"第 2 季度"数据超过 300 的数据信息,则需要用到高级筛选。

① 单击"B12"单元格,输入文字"条件:";单击"B13"单元格,输入"第 1 季度";单击"C13"单元格,输入"第 2 季度";单击"B14"单元格,输入">100";单击"C14"单元格,输入">300"。

② 选择"数据"选项卡,单击"排序和筛选"组中的"高级"按钮,如图 2-30 所示,弹出"高级筛选"对话框。

图 2-29　数字筛选设置

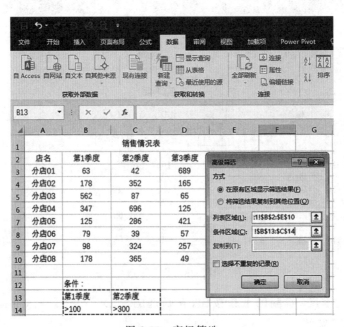

图 2-30　高级筛选

③ 在对话框中"方式"选择"在原有区域显示筛选结果";列表区域选择"B2：E10",可点击折叠框按钮,用鼠标选择"B2：E10"区域;条件区域选择"B13：C14",单击"确定"按钮。

④ 运行效果如图 2-31 所示。

	A	B	C	D	E
1			销售情况表		
2	店名	第1季度	第2季度	第3季度	第4季度
4	分店02	178	352	165	258
6	分店04	347	696	125	105
10	分店08	178	365	49	58
11					
12		条件：			
13		第1季度	第2季度		
14		>100	>300		
15					

图 2-31　高级筛选效果

⑤ 如果想去掉筛选效果,显示原始表数据,可选择"数据"选项卡后,单击"排序和筛选"组的"清除"按钮。

2. 数据排序

数据排序是指按一定规则对数据进行整理、排列,这样可以为数据的进一步处理做好准备。Excel 2016 提供了多种方法对数据表进行排序,可以按升序、降序的方式,也可以由用户自定义排序。

① 在数据区域任意单元格单击,选择"开始"选项卡,单击"编辑"组的"排序和筛选"下拉按钮,选择"升序""降序"或"自定义排序",都可对数据进行排序。

② 在数据区域任意单元格单击,选择"数据"选项卡,单击"排序和筛选"组的"升序""降序"按钮可实现升降序。若是单击"自定义排序"按钮,则可先在"文件-选项-高级-编辑-自定义列表"中添加序列排序,如图 2-32 所示。

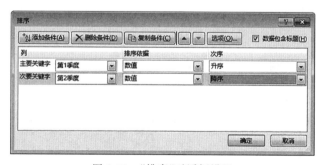

图 2-32　"排序"对话框设置

③ 在"列"区域中可设置排序的不同对象,如主关键字设置"第 1 季度",次要关键字设置"第 2 季度";在"排序依据"中可根据"数值""单元格颜色""字体颜色""单元格图标"四个方面进行排序,这里均选"数值";"次序"区域中可设置"升序"或"降序",这里"第 1 季度"设"升序","第 2 季度"设"降序"。

④ 单击"确定",完成"第 1 季度"数据升序排序,"第 2 季度"数据降序排序,即实现当"第 1 季度"相同数值时,"第 2 季度"数据降序排序。

3. 数据的分类汇总

数据的分类汇总是对 Excel 工作表中同一类字段进行汇总。汇总后,同时会将该类字段组合为一组,本节将详细介绍有关分类汇总方面的知识。

(1) 简单分类汇总

在使用分类汇总之前,需要对汇总的依据字段进行排序。以"员工基本信息"为例,若要汇总得到男、女员工的平均年龄,操作步骤如下。

① 单击"性别"列中的任意一个单元格。

② 选择"数据"选项卡,单击"排序和筛选"组中的"升序"按钮。

③ 单击"分级显示"组中的"分类汇总"按钮,弹出如图 2-33 所示的"分类汇总"对话框。

图 2-33 分类汇总设置

④ 在对话框的"分类字段"中选择"性别",在"汇总方式"中选择"平均值","选定汇总项"设置为"年龄"。

⑤ 选择"替换当前分类汇总"和"汇总结果显示在数据下方",单击"确定"按钮,效果如图 2-34 所示。

			员工基本信息表			
员工编号	员工姓名	性别	籍贯	年龄	所属部门	学历
002	李小X	男	河北省	26	品质部	大专
003	赵X	男	浙江省	32	品质部	本科
004	李大X	男	江西省	36	设计部	大专
009	李XX	男	浙江省	27	人力资源部	专科
010	周XX	男	安徽省	24	人力资源部	专科
012	孙XX	男	辽宁省	35	品质部	大专
		男 平均值		30		
001	杨XX	女	浙江省	24	生产部	大专
005	梁XX	女	浙江省	30	生产部	本科
006	黄XX	女	河北省	28	生产部	研究生
007	孙XX	女	河南省	28	软件开发部	硕士
008	刘XX	女	浙江省	29	技术部	本科
011	顾XX	女	浙江省	21	软件开发部	研究生
013	寇XX	女	浙江省	26	财务部	研究生
		女 平均值		26.57143		
		总计平均值		28.15385		

图 2-34 按性别分类汇总

⑥ 要清除分类汇总,可单击"分级显示"组的"分类汇总"按钮,单击"全部删除"按钮。

（2）多条件分类汇总

若要对男女员工先进行分类,在此基础上再按"所属部门"进行分类,得到不同类的"年龄"最大值。则以"性别"为主关键字、"所属部门"为次要关键字排序,然后分类汇总。

① 单击数据区域任意单元格。

② 选择"数据"选项卡,单击"排序和筛选"组的"排序"按钮。

③ 设置"主关键字"为"性别","次关键字"为"所属部门",按"数值""升序"的次序排序,单击"确定"按钮。

④ 单击"分级显示"组的"分类汇总"按钮,在"分类字段"中选择"性别",在"汇总方式"中选择"最大值","选定汇总项"设置为"年龄"。

⑤ 选择"替换当前分类汇总"和"汇总结果显示在数据下方",单击"确定"按钮。

⑥ 再次单击"分级显示"组的"分类汇总"按钮,在"分类字段"中选择"所属部门",在"汇总方式"中选择"最大值","选定汇总项"设置为"年龄"。

⑦ 去掉"替换当前分类汇总",单击"确定"按钮,效果如图 2-35 所示。

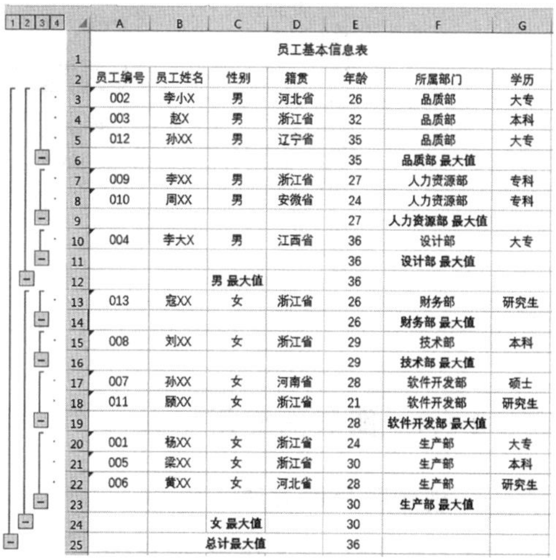

图 2-35　多条件分类汇总

4. 合并计算

在 Excel 2016 工作表中,合并计算是指把多个工作表中的数据合并计算到一个工作表中。合并计算数据可实现按位置合并计算数据。

按位置合并计算数据的要求是每列的第一行都有一个标签、列中包含相应的数据、每个区域都具有相同的布局。如有"一季度各产品订单额.xlsx",记录了 1、2、3 月份产品订单额。现要计算第一季度产品订单额,可使用合并计算。

① 双击"Sheet1"表更名为"1 月份",双击"Sheet2"表更名为"2 月份",双击"Sheet3"表更名为"3 月份",双击"Sheet4"表更名为"一季度"。

② 选择"一季度",单击"C3"单元格。

③ 选择"数据工具"选项卡,单击"数据工具"组的"合并计算"按钮,如图 2-36 所示。

④ 函数选择"求和",单击"引用位置"折叠框,选择"1 月份"表,选择"B3：D10"单元格区域,单击"添加"按钮。

⑤ 再次单击"引用位置"折叠框,选择"2 月份"表,选择"B3：D10"单元格区域,单击"添加"按钮。

⑥ 再次单击"引用位置"折叠框,选择"3 月份"表,选择"B3：D10"单元格区域,单击"添加"按钮。

⑦ 选择"创建指向源数据的连接",表示原始数据的改变会使合并计算的结果自动更新。

⑧ 单击"确定"按钮,可实现"一季度各产品订单额"的合并计算。

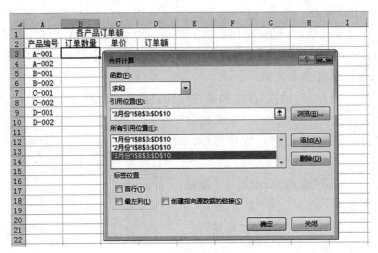

图 2-36　合并计算

2.1.4　图表的应用

1. 创建图表的方法

在 Excel 2016 工作表中,可以通过"推荐的图表"按钮、"常用图表"按钮等方法创建图表。

(1) 通过"推荐的图表"按钮创建图表

① 选中准备创建图表的数据单元格区域。

② 选择"插入"选项卡,单击"图表"组中的"推荐的图表"按钮,如图 2-37 所示。

③ 在弹出的"插入图表"对话框中,选择"所有图表"选项卡,左侧选择图表类型,右侧确定应用的图表子图类型。

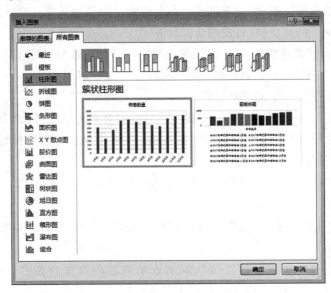

图 2-37　"插入图表"对话框

④ 单击选择准备应用的图表样式,单击"确定"按钮。

(2) 使用"常用图表"按钮创建图表

① 选择想制作图表的数据单元格区域。

② 选择"插入"选项卡,单击"图表"组中的"常用图表"按钮,选择合适的图表,完成图表创建。

2. 设计图表

创建完图表后,如果图表不能明确地把数据表现出来,那么可以重新设计图表类型。

(1) 更改图表类型

① 打开 Excel 2016 工作表,单击选择已创建的图表。

② 选择"设计"选项卡,单击"类型"组中的"更改图表类型"按钮。

③ 弹出"更改图表类型"对话框,在图表类型列表框中,单击更改的图表类型。

④ 在右侧选择图表子图,单击"确定"按钮。

(2) 修改数据源

① 单击已创建的图表。

② 选择"设计"选项卡,单击"数据"组中的"选择数据"按钮,如图 2-38 所示。

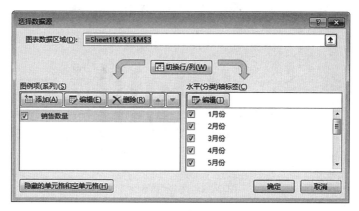

图 2-38　选择数据源

③ 单击"图表数据区域"右侧的"折叠"按钮。

④ 单击准备重新选择的数据源,单击"确定"按钮。

(3) 设计图表布局

① 单击已创建的图表。

② 选择"设计"选项卡,单击"图表布局"组中的"快速布局"按钮,选择布局类型,如"布局 1",完成图表的布局。

(4) 添加图表元素

① 单击已创建的图表。

② 选择"设计"选项卡,单击"图表布局"组中的"添加图表元素"按钮,选择要添加的图表元素,如"图表标题"—"图表上方",完成图表元素的添加。

(5) 设计图表样式

① 单击已创建的图表。

② 选择"设计"选项卡,单击"图表样式"组中的某种样式,如"样式 2",完成图表的样式修改。

3. 美化图表

在 Excel 2016 工作表中,用户可以对已创建的图表进行美化,这样创建的图表可以更美观和直观地展示数据内容。

(1) 图表选项美化

① 打开 Excel 工作表后,选择已创建的图表。

② 选择"图表工具"—"格式"选项卡,在"当前所选内容"组的"图表元素"下拉列表框中选择"图表区",选中图表的图表区,如图 2-39 所示。

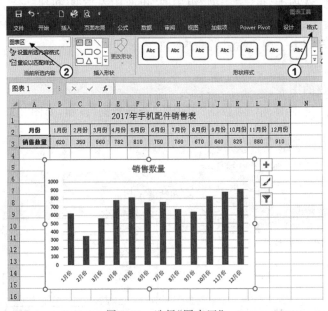

图 2-39 选择"图表区"

③ 单击"设置所选内容格式"按钮,弹出"设置图表区格式"任务窗格,如图 2-40 所示。

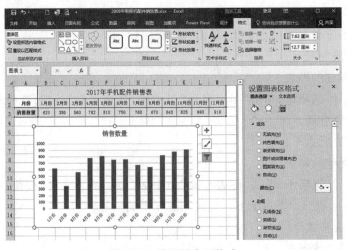

图 2-40 设置图表区格式

④ 选择上方"图表选项"中的"填充与线条"选项,可以设置填充或边框效果。

⑤ 选择上方"图表选项"中的"效果"选项,可以设置阴影、发光、柔化边缘和三维格式效果。

⑥ 选择上方"图表选项"中的"大小与属性"选项,可以设置大小和属性。

（2）文本选项美化

① 打开 Excel 工作表后,选择已创建的图表;

② 选择"图表工具"－"格式"选项卡,在"当前所选内容"组的"图表元素"下拉列表框中选择"图表标题",选中图表的标题区域。

③ 单击"设置所选内容格式"按钮,弹出"设置图表区格式"任务窗格。

④ 选择上方"文本选项"中的"文本填充与轮廓"选项,可以设置文本填充和文本边框。

⑤ 选择上方"文本选项"中的"文字效果"选项,可以设置阴影、映像、发光、柔化边缘、三维格式和三维旋转效果。

⑥ 选择上方"文本选项"中的"文本框"选项,可以设置文本框属性。

2.1.5　数据透视表

数据透视表是一种对大量数据进行快速汇总和建立交叉列表的交互式表格,它不仅可以转换行和列查看源数据的不同汇总结果,而且还可以显示不同页面筛选数据。数据透视表是一种动态的图表,它提供了一种以不同角度观看数据的简便方法。

1. 创建与编辑数据透视表

（1）创建数据透视表

在创建数据透视表之前,首先需将数据组织好,确保数据中的第一行包含列标签,然后必须确保表格中含有数字的文本。

① 在 Excel 2016 工作表中,单击任意一个单元格。

② 选择"插入"选项卡,单击"表格"组中的"数据透视表"按钮,如图 2-41 所示。

图 2-41　创建数据透视表

③ 弹出"创建数据透视表"对话框,在"请选择要分析的数据"中可选择"选择一个表或区域"和"使用外部数据源"单选按钮。

④ 在"选择放置数据透视表的位置"组中,可选择"新工作表"和"现有工作表"单选按钮,选择"新工作表",单击"确定"按钮。

⑤ 在新窗口弹出"数据透视表字段"窗格,如图 2-42 所示。

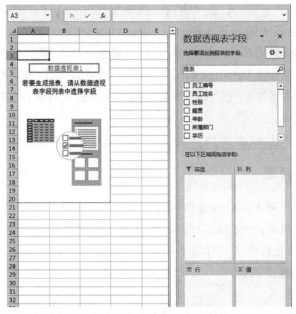

图 2-42　数据透视表字段

⑥ 在"选择要添加到报表的字段"列表框中,选择准备添加字段的复选框,选中的字段会出现在"在以下区域间拖动字段"区域。

⑦ 数值类型的字段一般放"值"区域,默认为"求和"。可选择"数据透视表工具"—"分析"选项卡,单击"活动字段"组的"字段设置"按钮,选择不同的数据处理方式,如图 2-43 所示。

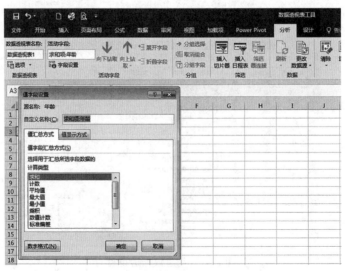

图 2-43　值汇总方式

（2）编辑数据透视表

在 Excel 2016 工作表中，如果对数据透视表布局不满意，则可以对其进行重新设置。

通过移动法设置透视表的布局，移动法是指把鼠标指针移动至准备拖动的字段名称上，单击并拖动鼠标指针至准备拖动的位置。

① 在"数据透视表字段列表"窗格中，把鼠标指针移动至字段名称上。

② 单击并拖动鼠标至准备移动的目标位置。可将字段在"筛选""列""行""值"四个区域移动。

2. 创建与操作数据透视图

为了使 Excel 表格中的数据关系更加形象直观，在使用 Excel 表格时可以将数据以图表的形式插入到表格中，图表可以更清晰地显示各个数据之间的关系和数据的变化情况。

① 打开准备创建图表的工作表，选中准备创建图表的数据区域。

② 选择"插入"选项卡，单击"图表"组的"数据透视图"下拉按钮，选择"数据透视图"。

③ 弹出"创建数据透视表及数据透视图"对话框，可在"请选择要分析的数据"中选择"选择一个表或区域"和"使用外部数据源"单选按钮。

④ 在"选择放置数据透视图的位置"组中，可选择"新工作表"和"现在工作表"单选按钮，选择"新工作表"，单击"确定"按钮。

⑤ 在新窗口弹出"数据透视图字段"窗格，在"选择要添加到报表的字段"列表框中，选择准备添加字段的复选框，选中的字段会出现在"在以下区域间拖动字段"区域，如图 2-44 所示。

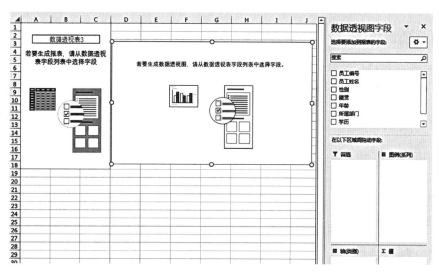

图 2-44　数据透视图字段

3. 切片器的使用

切片器是易于使用的筛选组件，它包含一个按钮，使用户能够快速地筛选数据透视表中的数据，而无须打开下拉列表，以查找要筛选的项目。

① 打开已经创建的数据透视表，在"数据透视图工具"—"分析"选项卡中，单击"筛选"组中的"插入切片器"按钮，弹出"插入切片器"对话框，选择要进行筛选的字段。

② 单击"确定"按钮,即可在数据透视表中自动插入切片器,如图 2-45 所示。

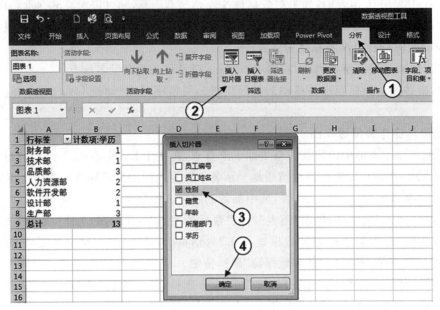

图 2-45　切片器的使用

2.2　项目1:企业日常费用记录表

2.2.1　项目描述

企业日常费用记录表是公司常用的表格,主要用于记录公司的日常费用使用情况。漂亮的表格要求布局合理、结构清晰、简洁干净、美观大方。

项目描述

2.2.2　知识要点

(1) 手工美化工作表。

(2) 应用样式。

(3) 设置主题。

(4) 设置条件样式。

2.2.3　制作步骤

打开配套素材"企业日常费用记录表.xlsx"工作簿。

1. 手动美化工作表

(1) 首先要给表格做个清理,保持版面整洁。

美化工作表之前可以删除表格之外单元格的内容和格式,先去掉表格所有单元格的边框和填充色;尽量少用批注,如果必须使用批注,至少要做到不遮挡其他数据。用 IF、ISNA、IFERROR 来消除错误值;隐藏或删除零值。如

清爽型风格

果报表有零值,应将零值删除或显示成小短横线。

① 选中 A2：N21 区域,点击"开始"选项卡"单元格"组的"格式"按钮,选择"行高",设置行高为"18",如图 2-46 所示。

② 按"Ctrl"键,鼠标左键点击单元格,连续选中第 4、8、12、16 行,点击"开始"选项卡的"单元格"组,点击"插入"按钮,选择"插入工作表行"。连续选中第 4、9、14、19 行,点击"开始"选项卡的"单元格"组,点击"格式"按钮,选择"行高",设置新插入的行行高为"10",如图 2-47 所示。

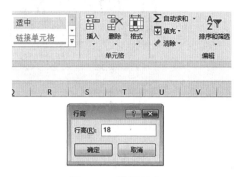

图 2-46　设置行高

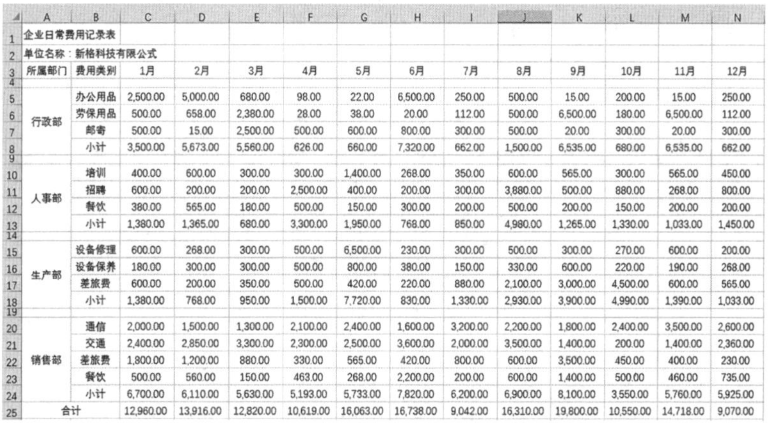

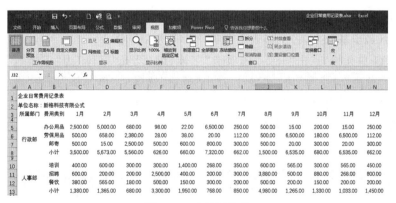

图 2-47　插入新行

③ 选择"视图"选项卡"显示"组,取消"网格线"选项框勾选,不显示工作表的网格线,如图 2-48 所示。

图 2-48　取消网格线

(2) 手动美化清爽型风格工作表

① 选中 A1：N1 单元格,点击"开始"选项卡"对齐方式"组的"合并后居中"按钮,设置"字体"为"宋体","字号"为"20"号,如图 2-49 所示。

图 2-49 设置标题字体

② 选中数据区域第 3 和 25 行,点击"开始"选项卡"字体"组的"填充颜色"按钮,填充"白色,背景 1,深色 25％";点击"开始"选项卡"字体"组的"边框"按钮,填充"下框线"。选中数据区域第 8、13、18、24 行,填充"白色,背景 1,深色 5％",填充"下框线",如图 2-50 所示。

所属部门	费用类别	1月	2月	3月	4月	5月	6月	7月	8月	9月	10月	11月	12月
	办公用品	2,500.00	5,000.00	680.00	98.00	22.00	6,500.00	250.00	500.00	15.00	200.00	15.00	250.00
行政部	劳保用品	500.00	658.00	2,380.00	28.00	38.00	20.00	112.00	500.00	6,500.00	180.00	6,500.00	112.00
	邮寄	500.00	15.00	2,500.00	500.00	600.00	800.00	300.00	500.00	20.00	300.00	20.00	300.00
	小计	3,500.00	5,673.00	5,560.00	626.00	660.00	7,320.00	662.00	1,500.00	6,535.00	680.00	6,535.00	662.00
	培训	400.00	600.00	300.00	300.00	1,400.00	268.00	350.00	600.00	565.00	300.00	565.00	450.00
人事部	招聘	600.00	200.00	200.00	2,500.00	400.00	200.00	300.00	3,880.00	500.00	880.00	268.00	800.00
	餐饮	380.00	565.00	180.00	500.00	150.00	300.00	200.00	500.00	200.00	150.00	200.00	200.00
	小计	1,380.00	1,365.00	680.00	3,300.00	1,950.00	768.00	850.00	4,980.00	1,265.00	1,330.00	1,033.00	1,450.00
	设备修理	600.00	268.00	300.00	500.00	6,500.00	230.00	300.00	500.00	300.00	270.00	600.00	200.00
生产部	设备保养	180.00	300.00	300.00	500.00	800.00	380.00	150.00	330.00	600.00	220.00	190.00	268.00
	差旅费	600.00	200.00	350.00	500.00	420.00	220.00	880.00	2,100.00	3,000.00	4,500.00	600.00	565.00
	小计	1,380.00	768.00	950.00	1,500.00	7,720.00	830.00	1,330.00	2,930.00	3,900.00	4,990.00	1,390.00	1,033.00
	通讯	2,000.00	1,500.00	1,300.00	2,100.00	2,400.00	1,600.00	3,200.00	2,200.00	1,800.00	2,400.00	3,500.00	2,600.00
	交通	2,400.00	2,850.00	3,300.00	2,300.00	2,500.00	3,600.00	2,000.00	3,500.00	1,400.00	200.00	1,400.00	2,360.00
销售部	差旅费	1,800.00	1,200.00	880.00	330.00	565.00	420.00	800.00	600.00	3,500.00	450.00	400.00	230.00
	餐饮	500.00	560.00	150.00	463.00	268.00	2,200.00	200.00	600.00	1,400.00	500.00	460.00	735.00
	小计	6,700.00	6,110.00	5,630.00	5,193.00	5,733.00	7,820.00	6,200.00	6,900.00	8,100.00	3,550.00	5,760.00	5,925.00
合计		12,960.00	13,916.00	12,820.00	10,619.00	16,063.00	16,738.00	9,042.00	16,310.00	19,800.00	10,550.00	14,718.00	9,070.00

图 2-50 清爽型风格美化

(3) 手动美化商务型风格工作表

也可在第(1)步基础上,将工作表手动美化为商务型风格。

① 选中 A1 单元格,点击"开始"选项卡"字体"组,设置"字体"为"宋体","字体颜色"为"蓝色","字号"为"20"号。点击"开始"选项卡"单元格"组的"格式"按钮,选择"行高",设置行高为"40"。选中 A1：N1 单元格,点击"开始"选项卡"字体"组的"边框"按钮,选择"线条颜色"为"蓝色","线型"为"粗实线",填充"下框线",如图 2-51 所示。

商务型风格

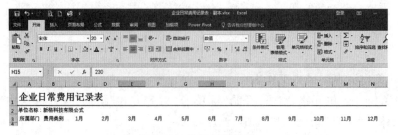

图 2-51 设置标题效果

② 选择数据区域第 3、25 行,点击"开始"选项卡"字体"组"填充颜色"按钮,填充"蓝色,个性色 5,深色 50％";点击"开始"选项卡"字体"组"字体颜色"按钮,填充"白色"。选择数据区域第 4～8 行,点击"开始"选项卡"字体"组"填充颜色"按钮,填充"蓝色,个性色 5,深色 80％";点击"开始"选项卡"字体"组"边框"按钮,选择"线条颜色"为"白色","线型"为"细实线",填充"下框线"。选择数据区域第 9～13 行、14～18 行、19～24 行,分别填充颜色为:"蓝色,个性色 5,深色 60％""蓝色,个性色 5,深色 40％""蓝色,个性色 5,深色 25％"和白色下框线,如图 2-52 所示。

所属部门	费用类别	1月	2月	3月	4月	5月	6月	7月	8月	9月	10月	11月	12月
	办公用品	2,500.00	5,000.00	680.00	98.00	22.00	6,500.00	250.00	500.00	15.00	200.00	15.00	250.00
行政部	劳保用品	500.00	658.00	2,380.00	28.00	38.00	20.00	112.00	500.00	6,500.00	180.00	6,500.00	112.00
	邮寄	500.00	15.00	2,500.00	500.00	600.00	800.00	300.00	500.00	20.00	300.00	20.00	300.00
	小计	3,500.00	5,673.00	5,560.00	626.00	660.00	7,320.00	662.00	1,500.00	6,535.00	680.00	6,535.00	662.00
	培训	400.00	600.00	300.00	1,400.00	268.00	350.00	600.00	565.00	300.00	565.00	450.00
人事部	招聘	600.00	200.00	200.00	2,500.00	400.00	200.00	300.00	3,880.00	500.00	880.00	268.00	800.00
	餐饮	380.00	565.00	180.00	500.00	150.00	300.00	200.00	500.00	200.00	150.00	200.00	200.00
	小计	1,380.00	1,365.00	680.00	3,300.00	1,950.00	768.00	850.00	4,980.00	1,265.00	1,330.00	1,033.00	1,450.00
	设备修理	600.00	268.00	300.00	500.00	6,500.00	230.00	300.00	500.00	300.00	270.00	600.00	200.00
生产部	设备保养	180.00	300.00	300.00	500.00	800.00	380.00	150.00	330.00	600.00	220.00	190.00	268.00
	差旅费	600.00	200.00	350.00	500.00	420.00	220.00	880.00	2,100.00	3,000.00	4,500.00	600.00	565.00
	小计	1,380.00	768.00	950.00	1,500.00	7,720.00	830.00	1,330.00	2,930.00	3,900.00	4,990.00	1,390.00	1,033.00
	合计	12,960.00	13,916.00	12,820.00	10,619.00	16,063.00	16,738.00	9,042.00	16,310.00	19,800.00	10,550.00	14,718.00	9,070.00

图 2-52　商务型风格美化

2. 应用样式和主题

（1）套用表格格式

① 选择要套用格式的单元格区域 A3：N21,单击"开始""样式""套用表格格式"按钮右侧的下拉按钮,在弹出的下拉列表中选择"中等深浅"组中的选项"绿色,表样式中等深浅 7"。弹出"套用表格式"对话框,单击选中"表包含标题"复选框,单击"确定"按钮,如图 2-53 所示。

样式和主题

所属部门	费用类别	1月	2月	3月	4月	5月	6月	7月	8月	9月	10月	11月	12月
行政部	办公用品	2500	5000	680	98	22	6500	250	500	15	200	15	250
	劳保用品	500	658	2380	28	38	20	112	500	6500	180	6500	112
	邮寄	500	15	2500	500	600	800	300	500	20	300	20	300
	小计	3500	5673	5560	626	660	7320	662	1500	6535	680	6535	662
人事部	培训	400	600	300	300	1400	268	350	600	565	300	565	450
	招聘	600	200	200	2500	400	200	300	3880	500	880	268	800
	餐饮	380	565	180	500	150	300	200	500	200	150	200	200
	小计	1380	1365	680	3300	1950	768	850	4980	1265	1330	1033	1450
生产部	设备修理	600	268	300	500	6500	230	300	500	300	270	600	200
	设备保养	180	300	300	500	800	380	150	330	600	220	190	268
	差旅费	600	200	350	500	420	220	880	2100	3000	4500	600	565
	小计	1380	768	950	1500	7720	830	1330	2930	4990	1390	1033
销售部	通讯	2000	1500	1300	2100	2400	1600	3200	2200	1800	2400	3500	2600
	交通	2400	2850	2300	2300	2500	3600	2000	3500	1400	200	1400	2360
	差旅费	1800	1200	880	330	565	420	800	600	3500	450	400	230
	餐饮	500	560	150	463	268	2200	200	600	1400	500	460	735
	小计	6700	6110	5630	5193	5733	7820	6200	6900	8100	3550	5760	5925
合计		12960	13916	12820	10619	16063	16738	9042	16310	19800	10550	14718	9070

图 2-53　套用表格格式

② 选中数据区域任意单元格,点击"设计"选项卡,在"表格样式选项"组中取消"筛选按

钮"复选框的勾选,如图 2-54 所示。

所属部门	费用类别	1月	2月	3月	4月	5月	6月	7月	8月	9月	10月	11月	12月
				企业日常费用记录表									
单位名称:新格科技有限公式													
行政部	办公用品	2500	5000	680	98	22	6500	250	500	15	200	15	250
	劳保用品	500	658	2380	28	38	20	112	500	6500	180	6500	112
	邮寄	500	15	2500	500	600	800	300	500	20	300	20	300
	小计	3500	5673	5560	626	我	7320	662	1500	6535	680	6535	662
人事部	培训	400	600	300	300	1400	268	350	600	565	300	565	450
	招聘	600	200	200	2500	400	200	300	3880	500	880	268	800
	餐饮	380	565	180	500	150	200	200	500	200	150	200	200
	小计	1380	1365	680	3300	1950	768	850	4980	1265	1330	1033	1450
生产部	设备修理	600	268	300	500	6500	230	300	500	300	270	600	200
	设备保养	180	300	300	500	800	380	150	330	600	220	190	268
	差旅费	600	200	350	500	420	220	880	2100	3000	4500	600	565
	小计	1380	768	950	1500	7720	830	1330	2930	3900	4990	1390	1033
销售部	通讯	2000	1500	1300	2100	2400	1600	3200	2200	1800	2400	3500	2600
	交通	2400	2850	3300	2300	2500	3600	2000	3500	1400	200	1400	2360
	差旅费	1800	1200	880	330	565	420	800	600	3500	450	400	230
	餐饮	500	560	150	463	268	2200	200	600	200	500	460	735
	小计	6700	6110	5630	5193	5733	7820	6200	6900	8100	3550	5760	5925
合计		12960	13916	12820	10619	15403	16738	9042	16310	19800	10550	14718	9070

图 2-54　取消筛选

(2)设置主题效果

① 单击"页面布局"选项卡下"主题"组中的"主题"按钮的下拉菜单,在弹出的 Office 面板中选择"回顾"选项,如图 2-55 所示。

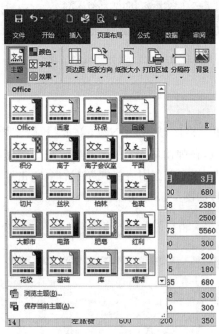

图 2-55　设置主题效果

② 单击"页面布局"选项卡下"主题"组中的"颜色"按钮右侧的下拉按钮,在弹出的"Office"面板中选择"灰度"主题颜色选项,如图 2-56 所示。

3. 设置条件样式

(1)突出显示单元格规则

① 选择要设置条件样式的 C4:N20 单元格区域,单击"开始"选项卡下

条件样式

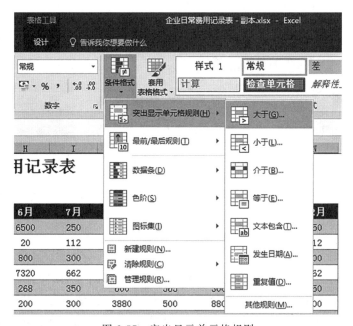

企业日常费用记录表

所属部门	费用类别	1月	2月	3月	4月	5月	6月	7月	8月	9月	10月	11月	12月
行政部	办公用品	2500	5000	680	98	22	6500	250	500	15	200	15	250
	劳保用品	500	658	2380	28	38	20	112	500	6500	180	6500	112
	邮寄	500	15	2500	500	800	800	300	500	20	300	20	300
	小计	3500	5673	5560	626	我	7320	662	1500	6535	680	6535	662
人事部	培训	400	600	300	300	1400	268	350	600	565	300	565	450
	招聘	600	200	200	2500	400	300	300	3880	500	880	268	800
	餐饮	380	565	180	500	150	300	200	500	200	150	200	200
	小计	1380	1365	680	3300	1950	768	850	4980	1265	1330	1033	1450
生产部	设备修理	600	268	300	500	6500	230	300	500	300	270	600	200
	设备保养	180	300	300	500	800	380	150	330	600	220	190	268
	差旅费	600	200	350	500	420	220	880	2100	3000	4500	600	565
	小计	1380	768	950	1500	7720	830	1330	2930	3900	4990	1390	1033
销售部	通讯	2000	1500	1300	2100	2400	1600	3200	2200	1800	2400	3500	2600
	交通	2400	2850	3300	2300	2500	3600	2000	3500	1400	200	1400	2360
	差旅费	1800	1200	880	330	565	420	800	600	3500	450	400	230
	餐饮	500	560	150	463	268	2200	200	600	1400	500	460	735
	小计	6700	6110	5630	5193	5733	7820	6200	6900	8100	3550	5760	5925
合计		12960	13916	12820	10619	15403	16738	9042	16310	19800	10550	14718	9070

图 2-56　应用主题效果

"样式"组中的"条件格式"按钮下侧的下拉按钮,在弹出的下拉列表中选择"突出显示单元格规则"－"大于条件"规则,如图 2-57 所示。

图 2-57　突出显示单元格规则

② 弹出"大于"对话框,在"为大于以下值的单元格设置格式"文本框中输入"3000",在"设置为"右侧的文本框中选择"浅红填充色深红色文本"选项,单击"确定",如图 2-58 所示。

(2) 添加数据条效果

① 选择 N4：N20 单元格区域,单击"开始"选项卡下"样式"组中的"条件格式"按钮下侧的下拉按钮,在弹出的列表中选择"数据条"－"实心填充"－"红色数据条"选项,如图 2-59 所示。

② 添加数据条后的效果如图 2-60 所示。

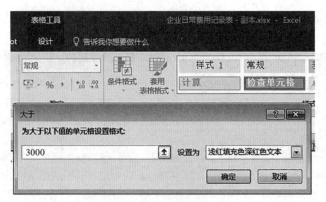

图 2-58　单元格设置格式

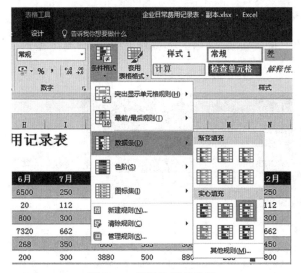

图 2-59　设置数据条效果　　　　　　　　图 2-60　添加数据条后的效果

2.2.4　项目小结

Excel 工作表美化可以将同一类记录归组在一起；将不同类别的记录或字段增加间距、拉开距离，同时将标题与数据间的间距拉开；用边框线条的粗细来区分数据的层级，只在重要层级的数据上设置边框或加粗；为不同层次的数据设置不同的单元格填充色，为重要数据设置强调格式，例如边框、颜色、字号等。

2.2.5　举一反三

制作美化人事变更表

与企业日常费用记录表类似的工作表还有人事变更表、采购表、成绩表等。制作美化表格时都要做到主题鲜明、制作规范、重点突出，便于公司更好地管理内部的信息。

2.3　项目 2：员工工资明细表

2.3.1　项目描述

员工工资明细表是最常见的工作表类型之一，工资明细表作为员工工资的发放凭证，由各类数据汇总而成，涉及众多函数的使用。在制作员工工资明细表的过程中，需要使用多种类型的函数，了解各种函数的用法和性质，这对以后制作相类似的工作表有很大帮助。

项目描述

员工工资明细表通常需要包含多个表格，如基本信息表、工资表、奖金表、税率表等。通过这些表格使用函数计算，将最终的工资情况汇总至一个工作表中，并制作出工资条。各个表之间需要使用函数相互调用制作员工工资明细表，可以学习各种函数的使用方法。

2.3.2　知识要点

（1）文本函数的使用。
（2）日期函数和时间函数的使用。
（3）逻辑函数的使用。
（4）统计函数的使用。
（5）查找和引用函数。

2.3.3　制作步骤

制作员工工资明细表需要运用各种类型的函数，这些函数为数据处理提供很大帮助。打开配套素材"员工工资明细表.xlsx"工作簿。

提取员工信息

（1）使用文本函数提取员工信息

根据身份证号码，可通过函数计算出对应的出生年月和性别，身份证的第 7 位到第 14 位为出生年月日信息，第 17 位为公民性别信息，奇数为男性，偶数为女性。

① 根据身份证号码判断性别，在员工基本信息表中，选中 D2 单元格，单击"编辑栏"中的"插入函数"按钮，选择"MID"函数，在出现的函数参数面板中进行如图 2-61 所示的设置。

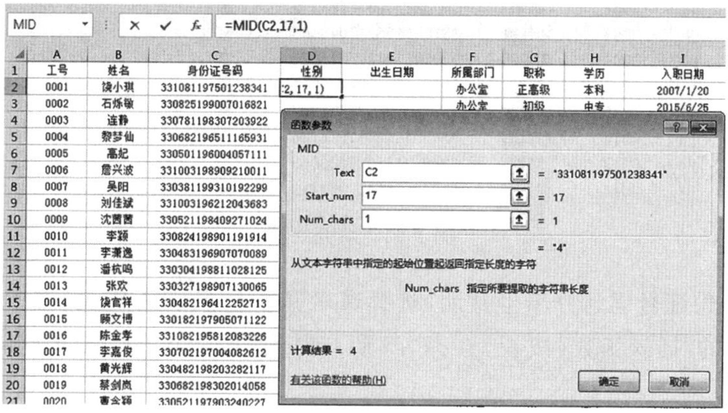

图 2-61　提取第 17 位数据

② 根据获取到的第 17 位数据,判断是奇数还是偶数,需要使用 ISODD 函数。将光标定位到 fx 后面的"编辑栏",将"编辑栏"中的公式改为"＝ISODD(MID(C2,17,1))",如果是奇数会返回"TRUE",偶数会返回"FALSE",如图 2-62 所示。

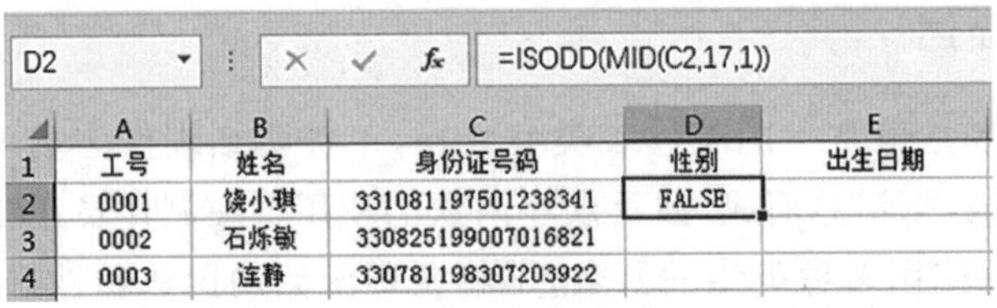

图 2-62　判断奇偶

③ 如果单元格内容为"TRUE",则使用函数将内容变为"男";如果单元格内容为"FALSE",则使用函数将内容变为"女"。可使用 IF()函数,将光标定位到"编辑栏",将公式改为"＝IF(ISODD(MID(C2,17,1)),"男","女")",效果如图 2-63 所示。

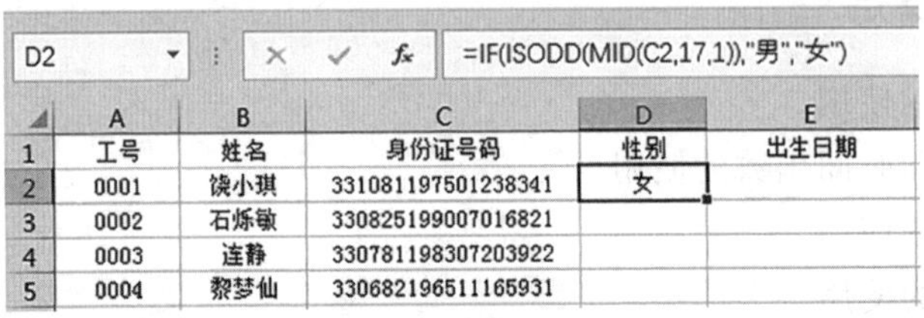

图 2-63　判断性别

④ 使用自动填充功能,实现自动计算填充"D2：D51"所有教职员工的性别,如图 2-64 所示。

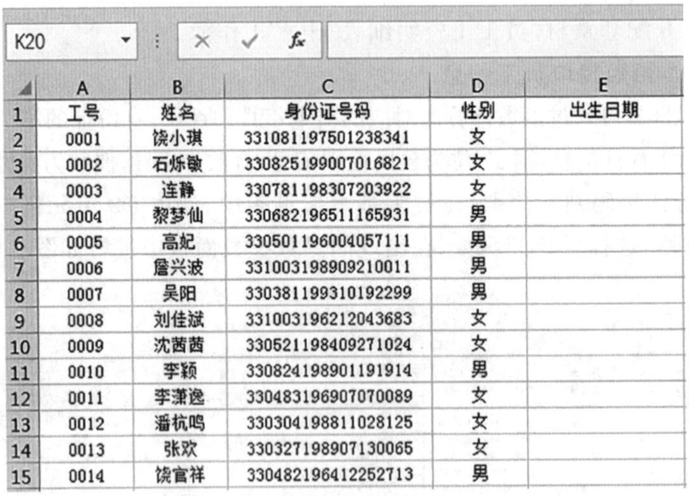

图 2-64　填充性别

⑤ 根据身份证号码计算出生日期,选择员工基本信息表工作表,选中 E2 单元格,单击"编辑栏"中的"插入函数"按钮,选择"日期与时间"函数中的"DATE"函数,按图 2-65 输入。

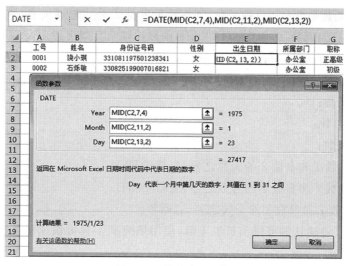

图 2-65　提取出生日期

⑥ 单击"确定"按钮，获得"E2"单元格出生年月的数据，使用自动填充功能，完成"E2：E51"单元格区域的数据获取。填充后部分单元格内容会显示"＃＃＃＃＃＃"的错误提示，只需要双击该列列号右侧的边线，使该列宽度自动适应内容即可正常显示，如图 2-66 所示。

图 2-66　自动填充出生日期

（2）使用日期与时间函数计算工龄

① 在员工基本信息表中，选中 J2 单元格，输入公式"＝DATEDIF(I2，TODAY()，"Y")"，如图 2-67 所示。

计算工龄

DATE		× ✓ fx	=DATEDIF(I2,TODAY(),"Y")	
▲	G	H	I	J	K
1	职称	学历	入职日期	工龄	
2	正高级	本科		=DATEDIF(I2,TODAY(),"Y")	
3	初级	中专	2015/6/25		
4	初级	专科	2014/11/15		
5	初级	专科	2006/4/12		

图 2-67　计算工龄

DATEDIF 函数是 Excel 隐藏函数,其在帮助和插入公式里面没有,该函数返回两个日期之间的年\月\日间隔数,常使用 DATEDIF 函数计算两日期之差。

格式:DATEDIF(start_date,end_date,unit)

其中,start_date:起始时间;end_date:结束时间;unit:返回结果的代码。具体代码如下:

"y"返回整年数;

"m"返回整月数;

"d"返回整天数;

"md"返回参数 1 和参数 2 的天数之差,忽略年和月;

"ym"返回参数 1 和参数 2 的月数之差,忽略年和日;

"yd"返回参数 1 和参数 2 的天数之差,忽略年。

② 按"Enter"键确认即可得出员工工龄,使用填充柄工具可快速计算出其余员工工龄,效果如图 2-68 所示。

J2		×	✓	f_x	=DATEDIF(I2,TODAY(),"Y")	
	G	H	I	J	K
1	职称	学历	入职日期	工龄	
2	正高级	本科	2007/1/20	10	
3	初级	中专	2015/6/25	2	
4	初级	专科	2014/11/15	2	
5	初级	专科	2006/4/12	11	
6	初级	专科	1990/3/1	27	
7	初级	专科	2015/5/1	2	
8	初级	高中	2017/1/20	0	
9	初级	专科	2002/8/29	14	
10	副高级	硕士	2014/6/5	3	

图 2-68　自动填充工龄

(3) 使用逻辑函数计算业绩提成奖金

公司每月根据员工的销售额,按照业绩奖金标准计算奖金,当月销售额大于 50000 的人员,另外再给予 500 元奖励。

① 选择"销售奖金表"工作表,选中 D3 单元格,在单元格中输入公式"=HLOOKUP(C3,业绩奖金标准!＄B＄2:＄F＄3,2)",如图 2-69 所示。

业绩提成

COUNTIF		×	✓	f_x	=HLOOKUP(C3, 业绩奖金标准!$B$2:$F$3,2)	
	A	B	C	D	E	F
1	销售奖金表					
2	员工编号	员工姓名	销售额	奖金比例	奖金	
3	0008	刘佳斌	=HLOOKUP(C3, 业绩奖金标准!$B$2:$F$3,2)			
4	0017	李嘉俊	38000			
5	0018	黄光辉	52000			
6	0021	陈斌	45000			
7	0025	舒心尔	45000			

图 2-69　计算奖金比例

HLOOKUP 函数是横向查找函数,它与 LOOKUP 函数和 VLOOKUP 函数属于一类函数,HLOOKUP 是按行查找的,VLOOKUP 是按列查找的。

格式:HLOOKUP(lookup_value,table_array,row_index_num,range_lookup)

其中,lookup_value:要查找的值;table_array:要查找的区域;row_index_num:返回数据在区域的第几行数;range_lookup:模糊匹配/精确匹配。

② 按回车键确认,即可得出奖金比例,使用填充柄工具将公式填充进其余单元格,效果如图 2-70 所示。

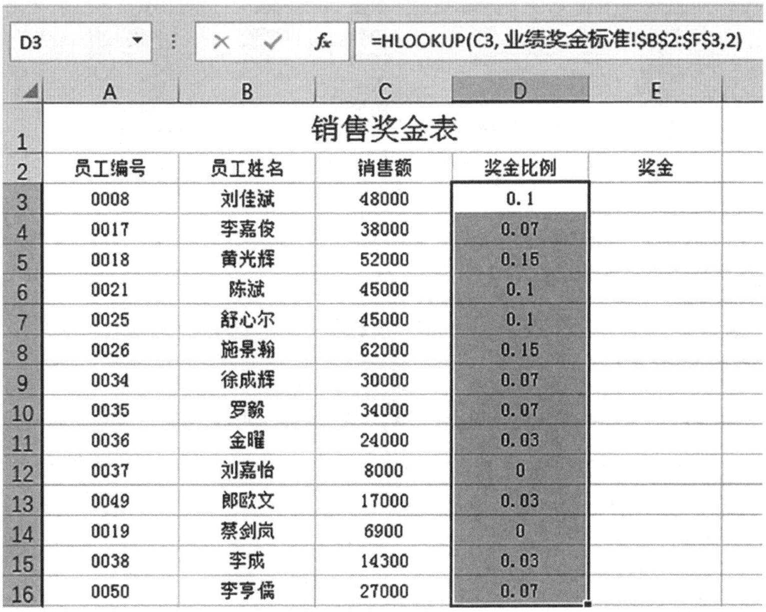

图 2-70　自动填充奖金比例

③ 选中 E3 单元格,在单元格中输入公式"=IF(C3<50000,C3 * D3,C3 * D3+500)",如图 2-71 所示。

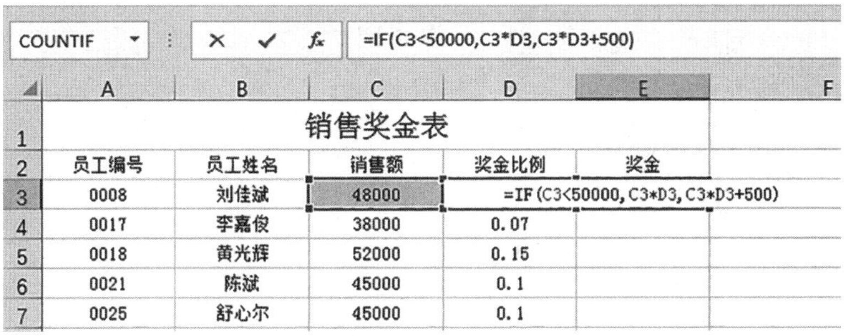

图 2-71　输入公式

④ 按回车键确认,即可计算出该员工奖金数目,使用填充柄将公式填充进其余奖金单元格内,效果如图 2-72 所示。

E3				× ✓ fx	=IF(C3<50000,C3*D3,C3*D3+500)

	A	B	C	D	E
1			销售奖金表		
2	员工编号	员工姓名	销售额	奖金比例	奖金
3	0008	刘佳斌	48000	0.1	4800
4	0017	李嘉俊	38000	0.07	2660
5	0018	黄光辉	52000	0.15	8300
6	0021	陈斌	45000	0.1	4500
7	0025	舒心尔	45000	0.1	4500
8	0026	施景翔	62000	0.15	9800
9	0034	徐成辉	30000	0.07	2100
10	0035	罗毅	34000	0.07	2380
11	0036	金曜	24000	0.03	720
12	0037	刘嘉怡	8000	0	0
13	0049	郎欧文	17000	0.03	510
14	0019	蔡剑岚	6900	0	0
15	0038	李成	14300	0.03	429
16	0050	李亨僞	27000	0.07	1890

图 2-72　计算奖金

（4）使用统计函数计算销售额

① 选择"销售奖金表"工作表，选中 H3 单元格，单击编辑栏左侧的插入函数按钮，如图 2-73 所示。

② 弹出"插入函数"对话框，在"选择函数"文本框中选择"MAX"函数，单击"确定"按钮。弹出"函数参数"对话框，在"Number1"文本框中用鼠标选择

计算销售额

"C3:C16"单元格，按"Enter"键确认，如图 2-74 所示。即可找出最高销售额，并显示在单元格内，如图 2-75 所示。

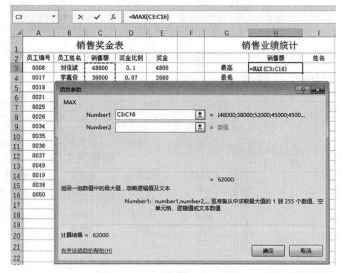

图 2-73　插入函数　　　　　图 2-74　计算最高销售额

③ 选中 I3 单元格输入公式"＝INDEX(B3:B16，MATCH（H3,C3:C16,0))"，如图 2-76 所示。

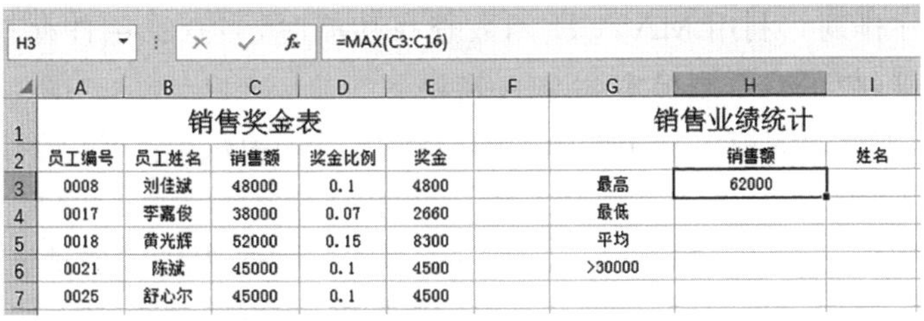

图 2-75　显示结果

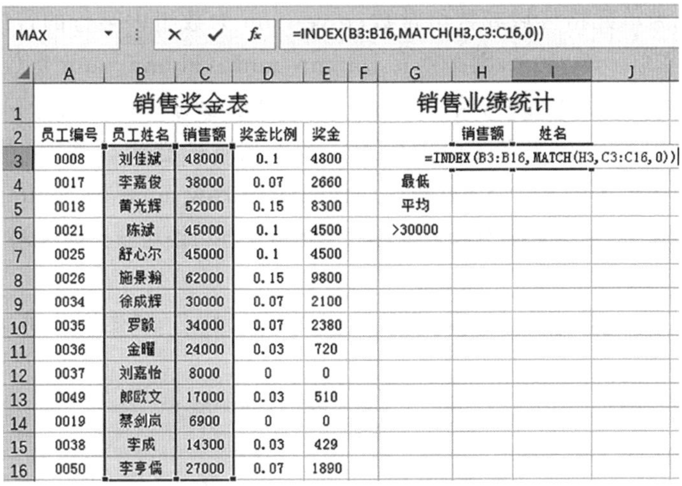

图 2-76　计算对应员工姓名

VLOOKUP 函数是 Excel 中最常用的查找函数。但遇到反向、双向等复杂的表格查找，可以使用 INDEX＋MATCH 函数组合。INDEX 函数用于返回表或区域中的值或值的引用，而 MATCH 函数用于查找一个值所在的位置，两者结合可以帮助我们更灵活地进行查找。

先利用 MATCH 函数根据销售额在 C 列查找位置，即"＝MATCH(H3,C3:C16)"，再用 INDEX 函数根据查找到的位置从 B 列取值，即"＝INDEX(B3:B16,MATCH(H3,C3:C16))"。

MATCH 函数：返回指定数值在指定数组区域中的位置。

格式：MATCH(lookup_value, lookup_array, match_type)

其中，lookup_value：需要在数据表(lookup_array)中查找的值；lookup_array：可能包含所要查找数值的连续的单元格区域，区域必须是某一行或某一列，即必须为一维数据，引用的查找区域是一维数组；match_type：表示查询的指定方式，用数字－1、0 或者 1 表示，match_type 省略相当于 match_type 为 1 的情况。

为 1 时，查找小于或等于 lookup_value 的最大数值在 lookup_array 中的位置，lookup_array 必须按升序排列，否则，当遇到比 lookup_value 更大的值时，即时终止查找并返回此值之前小于或等于 lookup_value 的最大数值的位置。

为 0 时，查找等于 lookup_value 的第一个数值，lookup_array 按任意顺序排列；

为－1 时，查找大于或等于 lookup_value 的最小数值在 lookup_array 中的位置，lookup

_array 必须按降序排列。利用 MATCH 函数查找功能时,当查找条件存在时,MATCH 函数结果为具体位置(数值),否则显示♯N/A 错误。

INDEX 函数是返回表或区域中的值或对值的引用。函数 INDEX()有两种形式:数组形式和引用形式。

格式:INDEX(array,row_num,column_num)返回数组中指定的单元格或单元格数组的数值。INDEX(reference,row_num,column_num,area_num)返回引用中指定单元格或单元格区域的引用。

参数:array 为单元格区域或数组常数;row_num 为数组中某行的行序号,函数从该行返回数值。如果省略 row_num,则必须有 column_num;column_num 是数组中某列的列序号,函数从该列返回数值。如果省略 column_num,则必须有 row_num。reference 是对一个或多个单元格区域的引用,如果为引用输入一个不连续的选定区域,必须用括号括起来。area_num 是选择引用中的一个区域,并返回该区域中 row_num 和 column_num 的交叉区域。选中或输入的第一个区域序号为 1,第二个为 2,以此类推。如果省略 area_num,则INDEX 函数使用区域 1。

④ 按回车键确定,即可显示最高销售额对应的员工姓名,如图 2-77 所示。

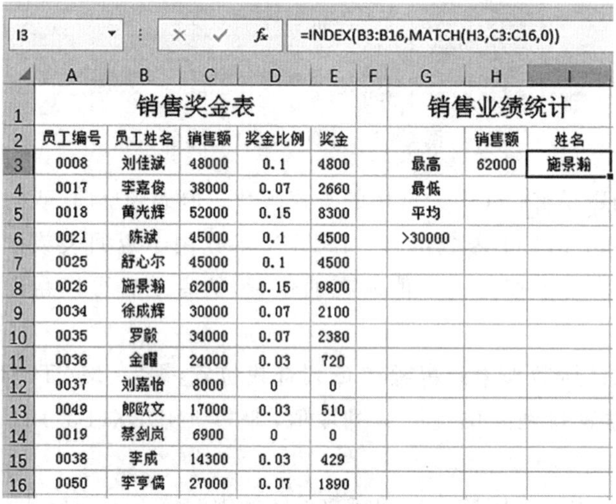

图 2-77　显示结果

⑤ 选中 H4 单元格,输入"＝MIN(C3:C16)",可找出最低销售额,如图 2-78 所示。

⑥ 选中 H5 单元格,点击"开始"选项卡"编辑"组"平均值"按钮,用鼠标选取 C3:C16 区域,按回车键确定,可计算出销售额平均值,如图 2-79 所示。

⑦ 参照③④步骤操作,可显示最低销售业绩对应员工姓名。

⑧ 统计销售额超过 30000 元(不包括 30000 元)的员工人数,选中 H6 单元格,单击"编辑栏"左侧的"插入函数"按钮,在"统计函数"文本框中选择"COUNTIF"函数,单击"确定"按钮。弹出"函数参数"对话框,在"Range"文本框中用鼠标选择"C3:C16"单元格,在"Criteria"文本框中输入"＞30000",如图 2-80 所示。

⑨ 按"Enter"键确定,结果如图 2-81 所示。

| MAX | ▼ | : | × | ✓ | fx | =MIN(C3:C16) |

▲	A	B	C	D	E	F	G	H	I
1		销售奖金表						销售业绩统计	
2	员工编号	员工姓名	销售额	奖金比例	奖金			销售额	姓名
3	0008	刘佳斌	48000	0.1	4800		最高	62000	施景翔
4	0017	李嘉俊	38000	0.07	2660		=MIN(C3:C16)		
5	0018	黄光辉	52000	0.15	8300		平均		
6	0021	陈斌	45000	0.1	4500		>30000		
7	0025	舒心尔	45000	0.1	4500				
8	0026	施景翔	62000	0.15	9800				
9	0034	徐成辉	30000	0.07	2100				
10	0035	罗毅	34000	0.07	2380				
11	0036	金曜	24000	0.03	720				
12	0037	刘嘉怡	8000	0	0				
13	0049	郎欧文	17000	0.03	510				
14	0019	蔡剑岚	6900	0	0				
15	0038	李成	14300	0.03	429				
16	0050	李亨僖	27000	0.07	1890				

图 2-78　计算最低销售额

| MAX | ▼ | : | × | ✓ | fx | =AVERAGE(C3:C16) |

▲	A	B	C	D	E	F	G	H	I
1		销售奖金表						销售业绩统计	
2	员工编号	员工姓名	销售额	奖金比例	奖金			销售额	姓名
3	0008	刘佳斌	48000	0.1	4800		最高	62000	施景翔
4	0017	李嘉俊	38000	0.07	2660		最低	6900	
5	0018	黄光辉	52000	0.15	8300		=AVERAGE(C3:C16)		
6	0021	陈斌	45000	0.1	4500		>30000		
7	0025	舒心尔	45000	0.1	4500				
8	0026	施景翔	62000	0.15	9800				
9	0034	徐成辉	30000	0.07	2100				
10	0035	罗毅	34000	0.07	2380				
11	0036	金曜	24000	0.03	720				
12	0037	刘嘉怡	8000	0	0				
13	0049	郎欧文	17000	0.03	510				
14	0019	蔡剑岚	6900	0	0				
15	0038	李成	14300	0.03	429				
16	0050	李亨僖	27000	0.07	1890				

图 2-79　计算平均销售额

图 2-80　统计超过 30000 元销售额的员工人数

图 2-81　显示结果

（5）使用查找和引用函数计算工龄工资

① 选择"工资表"，选中 E3 单元格，单击"编辑栏"中的"插入函数"按钮，选择
"查找与引用"函数中的"VLOOKUP"函数，输入如下参数，如图 2-82 所示。

计算工龄工资

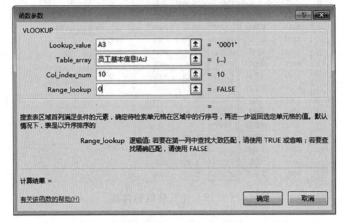

图 2-82　VLOOKUP 函数

② 按回车键确定，即可从"员工基本信息表"中查找出当前员工的工龄，如图 2-83 所示。

	A	B	C	D	E	F	G
E3			fx		=VLOOKUP(A3,员工基本信息!A:J,10,0)		
1							
2	工号	姓名	基本工资	岗位工资	工龄工资	奖金	应发小计
3	0001	饶小淇	1581	1000	10	1570	4161
4	0002	石烁敏	4376	800		970	6146
5	0003	连静	7793	600		1400	9793

图 2-83　查找结果

③ 将"编辑栏"中的公式改为"＝VLOOKUP(A3,员工基本信息! A:J,10,0)＊50",50
代表每一年的工龄工资为 50 元，即可计算出工龄工资，如图 2-84 所示。

	A	B	C	D	E	F	G
E3			fx		=VLOOKUP(A3,员工基本信息!A:J,10,0)*50		
1							
2	工号	姓名	基本工资	岗位工资	工龄工资	奖金	应发小计
3	0001	饶小淇	1581	1000	500	1570	4651
4	0002	石烁敏	4376	800	100	970	6246
5	0003	连静	7793	600	100	1400	9893
6	0004	黎梦仙	2260	600	550	1400	4810
7	0005	高妃	7870	1000	1350	1570	11790
8	0006	詹兴波	4345	1000	100	1400	6845
9	0007	吴阳	1974	1000	0	1570	4544
10	0008	刘佳斌	5497	800	700	1185	8182
11	0009	沈茜茜	4842	600	150	1400	6992

图 2-84　填充结果

2.3.4　项目小结

要想发挥 Excel 在数据分析与处理方面的优势，公式与函数是必须掌握的重点内容之

一，Excel 可以对数据资料进行分析和复杂运算。本项目以员工工资明细表处理为例，详细介绍了 Excel 2016 中表格数据输入技巧、公式、函数应用等。

2.3.5　举一反三

制作凭证明细查询表

公司年度开支凭证明细表是对公司一年内费用支出的归纳和汇总，对年度开支情况进行详细的处理和分析，有利于对公司白领阶段工作进行总结，更好地为公司做出下一阶段的规划。年度开支凭证明细表数据繁多，需要使用多个函数进行处理。

2.4　项目 3：商品库存明细表

2.4.1　项目描述

商品库存明细单是一个公司或者单位进出物品的详细统计清单，记录一段时间物品的消耗和剩余状况，对下一阶段相应商品的采购和使用计划有很重要的参考作用。库存明细表类目众多，如果手动统计不仅费时费力，而且也容易出错，使用 Excel 就可以快速对这类工作表进行分析统计，得出详细准确的数据。

总体介绍

完整的商品库存明细单主要包括商品名称、商品数量、库存、结余等，需要对商品库存的各个类目进行统计和分析，在对数据进行统计分析的过程中，需要用到排序、筛选、分类汇总等操作。

2.4.2　知识要点

（1）设置数据验证。
（2）排序操作。
（3）筛选数据。
（4）分类汇总。
（5）合并计算。

2.4.3　制作步骤

1. 设置数据验证

在制作商品库存明细单的过程中，对数据类型和格式会有严格要求，因此需要在输入数据时对数据的有效性进行验证。打开配套素材"商品库存明细表.xlsx"工作簿。

设置数据验证

（1）设置商品编号长度

① 选中 Sheet1 工作表中的 B3：B12 单元格区域，如图 2-85 所示。

② 单击"数据"选项卡下"数据工具"组中的"数据验证"按钮，如图 2-86 所示。

③ 弹出"数据验证"对话框，选择"设置"选项卡，单击"验证条件"组内的"允许"文本框右侧的下拉按钮，在弹出的选项列表中选择"文本长度"选项，如图 2-87 所示。

商品库存明细表

序号	商品编号	商品名称	单位	上月结余	本月入库	本月出库	领取单位	本月结余	审核人
1		笔筒		25	30	43	高中部	12	张XX
2		大头针		85	25	60	教研组	50	张XX
3		档案袋		52	240	280	高中部	12	张XX
4		订书机		12	10	15	高中部	7	张XX
5		复写纸		52	20	60	高中部	12	王XX
6		复印纸		206	100	280	教研组	26	张XX
7		钢笔		62	110	170	初中部	2	张XX
8		回形针		69	25	80	教研组	14	王XX
9		计算器		45	65	102	初中部	8	张XX
10		胶带		29	31	50	教研组	10	张XX

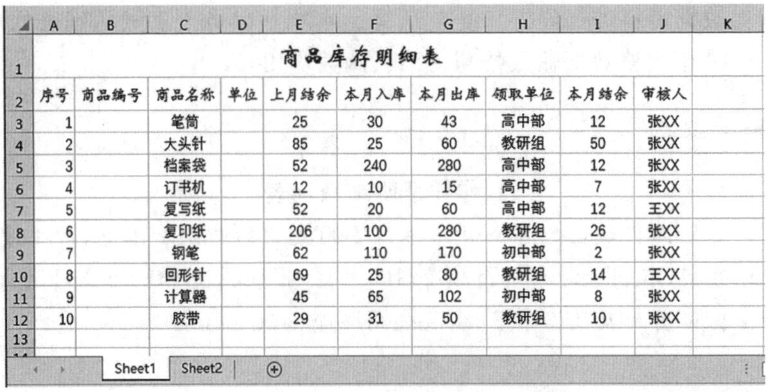

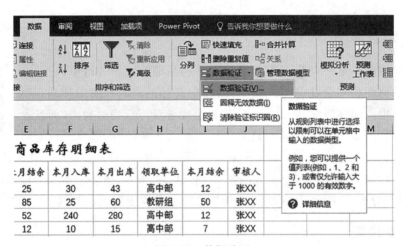

图 2-85　选择区域

图 2-86　数据验证

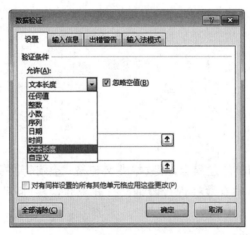

图 2-87　验证文本长度

④ 数据文本框变为可编辑状态，在“数据”文本框的下拉选项列表中选择“等于”选项，在“长度”文本框内输入“6”，选中“忽略空值”复选框，单击“确定”按钮，如图 2-88 所示。

⑤ 完成设置输入数据长度的操作后，当输入文本长度不是 6 时，系统会弹出提示窗口，

如图 2-89 所示。

图 2-88　输入参数

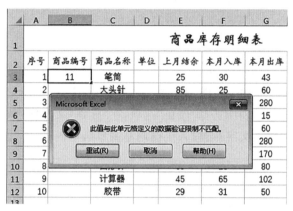

图 2-89　验证提示信息

（2）设置输入信息时的提示

① 选中 B3：B12 单元格区域，单击"数据"选项卡下"数据工具"组中的"数据验证"按钮。

② 弹出"数据验证"对话框，选择"输入信息"选项卡，选中"选定单元格时显示输入信息"复选框，在"标题"文本框内输入"请输入商品编号"，在"输入信息"文本框内输入"商品编号长度为 6 位，请正确输入！"，单击"确定"按钮，如图 2-90 所示。

图 2-90　输入信息

③ 返回 Excel 工作表中,选中设置了提示信息的单元格,即可显示提示信息,效果如图 2-91 所示。

图 2-91 提示信息

(3) 设置输错时的警告信息

① 选中 B3:B12 单元格区域,单击"数据"选项卡下"数据工具"组中的"数据验证"按钮。

② 弹出"数据验证"对话框,选择"出错警告"选项卡,选中"输入无效数据时显示出错警告"复选框,在"样式"下拉列表中选择"停止"选项,在"标题"文本框中输入文字"输入错误",在"错误信息"文本框内输入文字"请输入正确商品编号",单击"确定"按钮,如图 2-92 所示。

图 2-92 验证出错警告

③ 在 B3 单元格内输入错误数据,如"11",就会弹出设置的警告信息,如输入数据正确,即可完成输入,如图 2-93 所示。

(4) 设置单元格的下拉选项

① 选中 D3:D12 单元格区域,单击"数据"选项卡下"数据工具"组中的"数据验证"按钮。

② 弹出"数据验证"对话框,选择"设置"选项卡,单击"验证条件"组内"允许"文本框内的下拉按钮,在弹出的下拉列表中选择"序列"选项,如图 2-94 所示。

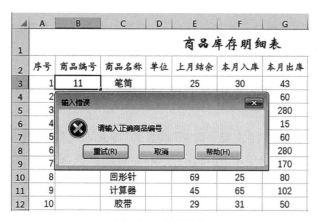

图 2-93　出错警告

③ 显示"来源"文本框,在文本框内输入"个,盒,包,支,卷,瓶,把",同时选中"忽略空值"和"提供下拉箭头"复选框,单击"确定"按钮,如图 2-95 所示。

图 2-94　验证序列

图 2-95　输入数据

④ "来源"也可以指定到特定单元格,如图 2-96 所示。

⑤ 在单位列的单元格后显示下拉选项,单击下拉按钮,即可在下拉列表中选择特定的单位,效果如图 2-97 所示。

图 2-96　设置来源

图 2-97　设置单位

2. 数据排序

在对商品库存明细表中的数据进行统计时,需要对数据进行排序,以便更好地对数据进行分析和处理。

(1) 条件排序

① 选中数据区域的任意单元格,单击"数据"选项卡下"排序和筛选"组内的"排序"按钮,如图 2-98 所示。

② 弹出"排序"对话框,将"主要关键字"设置为"本月入库","排序依据"设置为"数值",将"次序"设置为"升序",如果单击"添加条件"按钮,可实现多条件排序,单击"确定"按钮,如图 2-99 所示。

图 2-98　条件排序

图 2-99　设置条件

③ 即可将数据以入库数量为依据进行从小到大的排序,效果如图 2-100 所示。

商品库存明细表

商品名称	单位	上月结余	本月入库	本月出库	领取单位	本月结余	审核人
订书机	个	12	10	15	高中部	7	张XX
复写纸	包	52	20	60	高中部	12	王XX
大头针	盒	85	25	60	教研组	50	张XX
回形针	盒	69	25	80	教研组	14	王XX
笔筒	个	25	30	43	高中部	12	张XX
胶带	卷	29	31	50	教研组	10	张XX
计算器	个	45	65	102	初中部	8	张XX
复印纸	包	206	100	280	教研组	26	张XX
钢笔	支	62	110	170	初中部	2	张XX
档案袋	个	52	240	280	高中部	12	张XX

图 2-100　排序结果

(2) 按行或列排序

① 选中 E2:G12 单元格区域,单击"数据"选项卡下"排序和筛选"组中的"排序"按钮。

② 弹出"排序"对话框,单击"选项"按钮,如图 2-101 所示。

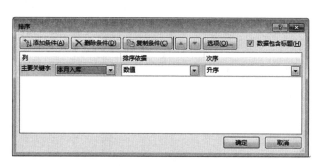

图 2-101　排序选项

图 2-102　按行排序

③ 在弹出的"排序选项"的"方向"组内选中"按行排序"单选按钮,单击"确定"按钮,如图 2-102 所示。

④ 返回"排序"对话框,将"主要关键字"设置为"行 2","排序依据"设置为"数值","次序"设置为"升序",单击"确定"按钮,如图 2-103 所示。

图 2-103　排序选项

⑤ 即可将工作表数据依据设置进行排序,效果如图 2-104 所示。

单位	本月出库	本月入库	上月结余	领取单位
个	15	10	12	高中部
包	60	20	52	高中部
盒	60	25	85	教研组
盒	80	25	69	教研组
个	43	30	25	高中部
卷	50	31	29	教研组
个	102	65	45	初中部
包	280	100	206	教研组
支	170	110	62	初中部
个	280	240	52	高中部

图 2-104　排序效果

(3) 自定义排序

① 选中数据区域任意单元格,单击"数据"选项卡下"排序和筛选"组的"排序"按钮。

② 弹出"排序"对话框,设置"主要关键字"为"单位",单击"次序"下拉列表中的"自定义序列"选项,如图 2-105 所示。

图 2-105　自定义排序

③ 弹出"自定义"对话框,在"自定义序列"选项卡下"输入序列"文本框内输入"个,盒,包,支,卷,瓶,把",每输入一个条目后按"Enter"键分割条目,输入完成后按"Enter"键确认,如图 2-106 所示。

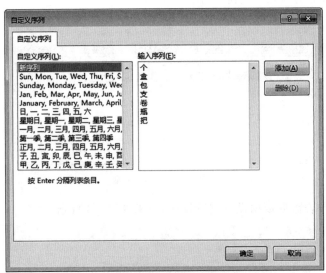

图 2-106　输入序列

④ 可在"排序"对话框中看到自定义的次序,单击"确定"按钮,如图 2-107 所示。

图 2-107　自定义次序

⑤ 即可将数据按照自定义的序列进行排序,效果如图 2-108 所示。

图 2-108　排序效果

3. 数据筛选

在对商品库存明细表的数据进行处理时,如果需要查看一些特定的数据,可以使用数据筛选功能筛选出需要的数据。

数据筛选

(1) 自动筛选

① 选中数据区域任意单元格,如图 2-109 所示。

图 2-109　选中单元格

② 单击"数据"选项卡下"排序和筛选"组内的"筛选"按钮,如图 2-110 所示。

③ 工作表自动进入筛选状态,每列的标题下面出现一个下拉按钮,单击 H2 单元格的下拉按钮,如图 2-111 所示。

④ 在弹出的下拉选框中选中"初中部"复选框,单击"确定"按钮,如图 2-112 所示。

⑤ 即可将和初中部有关的商品筛选出来,效果如图 2-113 所示。

⑥ 也可以实现按数字或文本自定义筛选。单击 E2 单元格的下拉按钮,选择"数字筛选"选择"大于或等于",如图 2-114 所示。

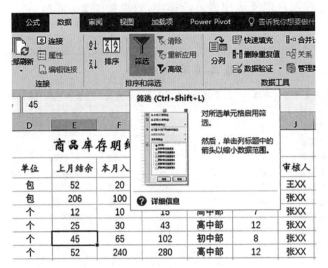

图 2-110 "筛选"按钮

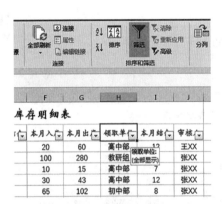

图 2-111 筛选下拉按钮

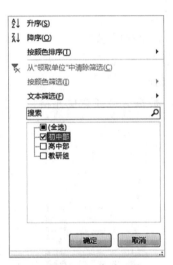

图 2-112 下拉选框

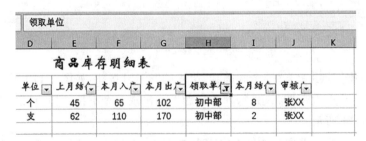

图 2-113 筛选效果

图 2-114　自定义筛选

⑦ 在"自定义自动筛选方式"对话框中输入"50"，如图 2-115 所示。

⑧ 可将上月结余超过 50 的商品筛选出来，如图 2-116 所示。

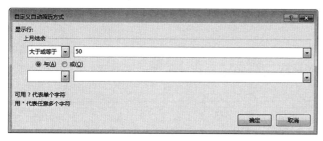

图 2-115　输入参数

图 2-116　筛选效果

（2）高级筛选

① 在 I15 和 I16 单元格内分别输入"审核人"和"张××"，在 J15 单元格内输入"商品名称"，如图 2-117 所示。

商品名称	单位	上月结余	本月入库	本月出库	领取单位	本月结余	审核人		
复写纸	包	52	20	60	高中部	12	王XX		
复印纸	包	206	100	280	教研组	26	张XX		
订书机	个	12	10	15	高中部	7	张XX		
笔筒	个	25	30	43	高中部	12	张XX		
计算器	个	45	65	102	初中部	8	张XX		
档案袋	个	52	240	280	高中部	12	张XX		
回形针	盒	69	25	80	教研组	14	王XX		
大头针	盒	85	25	60	教研组	50	张XX		
胶带	卷	29	31	50	教研组	10	张XX		
钢笔	支	62	110	170	初中部	2	张XX		
							审核人	商品名称	
							张XX		

图 2-117　输入数据

② 选中数据区域任意单元格,单击"数据"选项卡下"排序和筛选"组内的"高级"按钮,如图 2-118 所示。

③ 弹出"高级筛选"对话框,在"方式"组内选中"将筛选结果复制到其他位置"单选按钮,在"列表区域"文本框内输入"＄A＄2:＄J＄12",在"条件区域"文本框内输入"＄I＄15:＄I＄16",在"复制到"文本框内输入"＄J＄15",选中"选择不重复的记录"复选框,单击"确定"按钮,如图 2-119 所示。

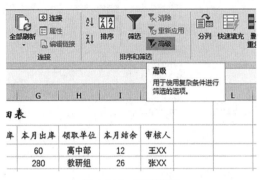

图 2-118　高级筛选

图 2-119　设置条件

④ 即可将商品库存明细表中张 XX 审核的商品名称单独筛选出来,并复制在指定区域,效果如图 2-120 所示。

170	初中部	2	张XX		
		审核人	商品名称		
		张XX	复印纸		
			订书机		
			笔筒		
			计算器		
			档案袋		
			大头针		
			胶带		
			钢笔		

图 2-120　筛选效果

4. 数据分类汇总

商品库存明细表需要对不同分类的商品进行分类汇总,使工作表更加有条理,有利于对数据的分析和处理。

(1) 创建分类汇总

① 选中"领取单位"区域任意单元格,如图 2-121 所示。

② 单击"数据"选项卡下"排序和筛选"组内的"升序"按钮,如图 2-122 所示。

③ 即可将数据以领取单位为依据进行升序排列,效果如图 2-123 所示。

数据分类汇总

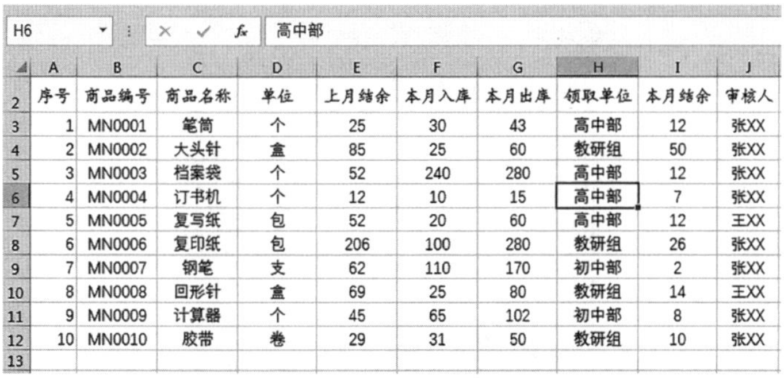

图 2-121　选中单元格

图 2-122　数据排序

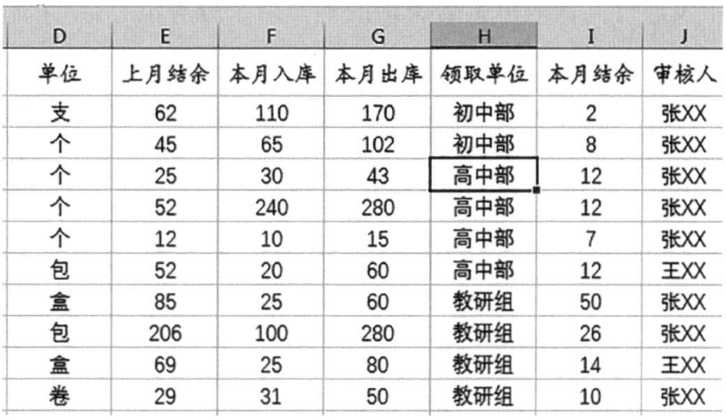

单位	上月结余	本月入库	本月出库	领取单位	本月结余	审核人
支	62	110	170	初中部	2	张XX
个	45	65	102	初中部	8	张XX
个	25	30	43	高中部	12	张XX
个	52	240	280	高中部	12	张XX
个	12	10	15	高中部	7	张XX
包	52	20	60	高中部	12	王XX
盒	85	25	60	教研组	50	张XX
包	206	100	280	教研组	26	张XX
盒	69	25	80	教研组	14	王XX
卷	29	31	50	教研组	10	张XX

图 2-123　排序效果

④ 单击"数据"选项卡下"分级显示"组内的"分类汇总"按钮，如图 2-124 所示。

图 2-124　分类汇总

⑤ 弹出"分类汇总"对话框，设置"分类字段"为"领取单位"，"汇总方式"为"求和"，在"选定汇总项"选项列表中选取"本月结余"复选框，其余保持默认值，单击"确定"按钮，如图

2-125 所示。

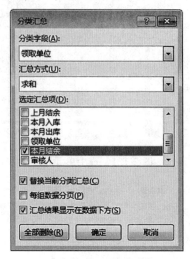

图 2-125　设定条件

⑥ 即可对工作表进行以领取单位为类别的本月结余分类汇总,结果如图 2-126 所示。

1 2 3		A	B	C	D	E	F	G	H	I	J
	2	序号	商品编号	商品名称	单位	上月结余	本月入库	本月出库	领取单位	本月结余	审核人
	3	7	MN0007	钢笔	支	62	110	170	初中部	2	张XX
	4	9	MN0009	计算器	个	45	65	102	初中部	8	张XX
	5								初中部 汇总	10	
	6	1	MN0001	笔筒	个	25	30	43	高中部	12	张XX
	7	3	MN0003	档案袋	个	52	240	280	高中部	12	张XX
	8	4	MN0004	订书机	个	12	10	15	高中部	7	张XX
	9	5	MN0005	复写纸	包	52	20	60	高中部	12	王XX
	10								高中部 汇总	43	
	11	2	MN0002	大头针	盒	85	25	60	教研组	50	张XX
	12	6	MN0006	复印纸	包	206	100	280	教研组	26	张XX
	13	8	MN0008	回形针	盒	69	25	80	教研组	14	王XX
	14	10	MN0010	胶带	卷	29	31	50	教研组	10	张XX
	15								教研组 汇总	100	
	16								总计	153	

图 2-126　分类汇总结果

(2) 清除分类汇总

① 接上一小节的操作,选中"领取单位"区域任意单元格,如图 2-127 所示。

图 2-127　选择单元格

② 单击"数据"选项卡下"分级显示"组内的"分类汇总"按钮,在弹出的"分类汇总"对话框中单击"全部删除"按钮,如图 2-128 所示。

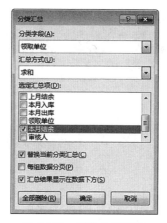

图 2-128　删除分类汇总

③ 即可将分类汇总全部删除,效果如图 2-129 所示。

序号	商品编号	商品名称	单位	上月结余	本月入库	本月出库	领取单位	本月结余	审核人
7	MN0007	钢笔	支	62	110	170	初中部	2	张XX
9	MN0009	计算器	个	45	65	102	初中部	8	张XX
1	MN0001	笔筒	个	25	30	43	高中部	12	张XX
3	MN0003	档案袋	个	52	240	280	高中部	12	张XX
4	MN0004	订书机	个	12	10	15	高中部	7	张XX
5	MN0005	复写纸	包	52	20	60	高中部	12	王XX
2	MN0002	大头针	盒	85	25	60	教研组	50	张XX
6	MN0006	复印纸	包	206	100	280	教研组	26	张XX
8	MN0008	回形针	盒	69	25	80	教研组	14	王XX
10	MN0010	胶带	卷	29	31	50	教研组	10	张XX

图 2-129　删除效果

5. 合并计算

合并计算

合并计算,可以将多个工作表中的数据合并在一个工作表中,以便能够对数据进行更新和汇总。

① 选择"Sheet1"工作表,选中"A2:J12"单元格区域。

② 单击"公式"选项卡下"定义的名称"组中的"定义名称"按钮,如图 2-130 所示。

③ 弹出"新建名称"对话框,在"名称"文本框内输入"表 1",单击"确定"按钮,如图 2-131 所示。

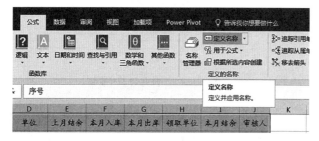

图 2-130　定义名称

图 2-131　新建名称

④ 选择"Sheet2"工作表,选中 E1:F11 单元格区域,单击"公式"选项卡下"定义的名称"组中的"定义名称"按钮,如图 2-132 所示。

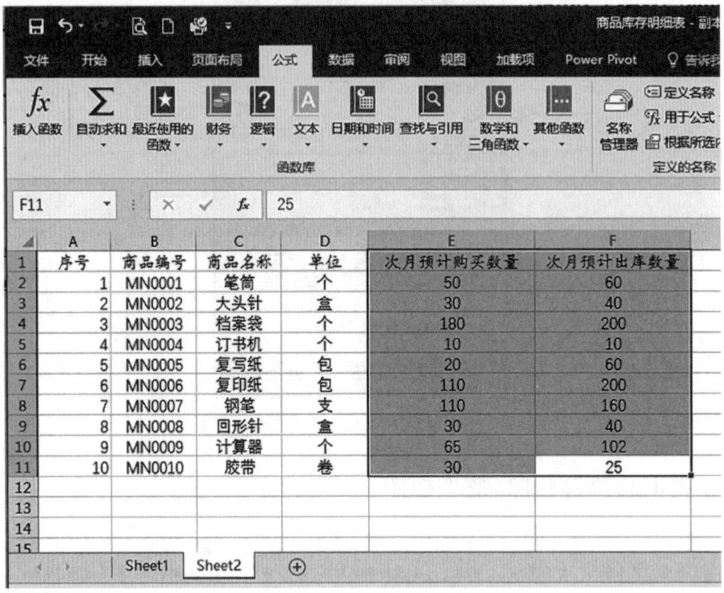

图 2-132　选择区域

⑤ 在弹出的"新建名称"对话框中将"名称"设置为"表 2",单击"确定"按钮,如图 2-133所示。

⑥ 在"Sheet1"工作表中选中 K2 单元格,单击"数据"选项卡下"数据工具"选择组中的"合并计算"按钮,如图 2-134 所示。

图 2-133　新建名称

图 2-134　"合并计算"按钮

⑦ 弹出"合并计算"对话框,在"函数"下拉列表中选择"求和"选项,在"引用位置"文本框内输入"表 2",选中"标签位置"组内的"首行"复选框,单击"确定"按钮,如图 2-135所示。

图 2-135　"合并计算"对话框

⑧ 即可将表 2 合并在"Sheet1"工作表内，效果如图 2-136 所示。

序号	商品编号	商品名称	单位	上月结余	本月入库	本月出库	领取单位	本月结余	审核人	次月预计购买数量	次月预计出库数量
7	MN0007	钢笔	支	62	110	170	初中部	2	张XX	50	60
9	MN0009	计算器	个	45	65	102	初中部	8	张XX	30	40
1	MN0001	笔筒	个	25	30	43	高中部	12	张XX	180	200
3	MN0003	档案装	个	52	240	280	高中部	12	张XX	10	10
4	MN0004	订书机	个	12	10	15	高中部	7	张XX	20	60
5	MN0005	复写纸	包	52	20	60	高中部	12	王XX	110	200
2	MN0002	大头针	盒	85	25	60	教研组	50	张XX	110	160
6	MN0006	复印纸	包	206	100	280	教研组	26	张XX	30	40
8	MN0008	回形针	盒	69	25	80	教研组	14	王XX	65	102
10	MN0010	胶带	卷	29	31	50	教研组	10	张XX	30	25

图 2-136　合并结果

2.4.4　项目小结

在面对包含成千上万条数据信息的表格时，我们经常会无所适从。如何快速查找、筛选出所需信息，对特定数据进行比较汇总等，也是我们在 Excel 使用当中的一大难题，熟练掌握这些操作，可以大大提高我们的工作效率。

2.4.5　举一反三

分析与汇总商品销售数据表

商品销售数据表记录着一个阶段内各个种类的商品的销售情况，通过对商品销售数据表的分析，可以找出在销售过程中存在的问题，有利于提高销售业绩。

2.5　项目 4：产品销售统计分析图表

2.5.1　项目描述

在 Excel 中使用图表，不仅能使数据统计结果更直观、更形象，还能够清晰地反映数据的变化规律和发展趋势。使用图表可以制作产品统计分析表、预算分析表、工资分析表、成绩分析表等。本节主要介绍创建图表、图表的设置和调整、添加图表元素及创作迷你图等操作。

项目描述

2.5.2　知识要点

（1）创建图表。
（2）设置和整理图表。
（3）添加图表元素。
（4）创建迷你图。

2.5.3　制作步骤

1. 创建图表

可以根据实际需要,选择并创建合适的图表。打开配套素材"产品销售统计分析表.xlsx"工作簿。

① 选择数据区域内的任意一个单元格,单击"插入"选项卡下"图表"组中"推荐的图表"按钮,如图 2-137 所示。

创建图表

图 2-137　"推荐的图表"按钮

② 打开"插入图表"对话框,选择"推荐的图表"选项卡,在左侧的列表中就可以看到系统推荐的图表类型。选择需要的图表(这里选择"簇状柱形图"图表),单击"确定"按钮,如图 2-138 所示。即可完成使用"推荐的图表"创建图表的操作。

③ 如果要删除创建的图表,用鼠标左键单击,选择创建的图表,在键盘上按"Delete"键即可。

④ 也可点击"图表"组中的"常用图表"按钮,创建相应的图表,如图 2-139 所示。

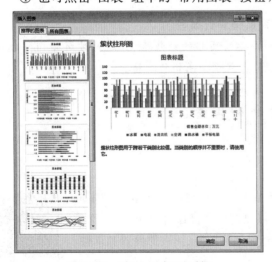

图 2-138　"插入图表"对话框

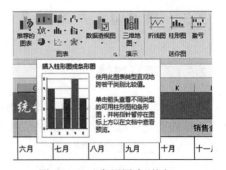

图 2-139　"常用图表"按钮

⑤ 选择数据区域内的任意一个单元格,单击"插入"选项卡下"图表"组中"推荐的图表"按钮,打开"插入图表"对话框,选择"所有图表"选项卡,可以看到所有 Excel 的图表类型,如图 2-140 所示。

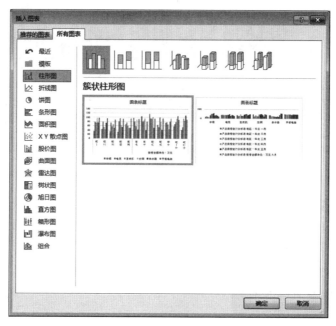

图 2-140　所有图表

2. 图表的设置和调整

在图表创建以后,可以根据需要设置图表的位置和大小,还可以根据需要调整图表的样式及类型。

图表设置和调整

(1) 调整图表布局

① 选择创建的图表,单击"设计"选项卡下"图表布局"组中的"快速布局"按钮的下拉按钮,在弹出的下拉列表中选择"布局 7"选项,如图 2-141 所示。

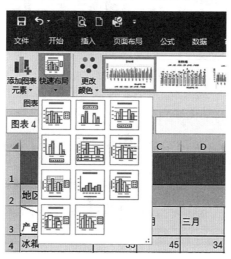

图 2-141　快速布局

② 调整图表布局后的效果如图 2-142 所示。

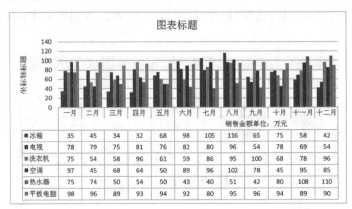

	一月	二月	三月	四月	五月	六月	七月	八月	九月	十月	十一月	十二月
■冰箱	35	45	34	32	68	98	105	116	65	75	58	42
■电视	78	79	75	81	76	82	80	96	54	78	69	54
■洗衣机	75	54	58	96	61	59	86	95	100	68	78	96
■空调	97	45	68	64	50	89	96	102	78	45	95	85
■热水器	75	74	50	54	50	43	40	51	42	80	108	110
■平板电脑	98	96	89	93	94	92	80	95	96	94	89	90

图 2-142　布局效果

(2) 修改图表样式

① 选择图表,单击"设计"选项卡下"图表样式"组中的"更改颜色"按钮的下拉按钮,在弹出的下拉列表中选择"彩色调色板 3"选项,如图 2-143 所示。

② 调整图表颜色后的效果如图 2-144 所示。

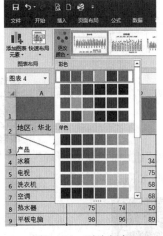

图 2-143　更改颜色

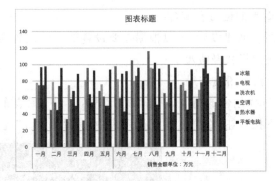

图 2-144　更改效果

③ 选择图表,单击"设计"选项卡下"图表样式"组中"其他"按钮,在弹出的下拉列表中选择"样式 8"图表样式选项,如图 2-145 所示。

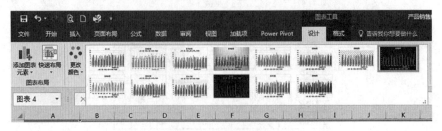

图 2-145　图表样式

④ 即可更改图表的样式,效果如图 2-146 所示。

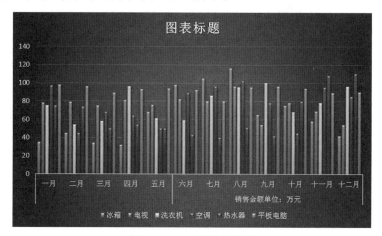

图 2-146　更改样式效果

（3）更改图表类型

① 选择图表,单击"设计"选项卡下"类型"组中的"更改图表类型"按钮,如图 2-147 所示。

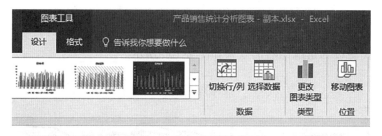

图 2-147　更改图表类型

② 弹出"更改图表类型"对话框,如图 2-148 所示。

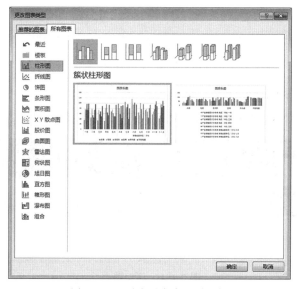

图 2-148　更改图表类型对话框

③ 选择要更改的图表类型,这里在左侧列表中选择"折线图"选项,在右侧选择"折线图"类型,单击"确定"按钮,如图 2-149 所示。

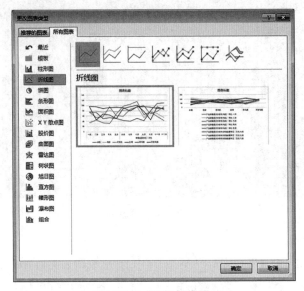

图 2-149   选择折线图

④ 将柱形图更改为折线图后的效果如图 2-150 所示。

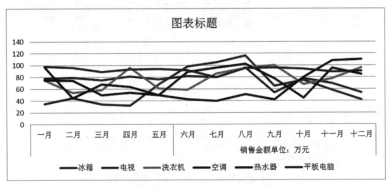

图 2-150   更改效果

(4) 移动图表到新工作表

① 选择图表,单击"设计"选项卡下"位置"组中的"移动图表"按钮,如图 2-151 所示。

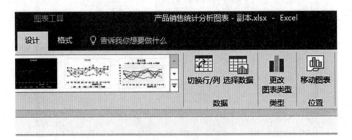

图 2-151   移动图表

② 弹出"移动图表"对话框,在"选择放置图表的位置"组中单击选中"新工作表"单选按钮,并在文本框中设置新工作表的名称,单击"确定"按钮,如图 2-152 所示。

图 2-152　"移动图表"对话框

③ 即可创建名称为"Chart1"的工作表,并在表中显示图表,而"Sheet1"工作表中则不包含图表,如图 2-153 所示。

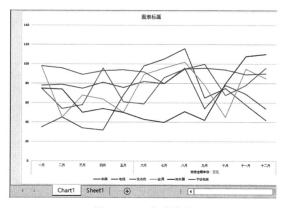

图 2-153　移动效果

④ 在"Chart1"工作表中选择图表,右击,在弹出的快捷菜单中选择"移动图表"选项,如图 2-154 所示。

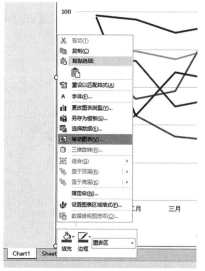

图 2-154　移动图表

⑤ 弹出"移动图表"对话框,在"选择放置图表的位置"组中单击选中"对象位于"单选按钮,并在文本框中选择"Sheet1"工作表,单击"确定"按钮,如图 2-155 所示。

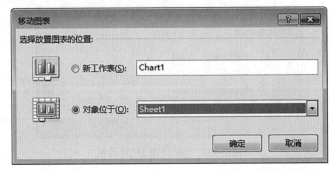

图 2-155 "移动图表"对话框

⑥ 即可将图表移动至"Sheet1"工作表,并删除"Chart1"工作表,如图 2-156 所示。

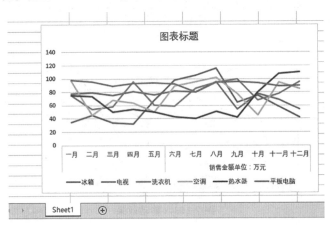

图 2-156 移动效果

3. 美化图表区和绘图区

① 选中图表并右击,在弹出的快捷菜单中选择"设置图表区域格式"选项,如图 2-157 所示。

美化图表区和绘图区

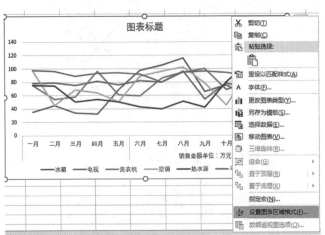

图 2-157 设置图表区域格式

② 弹出"设置图表区格式"窗格，在"填充与线条"选项卡下"填充"组中选择"渐变填充"单选按钮，如图 2-158 所示。

③ 单击"预设渐变"后的下拉按钮，在弹出的下拉列表中选择一种渐变样式，如图 2-159 所示。

图 2-158　渐变填充　　　　　　　　　　图 2-159　渐变样式

④ 单击"类型"后的下拉按钮，在弹出的下拉列表中选择"线性"，如图 2-160 所示。

⑤ 要设置"方向"为"线性向下"，"角度"为"90°"，如图 2-161 所示。

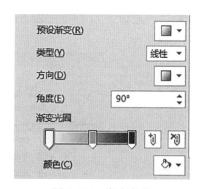

图 2-160　渐变类型　　　　　　　　　　图 2-161　渐变角度

⑥ 在渐变光圈区域可以设置渐变光圈效果，选择渐变光圈后，按住鼠标左键并拖曳鼠标，可以调整渐变光圈的位置。选择第 1 个渐变光圈，单击下方"颜色"后的下拉按钮，在弹出的下拉列表中设置颜色为"蓝色"，设置第 2 个渐变光圈颜色为"白色"，设置第 3 个渐变光圈颜色为"黄色"，如图 2-162 所示。

⑦ 关闭"设置图表区格式"窗格，即可看到美化图表区后的效果，如图 2-163 所示。

⑧ 美化绘图区。选中图表的绘图区并右击，在弹出的快捷菜单中选择"设置绘图区格式"选项，如图 2-164 所示。

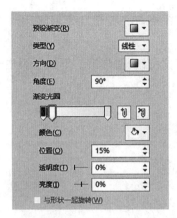

图 2-162 渐变光圈

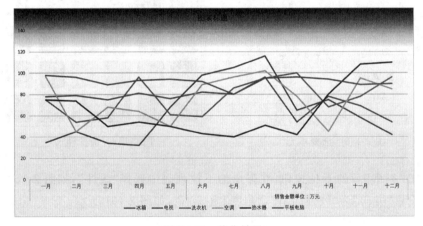

图 2-163 美化效果

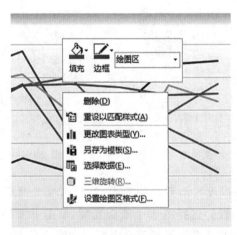

图 2-164 设置绘图区格式

⑨ 弹出"设置绘图区格式"窗口,在"填充与线条"选项卡下"填充"组中选择"纯色填充"单选按钮,并单击"颜色"后的下拉按钮,在弹出的下拉列表中选择一种颜色,还可根据需要调整透明度,如图 2-165 所示。

⑩ 关闭"设置绘图区格式"窗口，即可看到美化绘图区后的效果，如图 2-166 所示。

图 2-165　设置选项

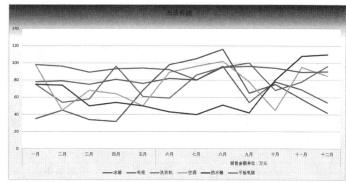

图 2-166　美化效果

4. 添加图表元素

创建图表后，可以在图表中添加坐标轴、轴标题、图表标题等元素。

（1）图表的组成

图表主要由图表区、绘图区、图表标题、数据标签、坐标轴、图例、数据表和
背景等组成。

（2）添加图表标题

① 在已创建的图表中，单击"设计"选项卡下"图表布局"组中的"添加图表元素"按钮的
下拉按钮，在弹出的下拉列表中选择"图表标题"—"图表上方"选项，如图 2-167 所示。

添加图表元素

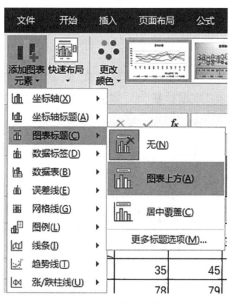

图 2-167　添加图表标题

② 在图表的上方添加"图表标题"文本框，如图 2-168 所示。

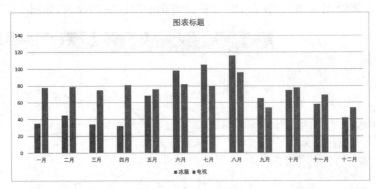

图 2-168　添加结果

③ 删除"图表标题"文本框中的内容，并输入"产品销售统计分析图"，就完成了图表标题的添加，如图 2-169 所示。

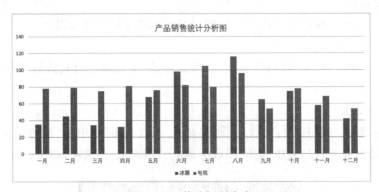

图 2-169　修改标题内容

（3）添加数据标签

① 选择图表，单击"设计"选项卡下"图表布局"组中的"添加图表元素"按钮的下拉按钮，在弹出的下拉列表中选择"数据标签"—"数据标签外"选项，如图 2-170 所示。

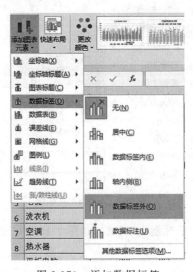

图 2-170　添加数据标签

② 即可在图表中添加数据标签,效果如图 2-171 所示。

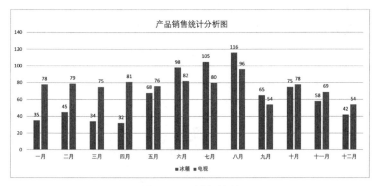

图 2-171　添加效果

(4) 添加数据表

① 选择图表,单击"设计"选项卡下"图表布局"组中的"添加图表元素"按钮的下拉按钮,在弹出的下拉列表中选择"数据表"－"显示图例项标示"选项,如图 2-172 所示。

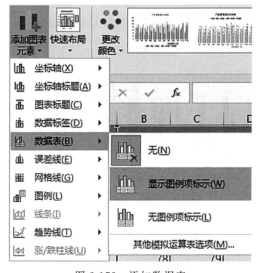

图 2-172　添加数据表

② 即可在图表中添加数据表,效果如图 2-173 所示。

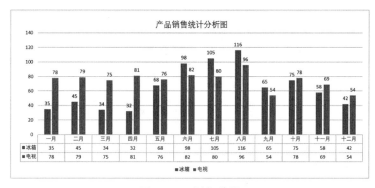

图 2-173　添加效果

（5）设置网格线

① 选择图表,单击"设计"选项卡下"图表布局"组中的"添加图表元素"按钮的下拉按钮,在弹出的下拉列表中选择"网格线"—"主轴主要垂直网格线"选项,如图 2-174 所示。

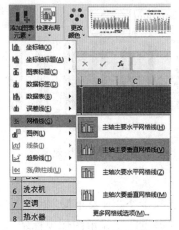

图 2-174　设置网格线

② 即可在图表中添加主轴主要垂直网格线,效果如图 2-175 所示。

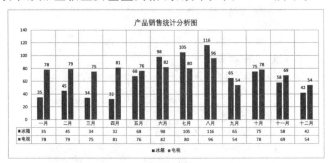

图 2-175　设置效果

（6）设置图例显示位置

① 选择图表,单击"设计"选项卡下"图表布局"组中的"添加图表元素"按钮的下拉按钮,在弹出的下拉列表中选择"图例"—"右侧"选项,如图 2-176 所示。

图 2-176　设置图例显示位置

② 即可将图例显示在图表区右侧,效果如图 2-177 所示。

图 2-177　设置效果

③ 添加图表元素完成后根据需要调整图片的位置及大小,并对图表进行美化,以便能更清晰地显示图表中的数据。

5. 创建迷你图

迷你图是一种小型图表,可放在工作表内的单个单元格内,由于尺寸已经过压缩,因此,迷你图能够以简明且非常直观的方式显示大量数据集所反映出的图案。

若要创建迷你图,必须先选择要分析的数据区域,然后选择要放置迷你图的位置。

创建迷你图

（1）创建迷你图

① 在之前工作表中,选择 N4 单元格,单击"插入"选项卡下"迷你图"组中的"折线图"按钮,如图 2-178 所示。

图 2-178　创建迷你图

② 弹出"创建迷你图"对话框,"数据范围"选择 B4：M4 单元格区域,单击"确定"按钮,如图 2-179 所示。

③ 即可完成各月销售情况迷你图的创建,如图 2-180 所示。

④ 向下填充单元格,即可完成所有产品各月销售情况迷你图的创建。

图 2-179 "创建迷你图"对话框

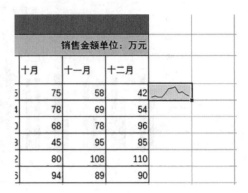

图 2-180 创建效果

(2) 设置迷你图

① 选择 N4:N9 单元格区域,单击"设计"选项卡下"样式"组中的"其他"按钮,在弹出的下拉列表中选择一种样式,如图 2-181 所示。

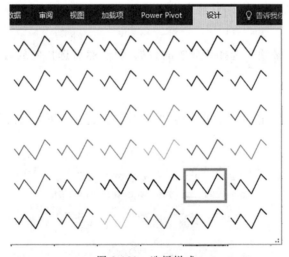

图 2-181 选择样式

② 单击"设计"选项卡下"样式"组中的"迷你图颜色"按钮后的下拉按钮,在弹出的下拉列表中选择"红色",可更改迷你图的颜色,如图 2-182 所示。

③ 选择 N4:N9 单元格区域,单击选中"设计"选项卡下"显示"组中的"高点"和"低点"复选框,显示迷你图的最高点和最低点,如图 2-183 所示。

④ 单击"设计"选项卡下"样式"组中的"标记颜色"按钮的下拉按钮,在弹出的下拉列表中选择"高点"—"蓝色"选项。使用同样的方法选择"低点"—"黄色"选项,如图 2-184 所示。

⑤ 即可看到设置迷你图后的效果,如图 2-185 所示。

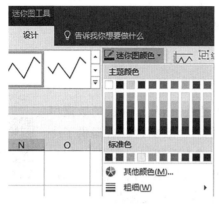

图 2-182　更改迷你图颜色

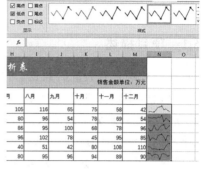

图 2-183　显示最高点和最低点

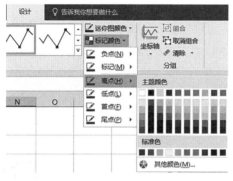

图 2-184　设置颜色

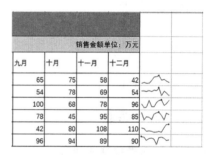

图 2-185　设置效果

2.5.4　项目小结

数据分析是指用适当的统计分析方法对收集来的大量数据进行分析,提取有用信息并形成结论,从而对数据加以详细研究和概括总结的过程。Excel 作为常用的分析工具,可以实现基本的分析工作,在 Excel 中使用图表可以清楚地表达数据的变化关系,并且还可以分析数据的规律,进行预测。本节以制作产品销售统计分析表图表为例,介绍 Excel 的图表功能和销售数据的分析方法。

制作图表时需要注意选择合适的图表类型,选择正确的数据源,用户需要根据要表达的主题选择合适的图表,添加合适的图表元素,如图表标题、数据标签等,更直观地反映图表信息。

2.5.5　举一反三

制作项目预算表

与产品销售统计分析表类似的还有项目预算表、年产量统计图表、货物库存分析表、成绩统计分析图表等。制作这类文档时,都要做到数据格式统一,而且要选择合适的图表类型,以便准确表达要传递的信息。

2.6 项目 5：发货数据统计表的设计与制作

2.6.1 项目描述

Excel 工作表中含有大量的数据,可使用数据透视表,从这大量的数据中获取有用的信息,并以简单明了的方式呈现给我们看。数据透视表提供了一种快速且强大的方式来分析数值数据,以不同的方式查看相同的数据,将用户需要的、感兴趣的数据从海量的数据中提取出来并生成短小简洁的汇总报表。本项目就以一份发货清单数据信息表为例,来全面掌握数据透视表的使用。

项目描述

2.6.2 知识要点

(1) 创建透视表。

(2) 编辑透视表。

(3) 设置透视表格式。

(4) 使用切片工具。

(5) 数据透视表。

2.6.3 制作步骤

1. 创建和编辑数据透视表

打开配套素材"发货单.xlsx"工作簿。

(1) 创建数据透视表

① 单击工作表数据区域任意单元格。

创建数据透视表

② 选择"插入"选项卡,单击"表格"组的"数据透视表"按钮,弹出"创建数据透视表"对话框,如图 2-186 所示。

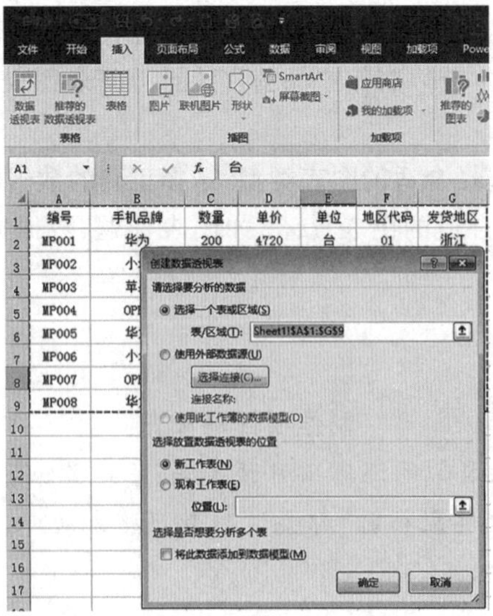

图 2-186　创建数据透视表

③ 为便于看清数据透视报表,选择"新工作表",单击"确定"按钮。

④ Excel 将自动创建新的空白数据透视表,如图 2-187 所示。

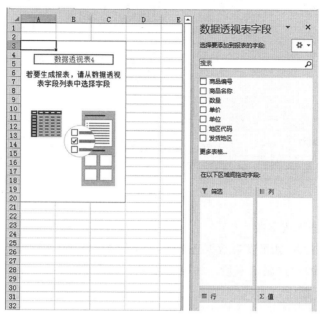

图 2-187　空白数据透视表

⑤ 双击"Sheet4"工作表标签,修改表名为"数据透视表"。

⑥ 从"选择要添加到报表的字段"列表框中,拖动"手机品牌"字段到下方的"行"标签处,拖动"发货地区"字段到下方的"筛选"标签处,拖动"数量"字段到下方的"值"标签处,效果如图 2-188 所示。

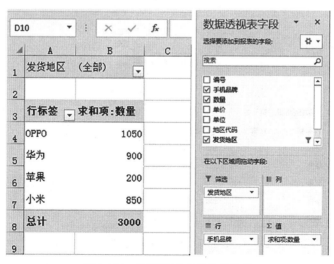

图 2-188　不同地区商品发货数量

⑦ 可以单击"发货地区"右侧的向下箭头,选择地区名称,将显示选中的地区数据,如图 2-189 所示。

图 2-189　筛选结果

（2）调整数据透视表字段

创建数据透视表后，如果发现数据透视表布局不符合要求，可以根据需要在数据透视表当中添加或删除字段。如要直接显示每个地区、每个手机品牌的数量，可进行如下操作：

调整字段

① 单击数据透视表中的任意一个单元格。

② 从"选择要添加到报表的字段"列表框中，拖动"发货地区"字段到下方的"列"标签处，如图 2-190 所示。

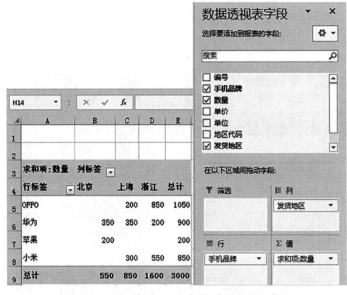

图 2-190　显示每个地区、每个手机品牌的数量

（3）值字段设置

在数据透视表中，默认的汇总方式为求和，我们可以根据需要改变值汇总方式和值显示方式。例如，将数量以百分比形式显示。

值字段设置

① 点击数据透视表,选择"数据透视表工具"－"分析"选项卡,在"活动字段"组中单击"字段设置"按钮。

② 在弹出的"值字段设置"对话框中,选择"值显示方式"选项卡,点击"值显示方式"右侧向下箭头,在列表框中选择"行汇总的百分比"选项,如图 2-191 所示。

图 2-191　值字段设置

③ 数量变成了以百分比的形式显示,如图 2-192 所示。

平均值项:数量	列标签			
行标签	北京	上海	浙江	总计
OPPO	0.00%	38.10%	161.90%	100.00%
华为	116.67%	116.67%	66.67%	100.00%
苹果	100.00%	0.00%	0.00%	100.00%
小米	0.00%	70.59%	129.41%	100.00%
总计	73.33%	75.56%	142.22%	100.00%

图 2-192　值字段设置结果

（4）更新数据透视表数据

虽然数据透视表具有非常强的灵活性和数据操控性,但是在修改其源数据时不能自动在数据透视表中直接反映出来,而必须手动对数据透视表进行更新。

更新数据透视表

① 对创建数据透视表的源数据进行修改,选择工作表 Sheet1,然后右击 E 列,插入一列,单击单元格 E1,输入"金额"二字,单击单元格 E2,输入公式"＝C2 * D2",按 Enter 键确

定,向下填充其余单元格,如图 2-193 所示。

	A	B	C	D	E	F	G	H
1	编号	手机品牌	数量	单价	金额	单位	地区代码	发货地区
2	MP001	华为	200	4720	944000	台	01	浙江
3	MP002	小米	300	1380	414000	台	02	上海
4	MP003	苹果	200	4720	944000	台	13	北京
5	MP004	OPPO	850	1999	1699150	台	13	浙江
6	MP005	华为	350	1899	664650	台	03	北京
7	MP006	小米	550	3910	2150500	台	01	浙江
8	MP007	OPPO	200	4720	944000	台	16	上海
9	MP008	华为	350	1450	507500	台	21	上海

图 2-193　修改源数据

② 切换到数据透视表所在的工作表,右击数据透视表中的任意单元格,在弹出的快捷菜单中选择"刷新"命令,即可更新数据。

(5) 切片器应用

当数据表的字段和记录内容非常多时,制作统计分析表需要在多个显示字段之间切换筛选条件,操作麻烦,效率不高,因此对于这种复杂的大数据量的分析,仅靠筛选还不够。Excel 2016 新增的切片器可以解决此问题。

切片器应用

① 点击数据透视表。

② 选择"数据透视表工具"—"分析"选项卡,单击"筛选"组中"插入切片器"按钮,如图 2-194 所示。

③ 选择要做筛选操作的字段,可多项选择,如勾选"手机品牌""发货地区"。

④ 单击"确定",出现两个"切片器",如图 2-195 所示。

图 2-194　插入切片器

图 2-195　切片器效果

⑤ 在"切片器"上单击某个"切片",数据报表便会筛选出对应的数据,同时"切片器"右上角的叉会变成"红色"。

⑥ 若想去除筛选效果,只要单击"切片器"右上角的"红色"叉,数据报表便可恢复原状。

2. 数据透视图

(1) 利用数据透视表创建数据透视图

① 选中数据透视表中的任意单元格。

② 点击"数据透视表工具"－"分析"选项卡,在"工具"组中单击"数据透视图"按钮,弹出"插入图表"对话框,在左侧选择图表类型,右侧选择子类型,单击"确定",即可插入图表,如图 2-196 所示。

利用数据透视表创建

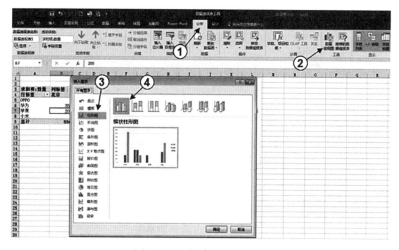

图 2-196　创建数据透视图

(2) 直接创建数据透视图

① 单击数据区域的任意单元格,点击"插入"选项卡"图表"组中的"数据透视图"按钮。

② 在弹出的"创建数据透视图"对话框中单击"确定"按钮,即可进入数据透视图设计环境,如图 2-197 所示。

直接创建

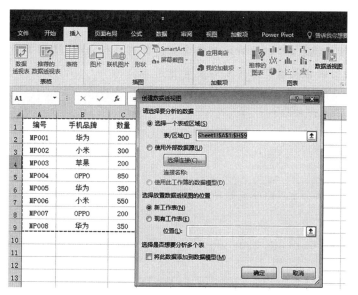

图 2-197　插入数据透视图

③ 从"选择要添加到报表的字段"列表框中,拖动"手机品牌"字段到下方的"轴(类别)"标签处,拖动"发货地区"字段到下方的"图例(系列)"标签处,拖动"数量"字段到下方的"值"标签处,效果如图 2-198 所示。

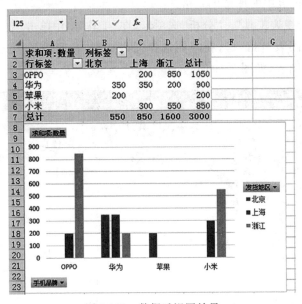

图 2-198　数据透视图效果

2.6.4　项目小结

数据透视表还可根据实际需要把多个字段拖入"报表筛选"区,进行多条件过滤,也可以把数据进行分类、汇总、过滤等等,制作出所需要的数据统计报表。在实际使用中应该举一反三、多加应用,这样可以提高工作效率。

2.6.5　举一反三

制作销售业绩透视表

创建销售业绩透视表,可以很好地对销售业绩数据进行分析,找到普通数据表中很难发现的规律,对以后的销售策略有很重要的参考作用。

第3章

PowerPoint 高级应用

 学习目的及要求

掌握 PowerPoint 2016 的高级应用技术,包括熟练运用主题、版式、文字、形状、图片、图表、动画等进行 PowerPoint 设计与制作,具体内容包括:

1. PowerPoint 风格设计

(1) 掌握模板的使用。

(2) 掌握主题的使用。

(3) 掌握母版的使用。

2. PowerPoint 元素设计

(1) 掌握文字的设计。

(2) 掌握形状的设计。

(3) 掌握图片的设计。

(4) 掌握图表的设计。

(5) 掌握多媒体的使用。

3. PowerPoint 动画设计

(1) 掌握页面切换的设计。

(2) 掌握元素动画的设计。

4. PowerPoint 相关插件使用

(1) 掌握 PowerPoint 美化大师的使用。

(2) 掌握 iSlide 的使用。

(3) 了解其他插件的使用。

3.1 PowerPoint 高级应用主要技术

3.1.1 PowerPoint 风格设计

PowerPoint 的风格是指色彩搭配、空间布局、字体格式等组合起来的视觉感。

PowerPoint 风格设计应尽量保持统一,可以通过模板套用、主题选择、母版修改、版式设计等方式来完成。

1. 使用模板

PowerPoint 模板是保存为.potx 文件的一张幻灯片或一组幻灯片的图案或蓝图,包含版式、主题字体、主题效果和背景样式,可以使用模板快速统一 PowerPoint 风格。模板有多种类型,使用方法如下:

(1) 使用内置模板

① 单击"文件"选项卡,在左侧菜单中选择"新建"命令,显示所有特色模板列表。

② 单击所需模板,在打开的模板示意图中单击"创建"按钮即可用模板新建一个 PowerPoint,如图 3-1 所示。

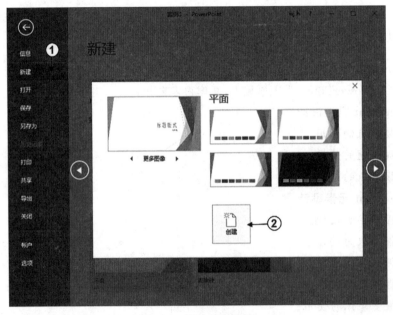

图 3-1　使用内置模板

(2) 使用 office 联机模板

① 单击"文件"选项卡,在左侧菜单中选择"新建"命令。

② 在上方搜索框中输入搜索关键字,按回车键即可显示模板搜索结果,如图 3-2 所示。

图 3-2　使用联机模板

③ 单击所需模板,在打开的模板示意图中单击"创建"按钮即可下载模板并新建一个 PowerPoint。

（3）使用第三方网站模板

互联网上有很多 PowerPoint 资源网站，如表 3-1 所示，在非商业用途情况下也可使用从这些网站下载的模板。

表 3-1　国内部分 PowerPoint 资源网站

网站名称	网站地址	简介
锐普 PPT	http：//www.rapidesign.cn/	中国专业 PPT 领导者，模板独具中国特色
无忧 PPT	http：//www.51ppt.com.cn/	中国最早的 PPT 素材网站之一
扑奔 PPT	http：//www.pooban.com/	中国最活跃的 PPT 论坛之一
第一 PPT	http：//www.1ppt.com/	中国综合 PPT 素材发布网站
演界 PPT	http：//www.yanj.cn/	中国领先 PPT、keynote 等在线展示和交易平台

（4）创建自定义模板

① 打开现有演示文稿或模板。

② 设置符合自己需要的主题、背景、母版等。

③ 单击"文件"选项卡，在左侧菜单中选择 "另存为"命令，双击"这台电脑"打开"另存为"对话框，选择"保存类型"下拉列表中的"PowerPoint 模板"，在"文件名"文本框内输入模板名称，单击"保存"按钮，如图 3-3 所示。

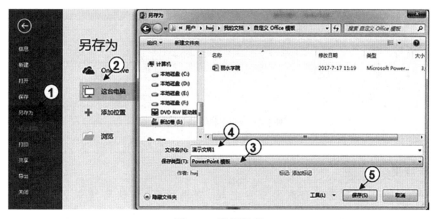

图 3-3　模板保存

④ 使用自定义模板。单击"文件"选项卡，在打开的菜单中选择"新建"命令，单击"自定义"选项，选择所需模板，并单击"创建"按钮即可用自定义模板新建一个 PowerPoint。

> 🔍 **经验分享**
>
> 　　在正式开始设计 PowerPoint 之前，应根据不同的应用主体、内容、目的和要求，对设计内容进行梳理，绘制 PowerPoint 的逻辑结构图。一般包含封面、前言、目录、过渡页、内容页、封底等六大组成部分，如图 3-4 所示。在选择或设计模板时应考虑这六类页面的风格设计，每类页面有独特风格又保持相对统一。

2. 使用主题

主题是一组统一的设计元素,包括主题颜色、主题字体和主题效果,用来设置文档的外观。在使用了模板或直接新建一个空白 PowerPoint 之后,可以使用主题对 PowerPoint 风格进行修改。使用方法如下:

① 选中要添加主题的幻灯片。

② 单击"设计"选项卡"主题"组中右下方"其他"按钮,打开"所有主题"列表。

③ 单击所需的主题,或右击选择"应用于选定幻灯片"命令,如果选择"应用于所有幻灯片",则此主题将适用于所有幻灯片。

④ 若要更改主题方案,可以在"设计"选项卡"变体"组中选择一种配色方案,或单击右下方"其他"按钮,在"颜色""字体""效果""背景样式"中选择合适的主题方案,如图 3-5 所示。或选择"自定义"命令自定义新主题方案,修改主题颜色后,可在名称栏输入名称,单击"保存"按钮,自动应用修改后方案。

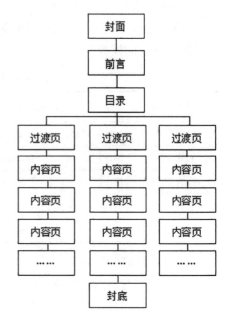

图 3-4　PowerPoint 逻辑结构

图 3-5　使用变体修改主题

🔍 **经验分享**

PowerPoint 配色要综合考虑演示主题、使用场合、放映环境等因素,最终目的是更好地呈现内容,一般宜精不宜多,尽量不要超过三种色系,PowerPoint 典型配色方案如图 3-6 所示。

图 3-6　PowerPoint 典型配色方案

---

3. 使用母版

幻灯片母版是幻灯片层次结构中的顶层幻灯片,用于存储有关演示文稿的主题和幻灯片版式的信息,包括背景、颜色、字体、效果、占位符大小和位置。在使用了模板或主题后可以在幻灯片母版中对 PowerPoint 风格进行修改。使用方法如下：

单击"视图"选项卡"母版视图"组中"幻灯片母版"按钮，进入"幻灯片母版"视图，如图 3-7 所示。

图 3-7　幻灯片母版

（1）自定义幻灯片母版

① 设计幻灯片母版。选中第一张幻灯片母版，插入并设计各类元素，即可显示在所有幻灯片中。

② 设计各类版式。鼠标移到版式缩略图上，提示幻灯片版式名称，选中对应版式的母版幻灯片，插入并设计各类元素，即可显示在对应版式的幻灯片中。

③ 修改母版主题。选中任意一张幻灯片母版，单击"编辑主题"组中"主题"按钮，选择所需主题，所有版式均应用同一主题。

（2）应用多个幻灯片母版

① 鼠标定位到幻灯片母版最后一张版式缩略图下方。

② 单击"幻灯片母版"选项卡"编辑主题"组中"主题"按钮，选择所需主题，即添加了一个包含主题的新幻灯片母版，如图 3-8 所示，同样可以进行相关修改。

图 3-8　设置多个母版主题

③ 单击"幻灯片母版"选项卡"关闭"组中"关闭母版视图"按钮回到普通视图,单击"开始"选项卡"幻灯片"组中"新建幻灯片"下拉按钮,可选择多个母版的多种版式应用,或右击要应用母版的幻灯片,选择"版式"中各个母版版式,实现在 PowerPoint 中应用多个母版。

（3）不使用母版

① 选中不使用母版的幻灯片。

② 单击"设计"选项卡"自定义"组中"设置背景格式"按钮,在"设置背景格式"右侧窗格勾选"隐藏背景图形"复选框,再设置其他背景。如果点击"全部应用"按钮,则所有幻灯片都不使用背景图形,如图 3-9 所示。

图 3-9 "设置背景格式"右侧窗格

🔍 **经验分享**

在 PowerPoint 幻灯片母版中可以看到有标题、两栏内容、内容和标题等各种版式,在进行 PowerPoint 风格设计之后,还需要进行版式布局设计,版式依据布局方式一般可以分为轴心式布局、左右分布布局、上下分布布局等,依据呈现内容可以分为文字型、图文型、全图型等,如图 3-10 所示。版式设计时要注重留白、关联、对齐、对比、重复 5 大设计原则,以及运用好对齐、组合、窗格、网格 4 大工具。

图 3-10 PowerPoint 版式设计

3.1.2 PowerPoint 元素设计

1. 文字设计

文字是 PowerPoint 需要传达的核心内容,不同于 Word 规则的文字排版,PowerPoint 文字不能只作简单堆砌,而应该利用不同字体表现相互关系、不同颜色和大小,突出层次重点,以及利用不同布局体现逻辑结构等设计方法。文字设计主要包括:

（1）字体选用

西文字体将字体分为衬线字体(serif)和无衬线字体(sans serif)两类,中文字体也适用此分类。

① 衬线字体：在文字的笔画开始、结束的地方有额外的装饰，而且笔画的粗细会有所不同。文字细节复杂，较注重文字与文字的搭配和区分，在纯文字 PowerPoint 里表现较好。常见衬线字体如图 3-11 所示。

图 3-11　常见衬线字体

② 无衬线字体：文字没有额外的装饰，笔画的粗细差不多。文字细节简洁，字与字的区分不明显，更注重段落与段落、文字与图片的配合及区分，在图文类 PowerPoint 里表现较好。常见无衬线字体如图 3-12 所示。

建议在演示型 PowerPoint 中多采用微软雅黑等无衬线字体，少用衬线字体。

图 3-12　常见无衬线字体　　　　　　图 3-13　字体替换

（2）字体替换

① 单击"开始"选项卡"编辑"组中"替换"下拉按钮，选择"替换字体"命令。

② 在打开的"替换字体"对话框中"替换"下拉列表选择原字体，"替换为"选择替换字体，单击"替换"按钮即可实现批量替换，如图 3-13 所示。

（3）文段条列化

条列化就是去除文本中的修饰性文字，将文本的主要内容归纳为若干要点，每个要点至多有一个短句，一个大的要点可以分解成几个并列的二级要点，这是文字排版和图表化的基础，主要可以通过项目符号和编号完成。操作方法如下：

单击"开始"选项卡"段落"组中"项目符号"或"编号"下拉按钮，选择一种项目符号或编号，也可点击"定义新项目符号"或"定义新编号格式"进行自定义设置。

图 3-14 展示了文段条列化前后的对比效果。

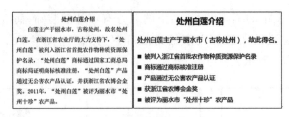

图 3-14　文段条列化示例

（4）文段图形化

经过条列化处理后 PowerPoint 内容层次已经清晰，为更进一步提升 PowerPoint 显示效果，还需要继续精炼出核心内容，实现图形化，主要可以通过 SmartArt 图形实现。

SmartArt 图形是信息和观点的视觉表示形式，利用它能快速、轻松和有效地传达信息。使用方法如下：

① 单击"插入"选项卡"插图"组中"SmartArt"按钮，打开"选择 SmartArt 图形"对话框。

② 单击左侧分类，选择一个所需的 SmartArt 图形，点击"确定"按钮，自动插入一个 SmartArt 图形，如图 3-15 所示。

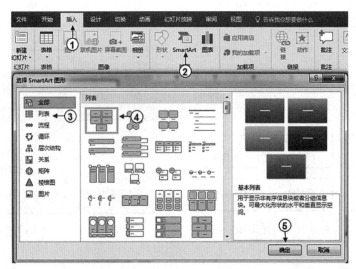

图 3-15　插入 SmartArt 图形

③ 根据需要在 SmartArt 图形左侧"文本"窗格中输入文字，右侧图形会自动更新。

④ 要在"文本"窗格中新建一行文本，可以按 Enter 键。要在"文本"窗格中缩进一行，选择要缩进的行，右击"降级"命令。要逆向缩进一行，可右击"升级"命令，如图 3-16 所示。

⑤ 要更改 SmartArt 图形的布局，选中 SmartArt 图形，单击"SmartArt 工具"下"设计"选项卡"布局"组中"其他"按钮，在打开的下拉列表中选择或点击"其他布局"命令，打开"选择 SmartArt 图形"对话框，选择其他 SmartArt 布局图形，如图 3-17 所示。

⑥ 要更改 SmartArt 图形的样式，选中 SmartArt 图形，单击"SmartArt 工具"下"设计"选项卡"SmartArt 样式"组中"更改颜色"和"其他"按钮，在打开的下拉列表中选择其他 SmartArt 颜色和图形样式。

⑦ 要更改 SmartArt 图形的形状，选中 SmartArt 图形中某一形状，单击"SmartArt 工

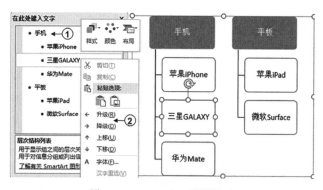

图 3-16 SmartArt 图形设置

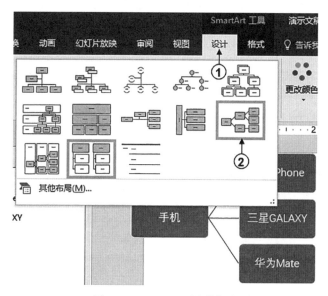

图 3-17 SmartArt 图形修改

具"下"格式"选项卡"形状"组中"更改形状"按钮,在打开的下拉菜单中选择一种新的形状。

⑧ 要更改 SmartArt 图形的形状格式,选中 SmartArt 图形中某一形状或多个形状,单击"SmartArt 工具"下"格式"选项卡"形状样式"组中相应按钮,设置形状填充、形状轮廓和形状效果。

⑨ 要把文本转换为 SmartArt 图形,选中已经条列化的文字,选择"开始"选项卡"段落"组中"转换为 SmartArt 图形"按钮,选择一种 SmartArt 图形样式。图 3-18 展示了文段图形化前后的对比效果。

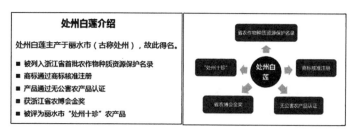

图 3-18 文本图形化示例

经验分享

在 PowerPoint 文字设计中,字体选择是非常重要的。我们看到一张图片中有漂亮的文字,却不知道是哪种字体,这时可以使用截图工具截取图片中的文字,进入求字体网(http://www.qiuziti.com/),上传截图后找到所需字体。下载字体后将 * .ttf 字体文件复制到系统字体安装目录(一般为 C:\Windows\Fonts),右键粘贴进行安装,即可在 PowerPoint 中使用该字体。

但你使用了系统预设之外的字体后,PowerPoint 在其他电脑播放时,很可能因为缺乏字体而全部显示成宋体,这时可以采用保存时嵌入字体的方式解决,操作方法为:

单击"文件"选项卡,在左侧菜单中选择"选项"按钮,打开"PowerPoint 选项"对话框,在左侧菜单选择"保存",勾选"将字体嵌入文件",选择一种嵌入方式,单击"确定"按钮,如图 3-19 所示。PowerPoint 提供了两种嵌入方式:

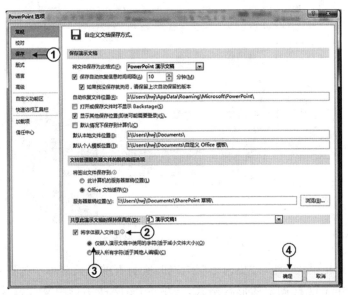

图 3-19　嵌入字体

● 仅嵌入演示文稿中使用的字体:文件较小,在任何电脑中都能正确预览字体,但缺乏其中某些字体的电脑只能观看,无法编辑。

● 嵌入所有字体:在任何电脑中都能观看和编辑。但文件会明显增大(通常会增大 10MB 以上),而且文件保存过程会很长(通常一次保存时间会在 1 分钟以上,甚至要 3 分钟以上)。

2. 形状设计

形状是 PowerPoint 信息传达最重要的一种辅助方式,可以通过形状的加入突出重点内容、辅助布局分割等,同时通过形状的各种组合绘制各种复杂图形,并与文字、图片等元素相结合,为 PowerPoint 排版布局和内容呈现提供更多可能。使用方法如下:

（1）形状绘制

① 单击"插入"选项卡"插图"组中"形状"下拉按钮，打开"形状"列表。

② 单击所需的形状，若要绘制多个相同形状，右击选择"锁定绘图模式"，如图 3-20 所示。

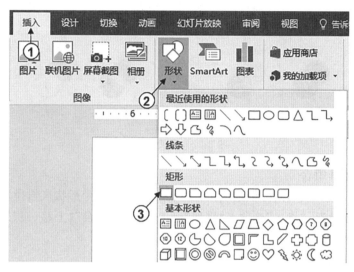

图 3-20　插入形状

③ 在幻灯片上所需位置用鼠标拖放绘制形状，"锁定绘图模式"时多次重复拖放绘制多个形状。在拖动的同时按住"Shift"键可创建正方形或圆形（或限制其他形状的尺寸）。"锁定绘图模式"时添加完所有需要的形状后按"Esc"键退出。

（2）形状变形

① 选中某一绘制好的形状。

② 单击"绘图工具"下"格式"选项卡"插入形状"组中"编辑形状"下拉按钮，选择"编辑顶点"命令，原有图形会有黑色顶点出现，拖动顶点即可进行形状变形，形状顶点编辑效果示例如图 3-21 所示。

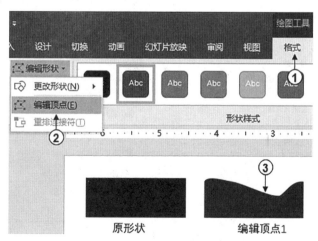

图 3-21　形状顶点编辑效果

(3) 形状合并

① 依次选中多个绘制好的形状,先选中的形状自动成为"底",后选择的用来在"底"上进行操作。

② 单击"绘图工具"下"格式"选项卡"插入形状"组中"合并形状"下拉按钮,选择联合、组合、拆分、相交、剪除 5 类合并命令之一,即可合并为一个新形状。5 类合并命令的效果如图 3-22 所示。

图 3-22　形状合并

(4) 形状排列和组合

① 单击选中形状,或用鼠标框选或按住"Shift"键单击多个形状来选择多个形状。

② 用"绘图工具"下"格式"选项卡"排列"组中"对齐""组合""上移一层""下移一层""旋转"按钮,可实现对齐、组合、层叠、旋转。

(5) 设置形状格式

① 选中要设置格式的形状。

② 单击"绘图工具"下"格式"选项卡"形状样式"组的"形状填充""形状轮廓""形状效果"按钮,在打开的下拉列表中选择所需形状样式。或单击"形状样式"右下角对话框启动器,或右击选中的形状选择"设置形状格式"命令,在"设置形状格式"右侧窗格进行全面格式设置,如图 3-23 所示。

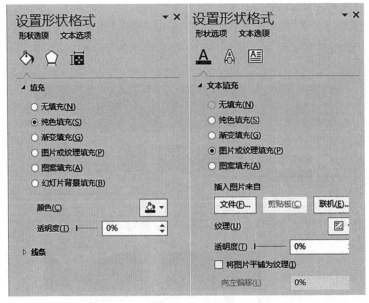

图 3-23　"设置形状格式"右侧窗格

（6）形状中添加文字

① 右击形状选择"编辑文字"。

② 根据需要输入文字。

③ 选中文字,选择"开始"选项卡"字体"组中各字体格式按钮进行设置(字体、字号、加粗、倾斜、对齐方式等)。或者在"绘图工具"下"格式"选项卡"艺术字样式"组中设置文本填充、文本轮廓、文本效果等,在打开的下拉列表中选择所需文本样式。或单击"艺术字样式"右下角对话框启动器,或右击选中的文本选择"设置形状格式"命令,打开"设置形状格式"右侧窗格的"文本选项",进行全面文本效果格式设置,如图 3-23 所示。

> 🔎 **经验分享**
>
> 　　由于形状的可塑性强,视觉效果千变万化,所以形状是非常重要的一个容器,通过把文字、图片等放入形状中,打破原有文字和图片只能以规则矩形布局的局限,实现了多样化内容呈现方式,图 3-24 展示了形状容器的 4 个应用实例。
>
>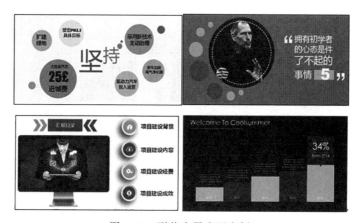
>
> 图 3-24　形状容器应用实例

3. 图片设计

图片是 PowerPoint 视觉效果最重要的表现手段,通过图片的修饰作用调整页面图版率,可以让枯燥的页面瞬间绽放光彩。使用方法如下:

（1）插入图片

方法 1:

① 单击"插入"选项卡"图像"组"图片"按钮,打开"插入图片"对话框。

② 选中要插入的图片(可多选),单击"插入"按钮,将图片插入到 PowerPoint 中。

方法 2:

① 单击"插入"选项卡"图像"组"联机图片"按钮,打开"插入图片"对话框。

② 通过必应图片搜索找到所需图片,单击"插入"按钮,将图片插入到 PowerPoint 中。

方法 3:

① 单击"插入"选项卡"图像"组"屏幕截图"下拉按钮,选择"屏幕剪辑"命令。

② 在当前窗口用鼠标拖选截图区域,松开鼠标左键自动插入截图图片。

方法 4：

① 在任意外部程序选择复制对象。

② 右击 PowerPoint 设计窗格空白处，在"粘贴选项"中选择"图片"，将任意外部对象以图片方式插入 PowerPoint。

（2）裁剪图片

① 选中图片，单击"图片工具"下"格式"选项卡"大小"组中"裁剪"下拉按钮。

② 在下拉菜单中选择"裁剪"命令，拖动裁剪控制点进行自由裁剪；或者选择"裁剪为形状"命令，选择某一形状将图片按形状进行裁剪；或者选择"纵横比"命令，按照固定比例进行裁剪，各种裁剪效果如图 3-25 所示。

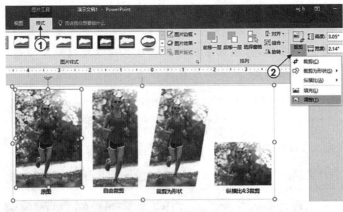

图 3-25　图片裁剪

（3）删除图片背景

① 选中图片，单击"图片工具"下"格式"选项卡"调整"组中"删除背景"按钮。

② 拖动要保留区域的控制点，或标记要保留的区域，或标记要删除的区域，调整要删除的背景区域。

③ 单击"保留更改"按钮，如图 3-26 所示。

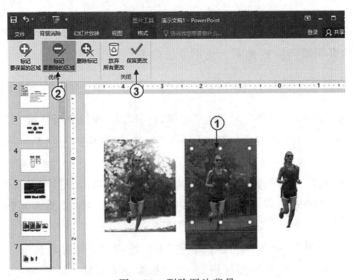

图 3-26　删除图片背景

（4）设置图片格式

① 选中图片，单击"图片工具"下"格式"选项卡"调整"组中"更正""颜色""艺术效果"按钮或"图片样式"组中"其他""图片边框""图片效果""图片版式"按钮。

② 鼠标移到所需样式上预览后单击或选择相应选项进一步设置。也可右击图片选择"设置图片格式"命令，在"设置图片格式"右侧窗格调整参数设置格式效果，如图 3-27 所示。

图 3-27　"设置图片格式"右侧窗格

🔍 **经验分享**

图片在 PowerPoint 中一般有三种用法，分别是内容图片、修饰图片和全图 PowerPoint。如果图片是作为内容出现，在设计时应与背景有明显边界；作为修饰出现则应与背景融合，没有边界；全图型 PowerPoint 则要注意图片和文字的结合。图 3-28 展示了图片 3 种设计方法。

图 3-28　各类图片设计方法

4. 图表设计

图表是 PowerPoint 展示数据的视觉化工作,通过展示数据间的关联,能让数字所承载的信息变得简洁直观,同时可视化数据呈现也更容易获得关注。使用方法如下:

(1) 插入图表

Office 套件中的图表是通用的,因此插入图表的一种方式是在 Excel 中制作图表后复制、粘贴到 PowerPoint 中,另一种方式是在 PowerPoint 中制作:

① 单击"插入"选项卡"插图"组中"图表"按钮,打开"插入图表"页面。

② 选择要插入的图表样式(Office 2016 新增了树状图、旭日图、直方图、箱形图、瀑布图、组合等 6 种新图表),单击"确定"按钮,如图 3-29 所示。

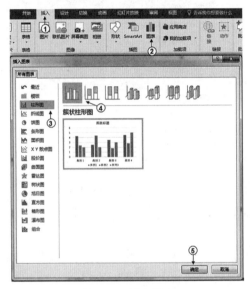

图 3-29　插入图表

③ 自动启动 Microsoft PowerPoint 中的图表(Excel 文件)。紫色线框区域修改数据系列,红色线框区域修改图例,蓝色线框区域更改数据,图表自动更新。

④ 数据修改完成后单击 Excel 窗口右上角"关闭"按钮。

(2) 图表简化

完整的图表一般由图表区、绘图区、图表标题、图例、数据标签、坐标轴、网格线和数据来源等部分组成,如图 3-30 所示。

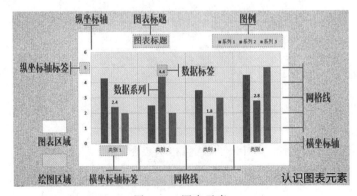

图 3-30　图表元素

利用"图表工具"下"设计"选项卡"添加图表元素"下拉按钮,可对上述图表元素设置是否显示或布局位置。也可以单击"图表工具"下"设计"选项卡"快速布局"下拉按钮,选择一种布局类型。如图 3-31 所示。

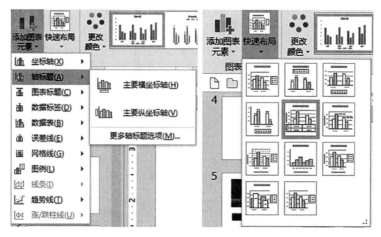

图 3-31　添加图表元素和快速布局

(3) 图表美化

① 选择图表需要美化的某一类或某一个元素,右键选择"设置＊＊格式"命令,如"设置数据系列格式""设置图例格式"等。

② 在"设置＊＊格式"右侧窗格进行相应设置。如图 3-32 所示。

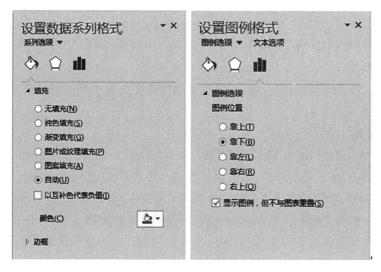

图 3-32　图表元素格式设置

🔍 经验分享

　　图表设计中数据系列的设计是最重要的一个环节。我们可以通过改变数据系列配色、形状和填充等来得到独具特色的图表。

（1）改变数据系列形状。插入一个形状，"Ctrl＋C"选择复制，再选中图表的数据系列按"Ctrl＋V"粘贴，即可改变数据系列的形状，如图 3-33 所示。

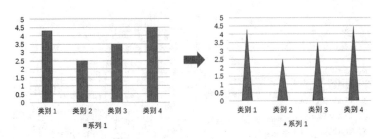

图 3-33　改变数据系列形状

（2）改变数据系列填充。选中图表数据系列，在"图表工具"下"格式"选项卡"形状填充"下拉按钮，选择"图片"命令，用图片填充数据系列，如图 3-34 所示。

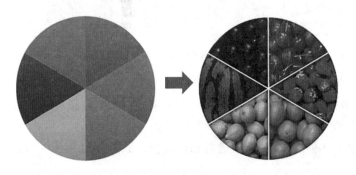

图 3-34　改变数据系列填充

5. 多媒体使用

在 PowerPoint 中合理运用音频、视频等多媒体元素有利于调动观众情绪和调节演说节奏。使用方法如下：

（1）音频使用

① 音频插入。单击"插入"选项卡"媒体"组中"音频"下拉按钮，选择"PC 上的音频"或"录制音频"，找到所需音频文件插入（建议使用 WAV 格式）或进行现场录制后插入。

② 剪裁音频。在"音频工具"下"播放"选项卡"编辑"组单击"剪裁音频"按钮，打开"剪裁音频"对话框，拖动左侧的音频起点绿色标记至音频所需起始位置，再拖动右侧的音频终点红色标记至音频所需结束位置，即剪去绿色标记前和红色标记后的部分音频，只播放两标记间的部分音频，也可用"开始时间""结束时间"微调框输入来剪裁音频，如图 3-35 所示。

③ 调整音量。在"音频工具"下"播放"选项卡"音频选项"组单击"音量"按钮，选择所需音量（低、中、高、静音）。

④ 播放方式。在"音频工具"下"播放"选项卡"音频选项"组中选择所需的播放方式。

⑤ 设置音频书签。单击音频图标下"播放"按钮播放音频，当播放到要加音频书签位置时，在"音频工具"下"播放"选项卡"书签"组中单击"添加书签"按钮添加音频书签，可实现快速定位和分段播放。

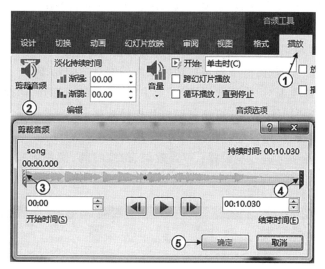

图 3-35　"剪裁音频"对话框

（2）视频使用

① 插入视频。单击"插入"选项卡"媒体"组中"视频"下拉按钮，选择"PC 上的视频"或"联机视频"命令，找到所需的视频插入。

② 设置视频画面效果格式。单击"视频工具"下"格式"选项卡"调整"组中"标牌框架"下拉按钮，可设置视频封面图片。选择"视频样式"组中"视频形状""视频边框"和"视频效果"按钮，在打开的下拉列表中可以设置视频样式。

③ 视频剪裁、视频音量、播放方式、视频书签等设置方法和音频设置相同。

> 🔍 **经验分享**
>
> 　　PowerPoint 新增了屏幕录制功能，并将录制好的视频插入到 PowerPoint 中。使用方法如下：
>
> 　　（1）单击"插入"选项卡"媒体"组中"屏幕录制"按钮，打开屏幕录制操作面板，如图 3-36 所示。
>
> 　　（2）点击"选择区域"按钮，用鼠标框选要录制的屏幕范围。点击"音频"按钮选择同时录制音频，点击"录制指针"按钮选择同时录制鼠标移动。设置完成点击"录制"按钮开始录制。
>
>
>
> 图 3-36　屏幕录制操作面板
>
> 　　（3）录制完成，按"win ＋ Shift ＋ Q"快捷键退出录制，自动将视频插入 PowerPoint 中。

3.1.3　PowerPoint 动画设计

通过 PowerPoint 提供的动画技术，可为幻灯片中的对象设置动画效果，也可为幻灯片切换设置动态效果,还可设置触发器、超链接,增加操作演示的趣味性和灵活性。

1. 页面切换动画

添加合适的幻灯片切换效果能更好地展示幻灯片中的内容。使用方法如下:

① 选中"幻灯片/大纲"窗格中要添加切换效果的幻灯片缩略图。

② 单击"切换"选项卡"切换到此幻灯片"组中"其他"按钮,打开"切换"效果下拉列表。

③ 单击选择一种"切换"效果,可预览幻灯片切换效果。

④ 单击"效果选项"按钮,设置所需的效果选项。

⑤ "计时"组中各项可进一步设置:声音效果、持续时间、换片方式、全部应用。如图 3-37 所示。

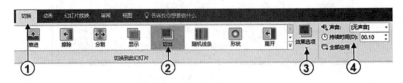

图 3-37　幻灯片"切换"效果

2. 元素动画设计

通过给页面元素添加动画,可大大提高演示文稿的表现力。使用方法如下:

(1) 创建动画

① 单击选中要添加动画的元素。

② 单击"动画"选项卡"动画"组中"其他"按钮或"高级动画"组中"添加动画"按钮,打开"动画"效果下拉列表,如图 3-38 所示。

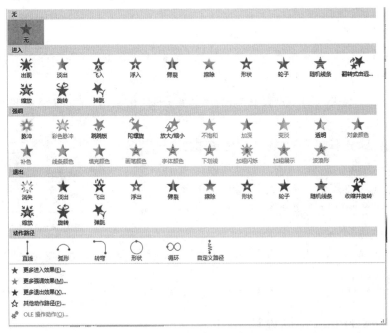

图 3-38　对象"动画"效果

③ 鼠标移到列出的常用效果上预览后单击"确定"选择动画,或选择"更多 XX 效果"命令,打开"更改 XX 效果"对话框,单击效果预览后单击"确定"选择动画。

④ 若选了"动作路径"类中的"自定义路径"动画,需画出路径:单击"动画"组中"效果选项"按钮,选择要画的路径类型;从起点拖动到终点画直线;从起点开始多次单击后拖动,最后双击画曲线;从起点开始拖动画自由曲线,最后双击确定。

⑤ 编辑路径。选中路径,单击"效果选项"按钮,选择"编辑顶点"命令,拖动顶点可修改路径。

（2）动画叠加和组合

① 叠加动画。完成一个动画以后,利用"动画"选项卡"高级动画"组中"添加动画"按钮重复为同一对象添加多种动画。

② 组合动画。选中多个对象,右击选择打开快捷菜单中"组合/组合"命令,组合后设置动画即可实现多个对象同时运动。

（3）设置动画效果

为幻灯片中的对象添加动画效果后,还可以进一步设置动画效果的进入方式、播放速度、声音等,使其能够完美地动态展示幻灯片内容。

① 查看动画列表。单击"动画"选项卡"高级动画"组中"动画窗格"按钮,打开"动画窗格"右侧窗格,显示动画列表,如图 3-39 所示。

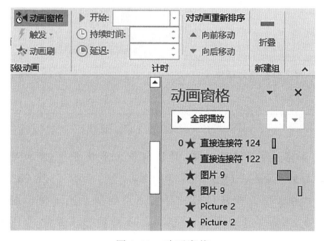

图 3-39　动画窗格

② 调整动画顺序。在"动画窗格"的列表中选择要调整动画顺序的动画项,然后单击"动画窗格"上部向上或向下按钮或单击"计时"组中"对动画重新排序"下的"向前移动"或"向后移动"按钮。

③ 设置动画效果和计时。右击"动画窗格"的列表,选择要设置动画效果的动画,在打开的快捷菜单中选择"效果选项"命令;打开效果和计时设置对话框,在"效果"选项卡设置效果选项,选择"计时"选项卡设置计时选项(开始方式、延时、速度、重复、触发器等),如图 3-40 所示。

（4）复制动画效果

① 选中已创建了动画的对象。

② 单击"动画"选项卡"高级动画"组中"动画刷"按钮,鼠标指针变为刷子形状。

③ 用刷子形状鼠标指针单击要添加相同动画的对象。

(5) 触发器动画

① 创建对象动画。

② 在"动画窗格"的动画列表中选择要用其他对象触发播放动画效果的动画项。

③ 单击"高级动画"栏中"触发"按钮,鼠标移到"单击"上,在打开的下拉列表框中选择要触发动画的对象,此时在"动画窗格"中出现了一个"触发器"选项。或单击动画项右侧下拉按钮,选择"计时"命令,打开设置"计时"的动画对话框,单击"触发器"按钮,选中"单击下列对象时启动效果",单击其右侧下拉按钮,选择触发对象后单击"确定"按钮,如图 3-41 所示。

图 3-40　效果和计时选项对话框

图 3-41　触发器动画

🔍 **经验分享**

PowerPoint 新增了变体切换功能,可以制作出形状变化、颜色变化、位置变化、文字变换等平滑动画效果,要求 Office 2016 版本一般为 16.0.6366.2036 及以上(但经笔者测试太高版本的也没有此功能),同时要求注册购买 Office 365,拥有权限。因此目前本功能限制较多,实际应用不理想,但其灵活多变的平滑效果是 PowerPoint 开发者所推崇的,相信未来一定会普及使用,有兴趣的读者可以自行安装实践。

3.1.4　PowerPoint 相关插件使用

PowerPoint 本身功能已经非常强大,但某些特殊功能可能没有办法实现或操作烦琐,我们可以下载安装一些 PowerPoint 的插件,更快捷地实现更多功能。

1. PowerPoint 美化大师

PowerPoint 美化大师是一款幻灯片软件美化插件,为用户提供了丰富的 PowerPoint 模板,具有一键美化的特色,每周还会有大量的模板更新,是办公人士必备的一款辅助工具。

（1）下载安装

① 打开 PowerPoint 美化大师官方网站（http：//meihua.docer.com/）即可免费下载。

② 安装时先关闭所有的 Office 文件，双击安装程序即可自动完成插件的导入和操作。

③ 安装完成后打开 PowerPoint 软件，会在菜单栏增加一个"美化大师"选项卡，右侧增加一个美化大师侧边图标栏，如图 3-42 所示。

图 3-42　美化大师操作界面

（2）使用要点

① 更换背景。单击"美化大师"选项卡"美化"组中"更换背景"按钮，打开"PowerPoint背景模板"对话框，点击选择其中一款模板，再点击"套用到当前文档"，即可更改当前PowerPoint 模板。如图 3-43 所示。

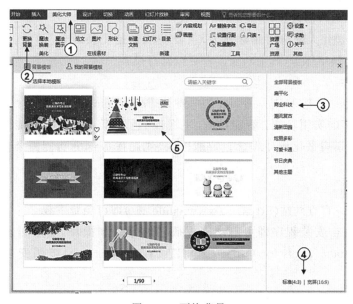

图 3-43　更换背景

② 插入幻灯片。单击"美化大师"选项卡"新建"组中"幻灯片"按钮,打开"幻灯片"对话框,右侧选择所需幻灯片类型,并可按照颜色、数量进行筛选,如图 3-44 所示。点击选择某一张幻灯片,选择右下角"插入(自动变色)"或"插入(保留原色)",即可在当前幻灯片后插入一张幻灯片,并可对幻灯片中的内容进行修改。

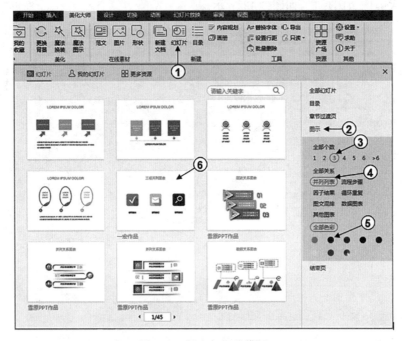

图 3-44　插入幻灯片模板

③ 插入形状。单击"美化大师"选项卡"在线素材"组中"形状"按钮,打开"形状"对话框,在右侧选择所需形状类型和子类型。点击选择某一形状,即可在当前幻灯片中插入一个形状,并可对形状进行修改。

PowerPoint 美化大师功能非常强大,主要功能包括更换背景、目录、幻灯片、范文、图片、形状、画册、替换字体等,其他功能读者可以自行摸索。

2. iSlide 插件

iSlide 插件是一款基于 PowerPoint 的一键化 PowerPoint 设计插件,是 Nordri Tools 的升级版,具有更多的实用功能:智能排版、主题库、色彩库、图示库、智能图表、图标库、动画、倒计时等,推崇扁平化设计理念。智能图表、主题库等部分功能需要注册会员收费后使用。

(1)下载安装

① 打开 iSlide 官方网站(https://www.islide.cc/)即可免费下载。

② 安装时双击安装程序即可自动完成插件的导入和操作,安装过程中有可能提醒先安装 Visual Studio Tools for Office 和.NET Framework 4.5,按照安装向导步骤执行即可。

③ 安装完成后打开 PowerPoint 软件,会在菜单栏增加一个"iSlide"选项卡,如图 3-45 所示。

图 3-45　iSlide 选项卡

（2）使用要点

① 设计主题。单击"iSlide"选项卡"资源"组中"主题库"按钮，打开"主题库"对话框，上方搜索关键字或分类等。将鼠标移到某一主题上，点击"16：9"按钮，自动生成一个演示文稿，依据幻灯片中提示信息进行设计，如图 3-46 所示。

图 3-46　iSlide 主题库

② 智能图表。单击"iSlide"选项卡"资源"组中"智能图表"按钮，打开"智能图表库"对话框，可在上方搜索关键字或分类等，单击某一图表自动在当前幻灯片插入一个图表。右击图表选择"编辑智能图表"命令，打开"编辑器"，即可按照需要对数据、颜色等进行调整，如图 3-47 所示。

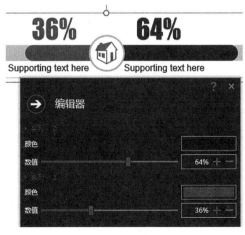

图 3-47　iSlide 智能图表编辑

③ 设计排版。选中四个形状,单击"iSlide"选项卡"设计"组中"设计排版"下拉按钮,选中"环形布局"命令,打开"环形布局"对话框,按照需要设置数量、偏移角度、布局半径、布局方向等信息,即可实现形状的环形排列,如图 3-48 所示。

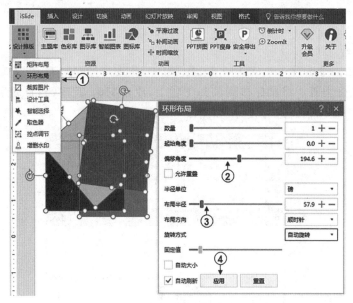

图 3-48　iSlide 环形布局

④ 倒计时。单击"iSlide"选项卡"工具"组中"倒计时"下拉按钮,选择"参数设置"命令,打开"参数设置"对话框,按照需要设置总时间、警告时间等信息,即可实现 PowerPoint 放映时右上角呈现一个倒计时。

iSlide 在图表编辑器和扁平化主题设计方面非常有特点,功能非常实用,读者可以在实践中充分运用。

3. 其他插件

PowerPoint 优秀的插件非常多,由于篇幅原因不再一一详细介绍,有兴趣的读者可以查阅插件提供商的官方网站进行详细了解。

(1) Mix 插件(http://www.officemix.org/)

Office Mix 是微软推出的一款 PowerPoint 插件,支持为 PowerPoint 插入视频、音频、屏幕截图、墨迹、旁白、投票等内容,还支持录制 PowerPoint 演示文稿、录制屏幕指定区域并导出为视频等,如图 3-49 所示。

图 3-49　Mix 插件选项卡

(2) OneKeyTools 插件(http://oktools.xyz/)

OneKeyTools 是一款免费开源的 PowerPoint 第三方平面设计辅助插件,功能涵盖了形状、调色、三维、图片处理、辅助功能等方面,特别是在图片处理方面,提供了正片叠底、滤色、柔光、反相,图片色相、图片马赛克、图片分割、形状吸附到路径、形状取图片像素、多页统一、特殊选中等功能,如图 3-50 所示。

图 3-50　Onekey 插件选项卡

（3）Pocket Animation 口袋动画插件（http：//www.papocket.com/）

动画必备插件,功能强大,主要致力于简化 PowerPoint 设计过程,一方面有丰富的相关动画的功能操作,另一方面动画库的设计,既可以容纳众功能、众库,也可以实现快速分享,一键式功能、一键式入库以及一键式分享,如图 3-51 所示。

图 3-51　PA 插件选项卡

3.2　项目 1：文字型 PowerPoint——创业项目路演 PPT 的设计与制作

3.2.1　项目描述

创业计划是创业者叩响投资者大门的"敲门砖",是创业者计划创立业务的书面摘要,一份优秀的创业计划路演 PPT 往往会使创业者达到事半功倍的效果。本案例节选了创业计划路演 PPT 的部分内容,包括封面、前言、目录、过渡页、内容页、封底等页面。

整个 PPT 以文字描述为主,大量采用了文段条列化和文字图形化做法,把文字和形状相结合,克服了文字排版单一、呈现单调等问题。

项目描述

3.2.2　知识要点

（1）主题选用和变体设置。
（2）母版设置。
（3）文字格式设置。
（4）形状绘制与格式设置。
（5）SmartArt 选用与格式设置。

3.2.3　制作步骤

1. 主题和母版设置

选用内置主题,并通过幻灯片母版进行修改,以蓝色为主题色体现科技感,以极简风格突显公司的专注。设计与制作步骤扫如下：

主体和母版设置

① 启动 PowerPoint 2016,选择创建"空白演示文稿"。

② 单击"设计"选项卡"主题"组中"其他"按钮,在打开的下拉列表中单击选择"回顾"主题。

③ 单击"设计"选项卡"变体"组中"其他"按钮,在打开的下拉列表中单击选择蓝色变体(第二排第一个)。实现效果如图 3-52 所示。

图 3-52　主题及变体设置

④ 单击"视图"选项卡"母版视图"组中"幻灯片母版"按钮,切换到幻灯片母版视图,并在左侧列表中选择"标题幻灯片"(第 2 张),删除所有占位符。选中线条,单击"绘图工具"下"格式"选项卡"形状样式"组中"形状轮廓"下拉按钮,设置颜色为"青绿,个性色 1,深色 25%",设置粗细为"2.25 磅"。

⑤ 在左侧列表中选择"幻灯片母版"(第 1 张),删除所有占位符。单击"插入"选项卡"插图"组中"形状"下拉按钮,选择流程图类中的"延期"形状进行绘制。

⑥ 单击"绘图工具"下"格式"选项卡"形状样式"组中"形状填充"下拉按钮,设置颜色为"青绿,个性色 1,深色 25%",并在"形状轮廓"下拉按钮中设置"无轮廓",以及"排列"组中"旋转"下拉按钮选择"向右旋转 90°",最后调整形状的大小和位置,如图 3-53 所示。

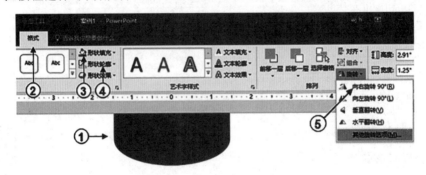

图 3-53　幻灯片母版设置

⑦ 单击"幻灯片母版"选项卡最右侧的"关闭母版视图"按钮,退出母版设置。

2. 封面设计与制作

封面是 PowerPoint 的第一印象,采用文本型封面,注重文字的布局、字体、字号、颜色的区别,实现效果如图 3-54 所示。

封面设计与制作

图 3-54　封面设计效果

设计与制作步骤如下:

① 单击"插入"选项卡"文本"组中"文本框"下拉按钮,选择"横排文本框"命令,在幻灯片编辑区按住鼠标左键拖动绘制文本框,并在文本框中输入文字"VRP"。

② 以同样的方法绘制另外 3 个文本框,分别输入文字内容。实现效果如图 3-55 所示。

图 3-55　输入文本内容

③ 选中左上侧文本框,单击"开始"选项卡"字体"组中相关命令,设置字体为"Impact",字号为"166",加粗。单击"绘图工具"下"格式"选项卡"艺术字样式"组中"文本填充"下拉按钮,选择"图片"命令,在"插入图片"对话框中单击"来自文件"命令,选择素材"建筑.jpg",用图片来填充文字,如图 3-56 所示。

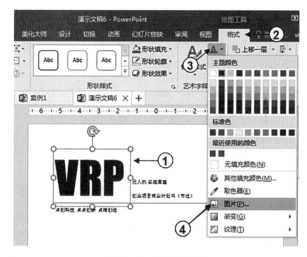

图 3-56　文本填充

④ 选中右上侧文本框,单击"开始"选项卡"字体"组中相关命令,设置字体为"微软雅黑",字号为"44",加粗,颜色为"黑色",单击"段落"组"分散对齐"命令。

⑤ 同样的设置方式,右下侧文本框字体设置为"微软雅黑",字号为"40",颜色为"黑色,淡色25％",段落为"分散对齐"。横向下方文本框字体设置为"幼圆",字号为"40",颜色为"青绿,个性色1,深色25％",段落为"分散对齐"。

3. 前言页设计与制作

前言页有大篇幅文字,采用文字与形状混排的方式来呈现,实现效果如图3-57所示。

前言页设计与制作

图 3-57　前言页设计效果

设计与制作步骤如下:

① 单击"开始"选项卡"幻灯片"组中"新建幻灯片"下拉按钮,选择"仅标题"版式命令,并删除占位符,如图3-58所示。

图 3-58　新建幻灯片

②　单击"插入"选项卡"文本"组中"文本框"下拉按钮,选择"横排文本框"命令,在幻灯片编辑区按住鼠标左键拖动绘制文本框,并在文本框中输入文字"前言"。单击"开始"选项卡"字体"组中相关命令,设置字体为"微软雅黑",字号为"36",加粗,颜色为"白色"。

③　单击"插入"选项卡"插图"组中"形状"下拉按钮,选择矩形类中的"矩形"形状进行绘制。

④　选中绘制的矩形,单击"绘图工具"下"格式"选项卡"形状样式"组中"形状填充"下拉按钮,设置颜色为"白色,深色 5％",并在"形状轮廓"下拉按钮中设置"无轮廓",最后调整形状的大小和位置。如图 3-59 所示。

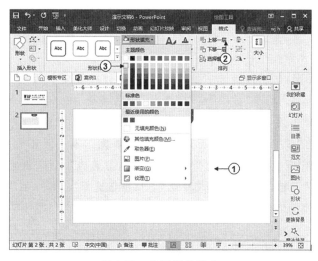

图 3-59　设置形状样式

⑤　单击"插入"选项卡"文本"组中"文本框"下拉按钮,选择"横排文本框"命令,在矩形形状上方按住鼠标左键拖动绘制文本框,并在文本框中输入文字。单击"开始"选项卡"字体"组中相关命令,设置字体为"微软雅黑",字号为"16",颜色为"黑色"。单击"段落"组右下角对话框启动器,弹出"段落"对话框,设置首行缩进为"0.5″",行距为"1.5 倍行距",段后间距为"12 磅"。

⑥　单独选中"倾斜摄影自动化建模技术"文字段,单击"开始"选项卡"字体"组中相关命令,设置字体为"微软雅黑",字号为"24",加粗。

⑦　单击"插入"选项卡"图像"组中"图片"按钮,选择本机中的"点创科技.jpg"。

⑧　单击"插入"选项卡"文本"组中"文本框"下拉按钮,选择"横排文本框"命令,按住鼠标左键拖动绘制文本框,并在文本框中输入文字"倾斜摄影数据管理专家"。单击"开始"选项卡"字体"组中相关命令,设置字体为"微软雅黑",字号为"20",颜色为"深红"。单击"段落"组"分散对齐"命令。

4. 目录页设计与制作

目录页有明显的内容高度概括、文字条列化的特点,采用形状引导增强页面生动性的方式来呈现,实现效果如图 3-60 所示。

目录页设计与制作

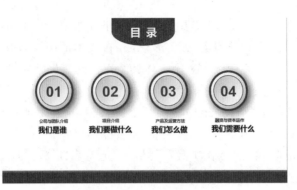

图 3-60　目录页设计效果

经验分享

设计与制作步骤如下：

① 同前言页操作方式，新增一张幻灯片，并设计标题文字"目录"。

② 单击"插入"选项卡"插图"组中"形状"下拉按钮，选择基本形状类中的"椭圆"形状，按住"Shift"键绘制一个圆形。右击选择"设置形状格式"命令，在"设置形状格式"右侧窗格单击"填充与线条"图标，选择"渐变填充"，渐变光圈开始设置为"白色"，结束设置为"白色，深色25%"。选择"实线线条"，颜色为"青绿，深色25%"，宽度为"6磅"。单击"效果"图标，在阴影效果"预设"下拉按钮选择"外部—右下斜偏移"命令，模糊为"30磅"，距离为"10磅"。如图 3-61 所示。

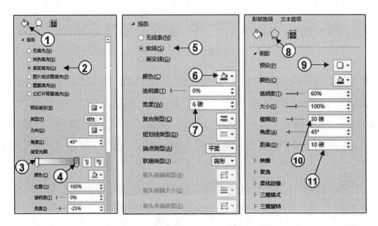

图 3-61　外圈圆形设置

③ 复制第 2 步完成的圆形，调整形状格式，渐变填充角度为"225°"，线条宽度为"2磅"，阴影预设为"无阴影"，大小缩放高度和宽度都设置为"78%"。右击选择"添加文字"，输入文字"01"，设置文字字体为"Arial"，字号为"48"，颜色为"黑色，淡色50%"。

④ 将两个圆形叠放在一起，选中小圆，右击选择"置于顶层"命令。选中两个圆形，右击选择"组合"命令组中的"组合"。

⑤ 复制组合形状 3 次，分别修改形状中的文字。将 4 个组合形状拖动到大致位置，

选中全部形状,单击"绘图工具"下"格式"选项卡"排列"组中"对齐"下拉按钮,选择"顶端对齐""横向分布"等对齐方式,如图 3-62 所示。

⑥ 同前言页文字设置一样,设置文字。上排文字为"微软雅黑,14 号,黑色",下排文字为"微软雅黑,24 号,黑色,加粗"。

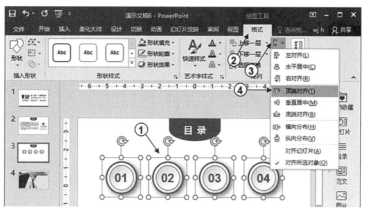

图 3-62　形状对齐

5. 过渡页设计与制作

过渡页是一种间歇和衔接页面,一般不传达具体信息,采用大图引导增强视觉冲击力的方式来呈现,实现效果如图 3-63 所示。

过渡页设计与制作

图 3-63　过渡页设计效果

设计与制作步骤如下:

① 同前操作方式,新增一张幻灯片。

② 右击选择"设置背景格式",在"设置背景格式"右侧窗格单击"填充与线条"图标,选择"图片或纹理填充",点击"图片"按钮,从本机选择素材"建筑.jpg"作为背景图片,并勾选"隐藏背景图形",如图 3-64 所示。

③ 单击"插入"选项卡"插图"组中"形状"下拉按钮,选择基本形状类中的"六边形"形状,绘制一个六边形,同样方式绘制一个矩形,并将矩形移到六边形右侧,覆盖六边形右侧两

图 3-64　设置背景格式

条边。

④ 先选中六边形,再同时选择矩形,单击"绘图工具"下"格式"选项卡"插入形状"组中"合并形状"下拉按钮,选择"剪除"命令,得到一个自定义图形,如图 3-65 所示。

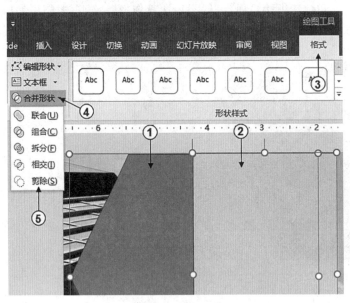

图 3-65　合并形状

⑤ 右击选择"设置形状格式",在"设置形状格式"右侧窗格单击"填充与线条"图标,选择"纯色填充",颜色为"白色,深色 5％",透明度为"5％"。线条填充颜色为"青绿,深色 25％",透明度为"50％",宽度为"10 磅"。

⑥ 分别插入两个文本框并输入文字内容,上方文字设置为"Agency FB,80,青绿深色 25％",下方文字设置为"微软雅黑,40,青绿深色 25％"。

6. 内容页设计与制作

内容页是 PowerPoint 传达的核心信息，应体现逻辑、凸显重点，采用将文字转换成图形的方式来呈现，实现效果如图 3-66，图 3-67 所示。

图 3-66　第一张内容页设计效果

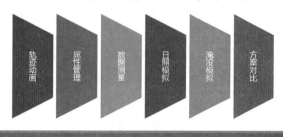

图 3-67　第二张内容页设计效果

第一张内容页设计与制作步骤如下：

① 同前操作方式，新增一张幻灯片。并设计标题文字"项目介绍"。

② 单击"插入"选项卡"插图"组中"形状"下拉按钮，选择基本形状类中的"椭圆"形状，按住"Shift"键绘制一个圆形。右击选择"设置形状格式"，在"设置形状格式"右侧窗格单击"填充与线条"图标，选择"图片或纹理填充"，点击"图片"按钮，从本机选择素材"建筑 2.jpg"作为形状填充。线条填充颜色为"青绿，深色 25％"，宽度为"2.25 磅"，短划线类型为"方点"。

内容页设计
与制作 1

③ 同上方法插入直线形状，设置线条填充颜色为"青绿，深色 25％"，宽度为"3 磅"，短划线类型为"圆点"。并选择直线一端的圆点，拖动调整方向和大小。

④ 同上方法插入矩形形状，设置"渐变填充"，渐变光圈开始设置为"白色"，结束设置为"白色，深色 15％"，角度为"180°"。线条选择"渐变线"，渐变光圈开始设置为"白色"，结束设置为"白色，深色 15％"，宽度为"1.25 磅"。右击选择"添加文字"，输入文字内容，设置文字

字体为"微软雅黑",字号为"28",颜色为"黑色"。

⑤ 复制矩形形状并修改文字内容。

第二张内容页设计与制作步骤如下:

① 同前操作方式,新增一张幻灯片。并设计标题文字"项目介绍"。

② 单击"插入"选项卡"插图"组中"SmartArt"按钮,打开"选择 SmartArt 图形"页面,左侧列表选择"列表",右侧选择"梯形列表"(第 7 行第 3 列),点击"确定"按钮,插入一个 SmartArt 图形。如图 3-68 所示。

③ 在 SmartArt 图形左侧"文本"窗格,依次定位到二级文本,按"Delete"键删除。并在一级文本中依次输入文本内容。

内容页设计
与制作 2

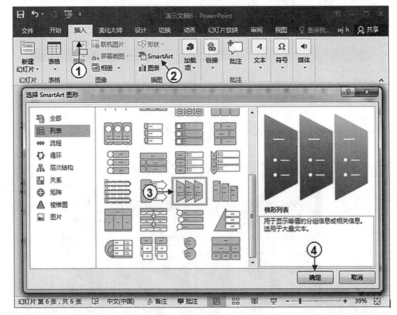

图 3-68　插入 SmartArt 图形

④ 选中所有的文本,设置文字字体为"微软雅黑,20,白色"。

⑤ 选中所有的文本,单击"开始"选项卡"段落"组中"文字方向"下拉按钮,选择"竖排"命令,如图 3-69 所示。

⑥ 单击"SmartArt 工具"下"设计"选项卡"SmartArt 样式"组中"更改颜色"下拉按钮,选择个性色 1 类里的"渐变循环",在右侧的 SmartArt 样式中选择文档最佳匹配对象中的"中等效果"。

⑦ 选中"日照模拟"所在形状,单击"SmartArt 工具"下"格式"选项卡"形状样式"组中"形状填充"下拉按钮,颜色选择"深红"。

7. 结束页设计与制作

结束页的作用是表现最终的感谢和强调,应简洁干脆又意犹未尽,采用以表格形式进行图片、图形规则排列的方式来呈现,实现效果如图 3-70 所示。

结束页设计与制作

设计与制作步骤如下:

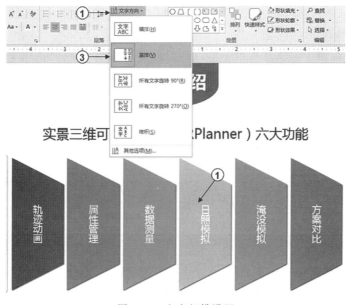

图 3-69　文字竖排设置

图 3-70　结束页设计效果

① 同前操作方式,新增一张幻灯片。

② 单击"插入"选项卡"表格"组中"表格"下拉按钮,拖选插入一个 2 行 3 列的表格。拖动表格设置合适的位置和大小。

③ 选中表格,单击"表格工具"下"设计"选项卡"绘制边框"组中"笔画粗细"下拉按钮,选择"6.0 磅",笔颜色为"白色"。再在"表格样式"组中"边框"下拉按钮选择"所有框线"命令,如图 3-71 所示。

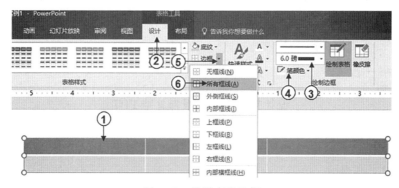

图 3-71　设置表格边框

④ 选中表格,单击"表格工具"下"设计"选项卡"表格样式"组中"底纹"下拉按钮,颜色设置为"青绿,个性色1,深色25%"。

⑤ 鼠标定位到第1行第2列单元格,单击"表格工具"下"设计"选项卡"表格样式"组中"底纹"下拉按钮,选择"图片"命令,从本机选择素材"城市1.jpg"作为单元格背景图片。

⑥ 同样操作将第2行第1列和第2行第3列的单元格背景分别设置为"城市2.jpg"和"城市3.jpg"。

⑦ 鼠标定位到第1行第1列单元格,输入文字"点点创新",设置文字为"微软雅黑,40,白色"。

⑧ 选中文字,单击"表格工具"下"布局"选项卡"对齐方式"组中"居中"和"垂直居中"按钮,另外两段文字同样方法设置,如图3-72所示。

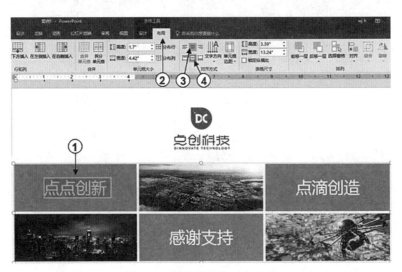

图 3-72   设置单元格对齐方式

3.2.4   项目小结

文字内容是 PowerPoint 必不可少的信息传达载体,但 PowerPoint 绝不是文字的简单堆砌,而是对文字极致的精简、提炼、整理、归纳和逻辑化后,采用文字条列化、图形化等方式,利用文字放进形状、把图片放进文字等方法,实现信息的视觉化表达。

本项目完成了一个创业计划文本型路演 PPT 案例,没有过多的图片,大量使用形状作为容器来进行排版布局,简洁却不简单。只要你领会制作方法,融会贯通,举一反三,就能制作出新颖、直观、生动的文本型 PPT。

3.2.5   举一反三

设计并制作一个报告总结 PPT

选择策划方案汇报、班级创优汇报、学习总结、活动总结、协会总结等主题,设计并制作一个报告总结 PPT,要求以文字为主,包括封面、目录、内容页、结束页等,灵活运用文字条列化、图形化等设计理念。

3.3　项目 2：图片型 PowerPoint——城市宣传 PPT 的设计与制作

3.3.1　项目描述

一份真实新颖的城市宣传 PPT 能够吸引观众的注意,进而产生到此一游的愿望。本案例节选了城市宣传 PPT 的部分内容,包括城市风光、环境、特产、人物等介绍。

整个演示文稿以全图型 PPT 设计为主,包含了大量高质量大图,采用以图说话、图文结合、图形结合等方式,并加入音频、视频等多媒体元素,给人以强烈的视觉冲击力。

3.3.2　知识要点

(1) 字体设计与格式设置。
(2) 图片设计与格式设置。
(3) 形状绘制与格式设置。
(4) 图表绘制与格式设置。
(5) 音、视频插入与格式设置。
(6) 演示文稿保存。

项目描述

3.3.3　制作步骤

1. 前期准备

项目的前期准备扫右侧二维码观看。其中字体下载和背景设置步骤如下:

(1) 字体下载

本项目选用"叶根友疾风草书"作为默认字体,本字体电脑一般都没有安装,所以首先要下载字体进行安装。步骤如下:

① 浏览器打开求字体网(http：//www.qiuziti.com/),搜索"叶根友疾风草书",下载字体压缩包。

② 解压后将"＊.ttf"复制,找到系统字体安装目录(一般为 C：\Windows\Fonts),右键粘贴进行安装。安装成功后即可在 PowerPoint 中使用该字体,如图 3-73 所示。

前期准备

图 3-73　使用下载字体

（2）背景设置

本项目以大图片作为页面主元素,因此 PPT 背景选用单色调。设计与制作步骤如下:

① 启动 PowerPoint 2016,选择创建"空白演示文稿"。

② 在幻灯片编辑区空白处右击选择"设置背景格式"。

③ 在"设置背景格式"右侧窗格单击"填充"图标,选择"纯色填充",颜色选择"灰色—25%,深色 75%",点击"全部应用",如图 3-74 所示。

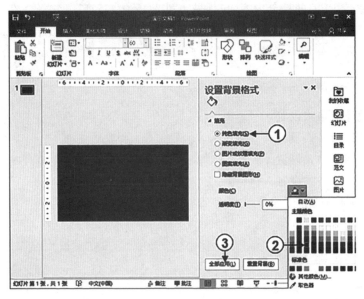

图 3-74　设置背景颜色

2. 封面页设计与制作

封面页选用城市最具标志性的夜景,以大图直接配字的方式呈现,并添加相应背景音乐,营造一种大气静怡的氛围,实现效果如图 3-75 所示。

封面页设计与制作

图 3-75　封面页设计效果

设计与制作步骤如下:

① 单击"插入"选项卡"图像"组中"图片"按钮,选择本机中的素材"风景 1.jpg"。

② 选中图片,单击"图片工具"下"格式"选项卡"大小"组中"裁剪"下拉按钮,在"纵横比"命令组中选择"16∶9"命令,对图片进行裁剪,并拖动图片铺满整个页面。

③ 单击"插入"选项卡"文本"组中"文本框"下拉按钮,选择"竖排文本框"命令,在编辑区拖动鼠标制作一个文本框,并输入文字"爱上一座城市"。同时设置文字为"叶根友疾风草书,36 号,白色,两端对齐"。

④ 复制并粘贴生成一个新的文本框,修改文字为"我的名字叫丽水"。并将两个文本框拖放到合适的位置。

⑤ 单击"插入"选项卡"插图"组中"形状"下拉按钮,选择线条类里的"直线"命令,在编辑区画一条直线。单击"绘图工具"下"格式"选项卡"形状样式"组中"形状轮廓"下拉按钮,选择颜色为"灰色-25%,深色 75%"。

⑥ 单击"插入"选项卡"媒体"组中"音频"下拉按钮,选择"PC 上的音频"命令,找到本机中的"我的名字叫丽水.mp3"音频文件插入。

⑦ 选中音频文件,单击"音频工具"下"播放"选项卡"音频选项"组中"开始"下拉按钮,选择"自动"命令,并勾选"跨幻灯片播放",如图 3-76 所示。

图 3-76　音频播放设置

⑧ 选中音频文件,单击"音频工具"下"格式"选项卡"调整"组中"更改图片"按钮,打开"插入图片"对话框,在必应图像搜索框中输入"心形"关键字进行搜索,在合适的图片上勾选,并点击"插入"按钮,将音频文件的图标改成一个心形图片,如图 3-77 所示。

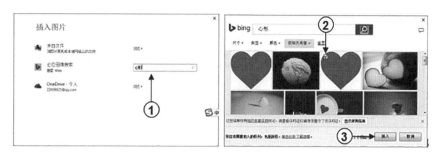

图 3-77　修改音频显示图标

注:"更改图片"命令在某些版本中默认没有显示在功能区中,需要在选项中进行自定义设置,详细操作请参照随书视频。

3. 理念页设计与制作

理念页选用城市山水风景照片,以图片与背景融合,留白空间搭配文字的方式呈现,并进行文字图形化处理,营造一种宁静秀美的氛围,实现效果如

理念页设计与制作

图 3-78所示。

图 3-78　理念页设计效果

设计与制作步骤如下：

① 单击"开始"选项卡"幻灯片"组中"新建幻灯片"下拉按钮，选择"空白"版式命令。

② 右击选择"设置背景格式"，在"设置背景格式"右侧窗格单击"填充与线条"图标，选择"纯色填充"，颜色选择"白色"。

③ 单击"插入"选项卡"图像"组中"图片"按钮，选择本机中的素材"风景 2.jpg"。单击"绘图工具"下"格式"选项卡"调整"组中"颜色"下拉按钮，选择色调类"色调 200％"命令，如图 3-79所示。拖动图片至整个页面（由于图片比例和页面比例不同，页面上方有部分空余）。

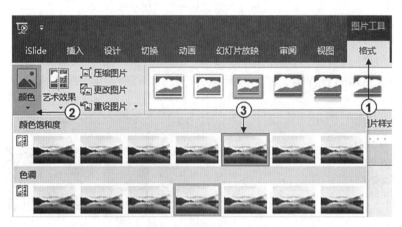

图 3-79　调整图片色调

④ 单击"插入"选项卡"插图"组中"形状"下拉按钮，选择"矩形"命令绘制一个矩形，并将矩形上方和图片上方重合。

⑤ 选中形状，右击选择"设置形状格式"，在"设置形状格式"右侧窗格单击"填充与线条"图标，线条选择"无线条"，填充选择"渐变填充"，渐变光圈开始设置为"白色"，结束光圈同样设置为"白色"，透明度设置为"100％"，即可将图片与背景融合，如图 3-80所示。

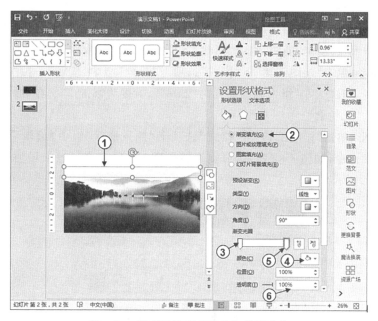

图 3-80　渐变形状实现图片与背景融合

⑥ 单击"插入"选项卡"插图"组中"形状"下拉按钮,选择"矩形"命令绘制一个矩形。选中形状,右击选择"设置形状格式",在"设置形状格式"右侧窗格单击"填充与线条"图标,选择填充颜色为"绿色",单击"大小和属性"图标,在"大小"选项卡中设置旋转为"8°"。并右击选择"添加文字"命令,输入文字"爱",同时设置文字为"叶根友疾风草书,44 号,白色"。

⑦ 将矩形形状再复制 7 个,分别修改形状中的文字并依次排列,并将第 2、4、6、8 个矩形填充颜色修改为"玫瑰红"。同时将 2～8 个矩形旋转分别设置为 329°、15°、328°、8°、328°、15°、328°。

4. 风光页设计与制作

风光页选用城市著名景点照片,以折页宣传页的方式呈现,并进行图片形状化处理,营造一种诗情画意的氛围,实现效果如图 3-81 所示。

风光页设计与制作

图 3-81　风光页设计效果

设计与制作步骤如下:

① 单击"开始"选项卡"幻灯片"组中"新建幻灯片"下拉按钮,选择"空白"版式命令。

② 单击"插入"选项卡"插图"组中"形状"下拉按钮,选择"梯形"命令绘制一个梯形。

③ 选中梯形,单击"绘图工具"下"格式"选项卡"排列"组中"旋转"下拉按钮,选择"向左旋转 90 度"命令。在"大小"组中调整高度为"2.93″",宽度为"6.53″"。在"形状样式"组中设置"形状轮廓"为"无轮廓"。

④ 选中梯形,单击"绘图工具"下"格式"选项卡"插入形状"组中"编辑形状"下拉按钮,选择"编辑顶点"命令,如图 3-82 所示,分别拖动梯形短边的两个顶点来增加短边长度(如图 3-82 中右边梯形所示)。

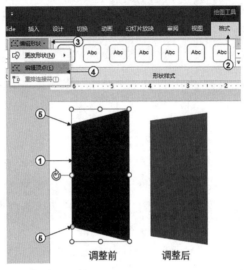

图 3-82　梯形编辑顶点

⑤ 复制两个梯形,单击"绘图工具"下"格式"选项卡"排列"组中"旋转"下拉按钮,选择"水平翻转"命令。再复制一个梯形,并将四个梯形如图 3-81 所示依次排列。

⑥ 再次复制两个梯形,单击"绘图工具"下"格式"选项卡"排列"组中"旋转"下拉按钮,选择"水平翻转"命令。右击选择"设置形状格式",在"设置形状格式"右侧窗格单击"填充与线条"图标,填充颜色选择"黑色",透明度设置为"80%"(放在编辑区外待用)。

⑦ 选中第⑥步中的 4 个梯形,单击"绘图工具"下"格式"选项卡"插入形状"组中"合并形状"下拉按钮,选择"联合"命令。

⑧ 选中联合后的形状,右击选择"设置图片格式",在"设置图片格式"右侧窗格单击"填充与线条"图标,选择"图片或纹理填充",点击"文件"按钮,从本机选择素材"风景 3.jpg"作为填充图片,不勾选"与形状一起旋转"。点击上方的"效果",在阴影效果"预设"下拉按钮选择透视类的"左上对角线透视"命令,颜色选择"白色",如图 3-83 所示。

⑨ 将第 6 步完成的两个梯形分别拖到第 2 个和第 4 个梯形上方,呈现一个折页的效果。

⑩ 单击"插入"选项卡"文本"组中"文本框"下拉按钮,选择"横排文本框"命令,在编辑区拖动鼠标制作一个文本框,并输入文字"爱上那如画般风景"。同时设置文字为"叶根友疾风草书,40 号,绿色,两端对齐"。

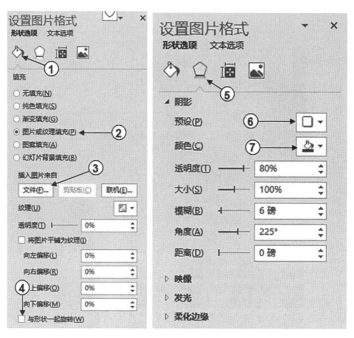

图 3-83　图片格式设置

5. 环境页设计与制作

　　环境页突出城市优良的空气质量，以图表的方式呈现，并进行背景图片的精细处理，直观生动地说明了城市环境优美的特点，实现效果如图 3-84 所示。

环境页设计与制作

图 3-84　环境页设计效果

　　设计与制作步骤如下：

　　① 单击"开始"选项卡"幻灯片"组中"新建幻灯片"下拉按钮，选择"空白"版式命令。

　　② 单击"插入"选项卡"图像"组中"图片"按钮，选择本机中的"风景 4.jpg"。拖动图片铺满整个页面。

　　③ 按住"Ctrl"键拖动图片，将图片复制一份。

　　④ 选中原来的图片，右击选择"设置图片格式"命令，在"设置图片格式"右侧窗格单击"效果"图标，选择"艺术效果"选项卡，在"艺术效果"下拉按钮中选择"虚化"命令，半径设置为"6"，如图 3-85 所示。

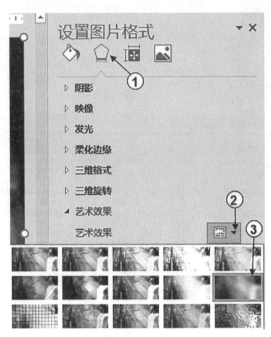

图 3-85　图片艺术效果设置

⑤ 选中第③步复制出来的图片,单击"图片工具"下"格式"选项卡"调整"组中"删除背景"按钮,拖动中间的矩形框只框选图片中的人物。单击"背景消除"选项卡"优化"组中"标记要删除的区域"按钮,在图片人物头发附近点击或拖选未删除的背景部分。最后单击"背景消除"选项卡"关闭"组中"保留更改"按钮,如图 3-86 所示。

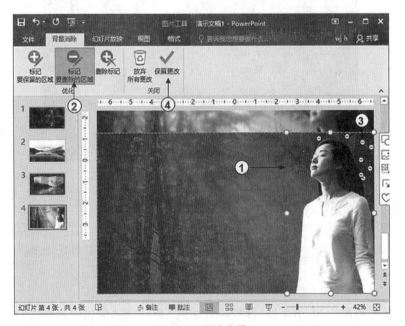

图 3-86　删除背景

⑥ 将处理好的图片重叠到虚化图片上,即可实现背景局部虚化(人物还是清晰的),设计效果如图 3-84 所示。

⑦ 单击"插入"选项卡"插图"组中"图表"按钮,在"插入图表"对话框中选择"旭日图",点击"确定"。

⑧ 在"PowerPoint 中的图表"Excel 表格中,选中 B 列和 C 列,右击选择"删除"。然后输入如图 3-87 所示的相关数据。

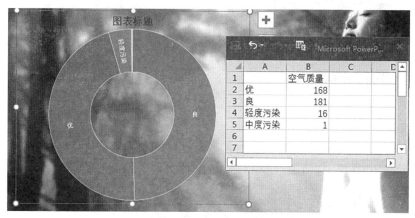

图 3-87　输入图表数据

⑨ 单击"图表工具"下"设计"选项卡"图表布局"组中"快速布局"按钮,选择"布局 5"。

⑩ 点击"轻度污染"数据标签,再次点击只选择单个数据标签,按"Delete"键删除。

⑪ 点击"优"数据标签,单击"开始"选项卡"字体"组中"字体"下拉按钮和"字号"下拉按钮,设置为"叶根友疾风草书,40 号"。

⑫ 点击"优"数据系列,再次点击只选择单个数据点,右击选择"设置数据点格式"命令,在"设置数据点格式"右侧窗格单击"填充与线条"图标,选择"填充"选项卡,点击"纯色填充",颜色选择为"绿色",透明度为"37%",如图 3-88 所示。

图 3-88　数据点格式设置

同样方式设置"良"数据点填充颜色为"绿色,深色 25%",透明度为"37%";"轻度污染"数据点填充颜色为"橙色",透明度为"37%";"中度污染"数据点填充颜色为"红色",透明度为"37%"。

⑬ 单击"插入"选项卡"文本"组中"文本框"下拉按钮,选择"竖排文本框"命令,在编辑区拖动鼠标制作一个文本框,并输入文字"爱上那最清新的空气"。同时设置文字为"叶根友疾风草书,40 号,白色,两端对齐"。

6. 特产页设计与制作

特产页选用风格一致的特产照片,以不规则图片列表的方式呈现,并利用半透明背景融合图文,实现效果如图 3-89 所示。

特产页设计与制作

203

图 3-89　特产页设计效果

设计与制作步骤如下：

① 单击"开始"选项卡"幻灯片"组中"新建幻灯片"下拉按钮，选择"空白"版式命令。

② 单击"插入"选项卡"插图"组中"形状"下拉按钮，选择流程图类中的"手动输入"形状，绘制一个形状，如图 3-90 所示。

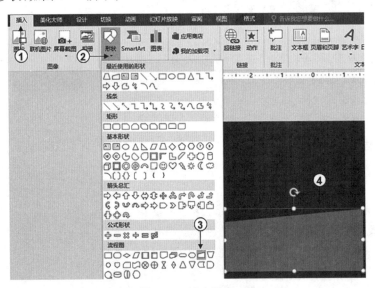

图 3-90　插入形状

③ 选中形状，单击"绘图工具"下"格式"选项卡"排列"组中"旋转"下拉按钮，选择"向右旋转 90 度"命令；在"大小"组中调整高度为"5″"，宽度为"7.5″"；在"形状样式"组中设置"形状轮廓"为"无轮廓"；将形状移到最左侧，如图 3-91 所示。

④ 复制形状，单击"绘图工具"下"格式"选项卡"排列"组中"旋转"下拉按钮，选择"水平翻转"命令，再选择"垂直翻转"命令。将形状移到最右侧。

⑤ 单击"插入"选项卡"插图"组中"形状"下拉按钮，选择流程图类中的"数据"形状，绘制一个形状。单击"绘图工具"下"格式"选项卡"排列"组中"旋转"下拉按钮，选择"水平翻转"命令。将形状移到中间。

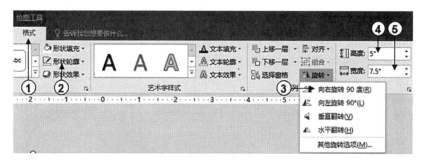

图 3-91　形状格式设置

⑥ 选中左侧形状,右击选择"设置形状格式",在"设置形状格式"右侧窗格单击"填充与线条"图标,选择"填充"选项卡,点击"图片或纹理填充",点击"文件"从本机选择素材"特产1.jpg"作为填充图片,不勾选"与形状一起旋转"。以同样方式分别填充另外两个形状。

⑦ 单击"插入"选项卡"插图"组中"形状"下拉按钮,选择矩形类中的"矩形"形状,绘制一个形状。选中形状,右击选择"设置形状格式",在"设置形状格式"右侧窗格单击"填充与线条"图标,选择"填充"选项卡,点击"纯色填充",颜色设置为"灰色 25％,深色 75％",透明度为"30％"。

⑧ 选中矩形,右击选择"添加文字"命令,并输入文字"爱上那最厚重的文化积淀",设置文字为"叶根友疾风草书,40 号,白色,居中对齐"。

⑨ 单击"插入"选项卡"插图"组中"形状"下拉按钮,选择基本形状类中的"圆形"形状,按住"Shift"键绘制一个形状。选中形状,右击选择"设置形状格式",在"设置形状格式"右侧窗格单击"填充与线条"图标,选择"填充"选项卡,点击"纯色填充",颜色设置为"绿色"。选择"线条"选项卡,点击"实线",颜色设置为"白色",宽度为"7.25 磅",复合类型选择"由细到粗",连接类型选择"圆形",线条格式设置如图 3-92 所示。

⑩ 选中矩形,右击选择"添加文字"命令,并输入文字"丽水三宝",设置文字为"叶根友疾风草书,32 号,白色,文字阴影"。

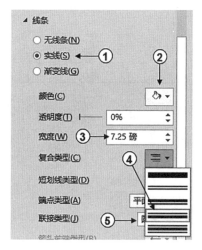

图 3-92　形状线条格式设置

7. 美食页设计与制作

美食页涉及多张照片,以照片墙的方式呈现,并利用图片旋转差异实现页面生动的效果,实现效果如图 3-93 所示。

美食页设计与制作

图 3-93　美食页设计效果

设计与制作步骤如下:

① 单击"开始"选项卡"幻灯片"组中"新建幻灯片"下拉按钮,选择"空白"版式命令。

② 单击"插入"选项卡"图像"组中"图片"按钮,选择本机中的素材"美食 1.jpg"到"美食 10.jpg",点击"确定"按钮。

③ 选中所有图片,单击"图片工具"下"格式"选项卡"图片样式"组中"图片边框"下拉按钮,颜色设置为"白色",边框粗细为"3 磅"。

④ 依次拖动图片,将图片 1～图片 5 横向排列在上方,图片 6～图片 10 横向排列在下方,排列效果如图 3-94 所示。

图 3-94　页面排列效果

⑤ 选中图片 1,右击选择"设置图片格式"命令,在"设置图片格式"右侧窗格单击"大小

与属性"图标,选择"大小"选项卡,旋转设置为"10°"。

⑥ 同样方式,图片 2～图片 10 的旋转分别设置为"－10°、－5°、－20°、20°、－10°、5°、－10°、15°、5°"。

⑦ 选择图片 3,单击"图片工具"下"格式"选项卡"排列"组"下移一层"下拉按钮,选择"置于底层"命令。以同样方式将图片 5 设置为"置于顶层",将图片 8 设置为"置于底层"。

⑧ 单击"插入"选项卡"插图"组中"形状"下拉按钮,选择基本形状类中的"圆形"形状,按住"Shift"键绘制一个形状。选中形状,右击选择"设置形状格式",在"设置形状格式"右侧窗格单击"填充与线条"图标,选择"填充"选项卡,点击"纯色填充",颜色设置为"绿色",透明度为"30％"。

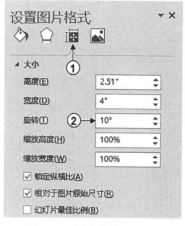

图 3-95　图片旋转设置

⑨ 选中形状,右击选择"添加文字"命令,并输入文字"爱上那最回味的美食",设置文字为"叶根友疾风草书,40 号,白色,居中对齐"。

8. 视频页设计与制作

视频页呈现一段视频宣传片,实现效果如图 3-96 所示。

视频页设计与制作

图 3-96　视频页设计效果

设计与制作步骤如下:

① 单击"开始"选项卡"幻灯片"组中"新建幻灯片"下拉按钮,选择"空白"版式命令。

② 单击"插入"选项卡"媒体"组中"视频"下拉按钮,选择"PC 上的视频"命令。

③ 在"插入视频文件"对话框中选择"所有文件",选择"丽水旅游央视广告宣传片.flv"视频,点击"插入"按钮,如图 3-97 所示。

图 3-97　视频插入

④ 由于 FLV 格式视频不是 Office 推荐的视频格式,因此 PowerPoint 会自动优化视频的兼容性和播放效果,如图 3-98 所示。

⑤ 选中视频文件,在"视频工具"下"播放"选项卡"视频选项"组中勾选"全屏播放"。点击"编辑"组中的"剪裁视频"按钮,弹出"剪裁视频"对话框,拖动右边红色的结束点到"01:43.700",点击"确定"按钮,删除视频片尾的黑色无内容画面,如图 3-99 所示。

PowerPoint 正在升级此媒体文件以优化兼容性和播放。这可能需要一些时间,具体取决于文件大小。如果取消,将不会插入媒体。

取消

图 3-98　视频自动优化　　　　　　　　图 3-99　视频剪裁

⑥ 选中视频文件,单击"视频工具"下"格式"选项卡"调整"组中"标牌框架"下拉按钮,选择"文件中的图像"命令,从本机选择素材"风景 5.jpg",并点击"插入"按钮,修改视频文件的封面,如图 3-100 所示。

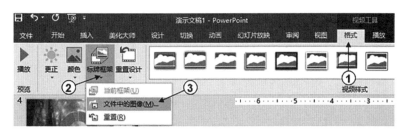

图 3-100　视频标牌框架设置

9. PowerPoint 保存

由于 PowerPoint 嵌入了非默认安装字体，以及包含大量图片、音频、视频等素材，因此在保存时应该进行优化。

设计与制作步骤如下：

① 单击"文件"按钮，选择"信息"命令，点击"优化兼容性"，对音、视频进行优化，保证在任何电脑上都可以正常使用。点击"压缩媒体"，选择"演示文稿质量"，对音、视频进行压缩处理，减少音、视频容量，如图 3-101 所示。

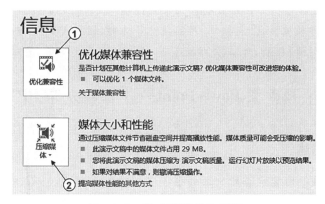

图 3-101　音、视频优化和压缩

② 选择"另存为"命令，点击"浏览"命令，弹出"另存为"对话框，单击"工具"下拉按钮，选择"压缩图片"命令，点选"Web(150ppi)：适用于网页和投影仪"，单击"确定"按钮，对图片进行压缩并删除图片裁剪区域，减少图片容量，如图 3-102 所示。

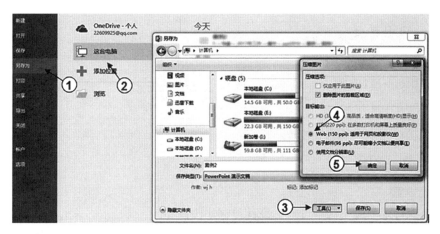

图 3-102　图片压缩

③ 单击"工具"下拉按钮,选择"保存选项"命令,弹出"PowerPoint 选项"对话框,在"保存"选项卡里勾选"将字体嵌入文件",点击"确定"按钮,将字体嵌入文件,保证其他电脑可以正常浏览非默认字体。

3.3.4　项目小结

图片是 PowerPoint 视觉表现力的重要方式,需要优先考虑图片的选用,必须选择高质量和高清晰度大图,以及图片和主题的契合性。同时图片和文字一样,不能是简单堆砌,而是对页面的构图设计,利用图形转换、图片裁剪、图文结合、图片排列等多种方式,实现页面的视觉化表达。本项目完成了一个城市宣传全图型 PPT 案例,大量使用图片作为背景来进行排版布局,营造出一幅幅唯美画面,具有极强的视觉冲击力。只要你领会制作方法,融会贯通,举一反三,就能制作出极具设计感的全图型 PPT,与此同时对于其他类型 PPT 中的图文编排也会了然于胸。

3.3.5　举一反三

设计并制作一个宣传推广 PPT

选择家乡宣传、学校宣传、景点推广、产品推广等主题,设计并制作一个宣传推广 PPT,要求以图片为主,包括封面、目录、内容页、结束页等,灵活运用图文混排、图形结合等设计理念。

3.4　项目 3:动画型 PowerPoint——经验分享 PPT 的设计与制作

3.4.1　项目描述

在工作生活中我们可能希望和大家分享很多新的工作方法、心得、技巧和经验等,除了撰写文章以外也可以做成一个演示文稿进行分享。本案例节选了《什么是好的 PowerPoint》经验分享 PPT 的部分内容,包括视觉呈现、版式设计等(本案例参照了第 1PPT 免费资源《什么是好的 PowerPoint 动画》)。

整个演示文稿以动画方式进行呈现,采用路径动画、多重动画、页面切换等方式吸引读者注意力,适合自行浏览。

项目描述

3.4.2　知识要点

(1)幻灯片切换效果。

(2)元素动画设计。

(3)动画属性设置。

(4)PowerPoint 插件使用。

3.4.3　制作步骤

1. 主题设置

以黑色为背景色便于动画设计。设计与制作步骤如下:

① 启动 PowerPoint 2016,选择创建"空白演示文稿"。单击"设计"选项卡"自定义"组中"幻灯片大小"下拉按钮,选择"标准(4：3)"命令。

② 右击选择"设置背景格式"命令,在"设置背景格式"右侧窗格选择"填充"选项卡,颜色设置为"黑色",点击"全部应用"按钮。

③ 在"切换"选项卡"计时"组中不勾选"单击鼠标时",勾选"设置自动换片时间",并设置为"00：03.00",点击"全部应用"命令,如图 3-103 所示。

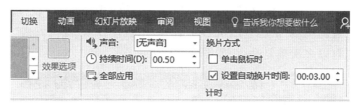

图 3-103　幻灯片切换

2. 第 1 页设计与制作

第 1 页采用标题飞入加上随风飘散粒子的动画呈现,简洁明了地表明主题,如图 3-104 所示。

第 1 页设计与制作

图 3-104　第 1 页设计效果

设计与制作步骤如下:

① 单击"插入"选项卡"文本"组中"文本框"下拉按钮,选择"横排文本框"命令,按住鼠标左键拖动绘制文本框,并在文本框中输入文字"什么是好的 PPT?"。然后设置文字格式为"微软雅黑,44 号,白色,加粗"。

② 选中文本框,单击"动画"选项卡"动画"组中"飞入"动画,在"效果选项"下拉按钮中选择"自左侧"命令,在"计时"组"开始"下拉按钮选择"与上一动画同时"命令,如图 3-105 所示。

图 3-105　动画设置

③ 单击"插入"选项卡"插图"组中"形状"下拉按钮,选择基本形状类中的"圆形"形状,按住 Shift 键绘制一个圆形。右击选择"设置形状格式"命令,在"设置形状格式"右侧窗格单击"填充与线条"图标,设置填充颜色为"白色",单击"效果"图标,选择"柔化边缘"选项卡,在"预设"下拉按钮中选择"5 磅",单击"大小与属性"图标,选择"大小"选项卡,高度和宽度都设置为"0.3″"。

④ 复制圆形形状 39 次,并将 40 个矩形随机拖放到文本框中间区域。也可利用口袋动画插件来完成,单击"口袋动画 PA"选项卡"口袋设计"组中"更多口袋"按钮,选择"随机工具"命令,打开"口袋随机"对话框,"随机 GO"选择"随机位置","随机方式"选择"范围随机",点击"开始"按钮,可以多次重复命令,如图 3-106 所示。

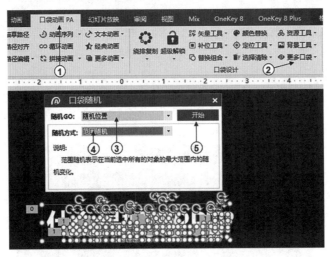

图 3-106　形状随机位置分布

⑤ 选中所有圆形形状,单击"动画"选项卡"动画"组中进入类"淡出"动画,在"计时"组"开始"下拉按钮选择"上一动画之后"命令。

⑥ 单击"动画"选项卡"高级动画"组中"添加动画"下拉按钮,选择动作路径类"自定义路径"命令,然后绘制一条从左到右的波形路径,在"计时"组"开始"下拉按钮选择"与上一动画同时"命令,如图 3-107 所示。

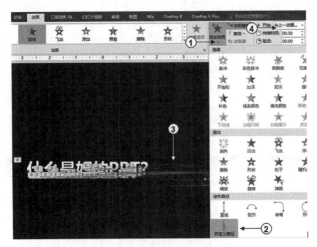

图 3-107　添加路径动画

⑦ 以同样的方式再给所有的圆形形状"添加动画",选择退出类"淡出"命令,在"计时"组"开始"下拉按钮选择"与上一动画同时"命令,持续时间为"02.00"。

⑧ 单击"动画"选项卡"高级动画"组中"动画窗格"按钮,在打开的动画窗格中选中某一个对象动画,在"动画"选项卡"计时"组中设置"延迟"为随机数(00.00~00.90 之间),以同样的方式给所有的圆形的进入类和路径类动画都设置一个随机数。或者也可以利用口袋动画插件来完成,单击"口袋动画 PA"选项卡"口袋动画"组中"动画序列"下拉按钮,选择"高级序列"命令,在打开的"口袋时间序列"对话框中不勾选"退出动画",随机范围最大值设置为"0.90s",不勾选"PA_文本框 89_飞入",点击"确定"按钮,如图 3-108 所示。

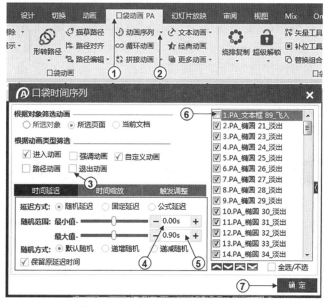

图 3-108　动画延迟时间随机生成

3. 第 2 页设计与制作

第 2 页采用图片从上往下依次飞入并快速飞出,连接第 3 页图片倾斜后依次从左往右飞出的动画呈现,生动阐明主要观点,设计效果如图 3-109 所示。

第 2 页设计与制作

图 3-109　第 2—3 页设计效果

设计与制作步骤如下:

① 单击"开始"选项卡"幻灯片"组中"新建幻灯片"下拉按钮,选择"空白"版式命令。

② 单击"插入"选项卡"插图"组中"形状"下拉按钮,选择线条类中的"线条"形状,绘制

一条直线。单击"形状工具"下"格式"选项卡"形状样式"组中"形状轮廓"下拉按钮,颜色选择"白色",粗细选择"3 磅"。

③ 选中线条,单击"动画"选项卡"动画"组中"飞入"动画,在"效果选项"下拉按钮选择"自左侧"命令,在"计时"组"开始"下拉按钮选择"与上一动画同时"命令,持续时间设置为"00.50"。

④ 复制线条,将"动画"选项卡"计时"组延迟设置为"00.10"。

⑤ 单击"插入"选项卡"图像"组中"图片"按钮,选择本机中的"图片 1.jpg"到"图片 3.jpg",点击"确定"按钮。

⑥ 将图片放置在两条直线之间,选中图片 1,单击"动画"选项卡"动画"组中"飞入"动画,在"效果选项"下拉按钮选择"自顶部"命令,在"计时"组"开始"下拉按钮选择"上一动画之后"命令,持续时间设置为"01.00"。再单击"高级动画"组中的"添加动画"下拉按钮,选择退出类"淡出"动画,在"计时"组"开始"下拉按钮选择"上一动画之后"命令,持续时间设置为"00.30",延迟设置为"00.50"。

⑦ 选择图片 1,单击"动画"选项卡"高级动画"组中"动画刷"命令,然后在图片 2 上单击,即可复制图片 1 的动画给图片 2,如图 3-110 所示。

图 3-110　动画刷

⑧ 选中图片 3,单击"动画"选项卡"动画"组中"飞入"动画,在"效果选项"下拉按钮选择"自顶部"命令,在"计时"组"开始"下拉按钮选择"与上一动画同时"命令,持续时间设置为"02.00",延迟设置为"00.70"。

4. 第 3 页设计与制作

设计与制作步骤如下:

① 单击"开始"选项卡"幻灯片"组中"新建幻灯片"下拉按钮,选择"复制选定幻灯片"命令。

第 3 页设计与制作

② 单击"动画"选项卡"高级动画"组中"动画窗格"按钮,在"动画窗格"右侧窗格按住 Shift 键选中所有动画,右击选择"删除",如图 3-111 所示。

③ 选中图片 1 和图片 2,右击选择"设置图片格式"命令,在"设置图片格式"右侧窗格单击"大小和属性"图标,选择"大小"选项卡,宽度设置为"3.14″",高度设置为"4.12″",旋转设置为"345°"。

④ 选中图片 3,单击"动画"选项卡"动画"组中"其他"下拉按钮,选择强调类"陀螺旋"动画,在"计时"组"开始"下拉按钮选择"与上一动画同时"命令,持续时间设置为"00.20"。

⑤ 在"动画窗格"右侧窗格选中该动画,右击选择"效果选项",打开"陀螺旋"对话框,数量设置为"15°逆时针",平滑结束设置为"0.1 秒",点击"确定"按钮,如图 3-112 所示。

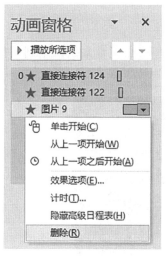

图 3-111　删除动画

图 3-112　效果选项设置

⑥ 选中图片 3,单击"高级动画"组中"添加动画"下拉按钮,选择强调类"放大缩小"命令,在"计时"组"开始"下拉按钮选择"与上一动画同时"命令,持续时间设置为"00.20",延迟设置为"00.20"。在"动画窗格"右侧窗格选中该动画,右击选择"效果选项",打开"放大缩小"对话框,尺寸设置为"70％",点击"确定"按钮。

⑦ 选中图片 3,单击"高级动画"组中"添加动画"下拉按钮,选择动作路径类"直线"命令,调整动作路径方向为从左到右。"动画窗格"右侧窗格选中该动画,右击选择"效果选项",打开"向右"对话框,平滑开始和结束都设置为"0.1 秒",点击"确定"按钮。

⑧ 选中上方直线,单击"动画"选项卡"动画"组中"其他"下拉按钮,选择退出类"飞出"动画,在"效果选项"下拉按钮选择"到右侧"命令,在"计时"组"开始"下拉按钮选择"与上一动画同时"命令,持续时间设置为"00.30",延迟设置为"00.10"。以同样的方式设置下方直线,"效果选项"下拉按钮选择"到左侧"命令。

⑨ 选中图片 1 和图片 2,单击"动画"选项卡"动画"组中"飞入"动画,在"效果选项"下拉按钮选择"自左侧"命令,在"计时"组"开始"下拉按钮选择"与上一动画同时"命令,持续时间设置为"00.30"。单独选中图片 2,延迟设置为"00.10"。在"动画窗格"右侧窗格选中图片 1 和图片 2动画,右击选择"效果选项",打开"飞入"设置页面,平滑结束设置为"0.15 秒",点击"确定"按钮。

⑩ 再选中图片 1 和图片 2,单击"高级动画"组中"添加动画"下拉按钮,选择退出类"飞出"命令,在"效果选项"下拉按钮选择"到左侧"命令,在"计时"组"开始"下拉按钮选择"上一动画之后"命令,持续时间设置为"01.30",延迟设置为"00.20"。单独选中图片 2,延迟设置为"00.30"。在"动画窗格"右侧窗格选中图片 1 和图片 2 动画,右击选择"效果选项",打开"飞出"设置页面,平滑开始和结束都设置为"0.65 秒",点击"确定"按钮。

⑪ 选中图片 3,单击"高级动画"组中"添加动画"下拉按钮,选择退出类"飞出"命令,在"效果选项"下拉按钮选择"到左侧"命令,在"计时"组"开始"下拉按钮选择"与上一动画同时"命令,持续时间设置为"01.30",延迟设置为"00.40"。在"动画窗格"右侧窗格选中图片 3动画,右击选择"效果选项",打开"飞出"设置页面,平滑开始和结束都设置为"0.65 秒",点击

"确定"按钮。

5. 第 4 页设计与制作

第 4 页过渡页采用形状从上往下依次飞入并快速飞出,配合文字从上到下移动的动画呈现,凸显标题阐明后续主要内容,设计效果如图 3-113 所示。

第 4 页设计与制作

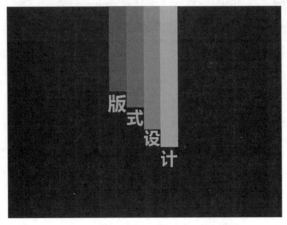

图 3-113　第 4 页设计效果

设计与制作步骤如下:

① 单击"开始"选项卡"幻灯片"组中"新建幻灯片"下拉按钮,选择"空白"版式命令。

② 单击"插入"选项卡"插图"组中"形状"下拉按钮,选择矩形类中的"矩形"形状绘制一个矩形。单击"绘图工具"下"格式"选项卡"形状样式"组中"形状填充"下拉按钮,颜色选择"水绿色,深色 25%"。

③ 复制矩形 3 次,依据图 3-113 所示分别改变矩形大小、颜色和位置。

④ 单击"插入"选项卡"文本"组中"文本框"下拉按钮,选择"横排文本框"命令,按住鼠标左键拖动绘制文本框,并在文本框中输入文字"版"。然后设置文字格式为"微软雅黑,48号,橙色,加粗"。

⑤ 复制文本框 3 次,依据图 3-113 所示分别改变文本框文字内容和位置。

⑥ 选中 4 个矩形,单击"动画"选项卡"动画"组中"飞入"动画,在"效果选项"下拉按钮选择"自顶部"命令,在"计时"组"开始"下拉按钮选择"与上一动画同时"命令,持续时间设置为"00.20",分别依次选中 4 个矩形,延迟设置为"00.30、00.20、00.10、00.00"。在"动画窗格"右侧窗格选中 4 个矩形动画,右击选择"效果选项",打开"飞入"设置页面,平滑开始和结束都设置为"0.1 秒",点击"确定"按钮。

⑦ 选中 4 个矩形,再单击"高级动画"组中"添加动画"下拉按钮,选择退出类"飞出"动画,在"效果选项"下拉按钮选择"到顶部"命令,在"计时"组"开始"下拉按钮选择"与上一动画同时"命令,持续时间设置为"00.20",分别依次选中 4 个矩形,延迟设置为"00.10、00.20、00.30、00.40"。在"动画窗格"右侧窗格选中 4 个矩形动画,右击选择"效果选项",打开"飞出"设置页面,平滑开始和结束都设置为"0.1 秒",点击"确定"按钮。

⑧ 选中 4 个文本框,单击"动画"选项卡"动画"组中"其他"下拉按钮,点击"更多进入效果"命令,在打开的"更改进入效果"页面中选择"切入"动画,点击"确定"按钮,如图 3-114 所

示。在"效果选项"下拉按钮选择"自顶部"命令,在"计时"组
"开始"下拉按钮选择"与上一动画同时"命令,持续时间设置为
"00.10",分别依次选中 4 个文本框,延迟设置为"00.40、00.50、
00.60、00.70"。

⑨ 选中 4 个文本框,再单击"高级动画"组中"添加动画"下
拉按钮,选择动作路径类"直线"动画,在"计时"组"开始"下拉
按钮选择"与上一动画同时"命令,持续时间设置为"00.20",分
别 依 次 选 中 4 个 文 本 框,延 迟 设 置 为 "00.00、00.10、00.00、
00.30"。在"动画窗格"右侧窗格选中 4 个文本框动画,右击选择
"效果选项",打开"向下"设置页面,平滑开始和结束都设置为
"0.1 秒",点击"确定"按钮。

⑩ 依次选中文本框的"直线"动画路径的红色结束点,按住鼠
标左键拖动到同一水平线,操作前后对比情况如图 3-115 所示。

图 3-114　更多进入效果

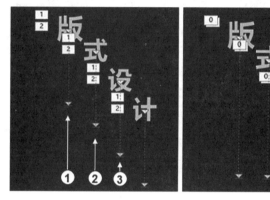

图 3-115　改变路径动画

⑪ 在"动画窗格"右侧窗格选择 4 个矩形的"飞出"动画,按住鼠标左键拖动到动画列表
的最后。或者多次单击"动画"选项卡"计时"组中"向后移动"按钮,操作前后对比情况如图
3-116 所示。

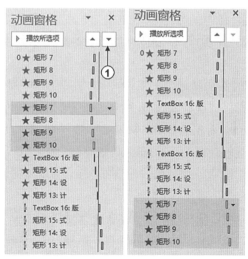

图 3-116　改变动画播放顺序

6. 第 5 页设计与制作

第 5 页文字说明页采用中括号引导文字出现并快速飞出,配合文字缩放的动画呈现,凸显文本内容,设计效果如图 3-117 所示。

图 3-117　第 5 页设计效果

设计与制作步骤如下:

① 单击"开始"选项卡"幻灯片"组中"新建幻灯片"下拉按钮,选择"空白"版式命令。

② 单击"插入"选项卡"插图"组中"形状"下拉按钮,选择基本形状类中的"左中括号"形状,单击"绘图工具"下"格式"选项卡"形状样式"组中"形状轮廓"下拉按钮,颜色选择"白色",粗细选择"3.5 磅"。

③ 以同样的方式插入"右中括号"形状 1 个,"直线"形状 1 个。

④ 单击"插入"选项卡"文本"组中"文本框"下拉按钮,选择"横排文本框"命令,按住鼠标左键拖动绘制文本框,并在文本框中输入文字"PPT 不是 Word"。然后设置文字格式为"微软雅黑,44 号,白色,加粗"。然后单独选中"Word",设置文字颜色为"橙色"。

⑤ 选中"左中括号"和"右中括号"形状,单击"动画"选项卡"动画"组中"其他"下拉按钮,选择进入类的"缩放"动画,在"计时"组"开始"下拉按钮选择"与上一动画同时"命令,持续时间设置为"00.30"。

⑥ 选中"左中括号"和"右中括号"形状,再单击"高级动画"组中"添加动画"下拉按钮,选择动作路径类"直线"动画,持续时间设置为"00.20",延迟设置为"00.60"。在"动画窗格"右侧窗格选中 2 个形状动画,右击选择"效果选项",打开"向下"设置页面,平滑开始和结束都设置为"0.1 秒",点击"确定"按钮。再单击"高级动画"组中"添加动画"下拉按钮,选择退出类"缩放"动画,在"计时"组"开始"下拉按钮选择"与上一动画同时"命令,持续时间设置为"00.30",延迟设置为"01.80"。

⑦ 单独选中"左中括号"形状"直线"动画,单击"动画"选项卡"动画"组中"效果选项"下拉按钮,选择"靠左"命令。以同样的方式设置"右中括号"形状选择"靠右"命令。

⑧ 选中"直线"形状,单击"动画"选项卡"动画"组中"其他"下拉按钮,点击"更多进入效果"命令,在打开的"更改进入效果"页面中选择"伸展"动画,在"计时"组"开始"下拉按钮选择"与上一动画同时"命令,持续时间设置为"00.30",延迟设置为"00.60"。再单击"高级动画"组中"添加动画"下拉按钮,选择退出类"层叠"动画,持续时间设置为"00.30",延迟设置为"01.20"。

⑨ 选中 2 个文本框,单击"动画"选项卡"动画"组中"其他"下拉按钮,选择进入类的"擦除"动画,在"计时"组"开始"下拉按钮选择"上一动画之后"命令,持续时间设置为"00.30"。再单击"高级动画"组中"添加动画"下拉按钮,选择退出类"擦除"动画,持续时间设置为"00.30",延迟设置为"01.60"。

⑩ 按照如图 3-118 所示,调整动画顺序。

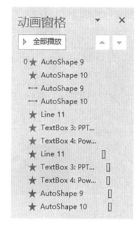

图 3-118　调整动画顺序

7. 第 6 页设计与制作

第 6 页版式展示页采用电脑形状中图片上下滚动的动画呈现,更加形象地展示内容,设计效果如图 3-119 所示。

设计与制作步骤如下:

① 单击"开始"选项卡"幻灯片"组中"新建幻灯片"下拉按钮,选择"空白"版式命令。

第 6 页设计与制作

图 3-119　第 6 页设计效果

② 用形状组合自行绘制一个电脑形状。或者单击"美化大师"选项卡"在线素材"组中"形状"按钮,在打开的"形状"页面中输入搜索关键字"电脑",找到所需的形状,点击"插入形状",如图 3-120 所示。调整形状大小和位置,并设置形状填充为"白色"。

③ 利用截图工具(如 QQ 截图)截取整个幻灯片页面为图片,以"截图.png"保存到本机上。

④ 单击"插入"选项卡"图像"组中"图片"按钮,选择本机中的"截图.png",点击"确定"按

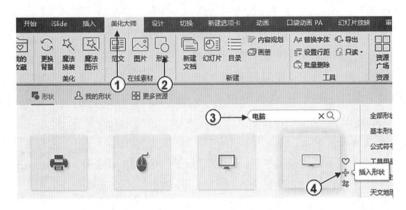

图 3-120 美化大师插入形状

钮。将插入的图片铺满整个幻灯片页面。

⑤ 选中图片,单击"图片工具"下"格式"选项卡"调整"组中"删除背景"按钮,拖动中间的矩形框,单击"背景消除"选项卡"优化"组中"标记要删除的区域"和"标记要保留的区域"按钮,保证电脑和外面的背景保留,电脑屏幕部分的背景删除,最后单击"背景消除"选项卡"关闭"组中"保存更改"按钮,如图 3-121 所示。

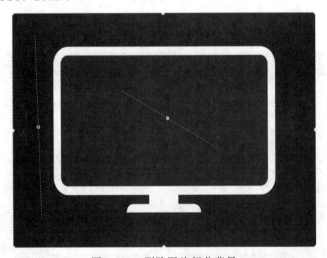

图 3-121 删除图片部分背景

⑥ 单击"插入"选项卡"图像"组中"图片"按钮,选择本机中的素材"图片 4.png",点击"确定"按钮。将插入的图片宽度拖动到正好和"截图.png"中电脑屏幕大小一致,图片上边距正好和"截图.png"中电脑屏幕上方对齐。

⑦ 选中图片 4,右击选择"置于底层"。

⑧ 选中图片 4,单击"动画"选项卡"动画"组中"淡出"动画,在"计时"组"开始"下拉按钮选择"与上一动画同时"命令,持续时间设置为"01.00"。再单击"高级动画"组中"添加动画"下拉按钮,选择动作路径类"直线"动画,在"计时"组"开始"下拉按钮选择"与上一动画同时"命令,持续时间设置为"08.00","效果选项"选择"上"命令,拖动动画路径的红色结束点,直到图片 4 的下边距正好和"截图.png"中电脑屏幕下方对齐(因为图片高度非常大,建议点击

软件最左下角的"缩放模板",将幻灯片页面缩小后再操作会比较方便,如图 3-122 所示)。

图 3-122　缩放幻灯片编辑区页面

⑨ 在"动画窗格"右侧窗格选中图片 4"直线"动画,右击选择"效果选项",打开"向上"设置页面,在"效果"选项卡里设置平滑开始和结束都为"4 秒",在"计时"选项卡里设置重复为"直到幻灯片末尾",点击"确定"按钮。

8. 第 7 页设计与制作

第 7 页图表版式展示页采用图表分块出现的动画呈现,更加有逻辑性地展示图表内容,设计效果如图 3-123 所示。

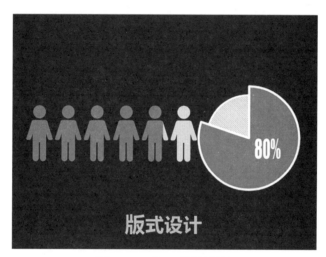

图 3-123　第 7 页设计效果

第 7 页设计与制作

设计与制作步骤如下:

① 单击"开始"选项卡"幻灯片"组中"新建幻灯片"下拉按钮,选择"空白"版式命令。

② 单击"iSlide"选项卡"资源"组中"智能图表"按钮,打开"智能图表库"对话框,上方权限选择"免费"。点击如图 3-123 所示图表,自动在当前幻灯片插入图表,删除多余部分,右击选择"编辑智能图表",打开"编辑器",设置数值为"80％",主色为"橙色"。

③ 选中数值标签,单击"形状工具"下"格式"选项卡"形状样式"组中"形状填充"下拉按钮,选择"无填充"命令,"艺术字样式"组中"文本填充"为"白色",并将数值标签拖动到饼图中。

④ 选中图表,右击在"组合"命令组中选择"取消组合"。

⑤ 选中饼图,单击"动画"选项卡"动画"组中"轮子"动画,在"计时"组"开始"下拉按钮选择"与上一动画同时"命令,持续时间设置为"01.00"。

⑥ 选中数值标签,单击"动画"选项卡"动画"组中"淡出"动画,在"计时"组"开始"下拉按钮选择"与上一动画同时"命令,持续时间设置为"01.00"。

⑦ 选中所有小人图示,单击"动画"选项卡"动画"组中"擦除"动画,在"效果选项"下拉按钮选择"自左侧"命令,在"计时"组"开始"下拉按钮选择"与上一动画同时"命令,持续时间设置为"01.00"。

3.4.4　项目小结

　　动画是 PowerPoint 交互和变化的重要方式,动画设计最重要的是创意,如何选择合适的动画,如何设计单个对象多个动画组合、如何设计多个对象多个动画流程、如何安排动画时间轴都需要细致的思考和创新。本项目完成了一个经验分享动画型 PPT 案例,大量使用动画来推动信息呈现和页面衔接,节奏轻快灵动。只要你领会制作方法,融会贯通,举一反三,就能制作出极具动感的动画型 PowerPoint,与此同时对于文字型和图片型 PowerPoint 中的动画设计也就不在话下了。

3.4.5　举一反三

设计并制作一个故事型 PPT

　　选择个人介绍、校园故事、社会新闻、寓言童话、音乐 MV 等主题,设计并制作一个故事型 PowerPoint,要求以动画为主,包括故事的起承转合等,灵活运用动画顺序编排、动画组合等设计理念。

第 4 章

Access 高级应用

 学习目的及要求

掌握 Access 2016 的高级应用技术,能够熟练掌握数据表、查询、窗体、报表和数据的导入导出。具体地说,掌握以下内容:

1. 数据库表操作

(1)掌握数据库文件操作。

(2)掌握数据表操作。

(3)掌握数据表编辑与格式设置。

2. 查询设计

(1)掌握普通查询创建方法。

(2)掌握高级查询创建方法。

3. 窗体设计

(1)掌握普遍窗体创建方法。

(2)掌握高级窗体创建方法。

(3)掌握窗体操作数据方法。

4. 报表设计

(1)掌握报表创建方法。

(2)掌握报表打印方法。

(3)掌握数据导入导出方法。

4.1 Access 高级应用主要技术

4.1.1 数据库表操作

1. 数据库文件操作

数据库文件的操作包括创建(保存、另存为)、打开(关闭)、信息(压缩修复、加密)等内容。

数据库文件的创建是使用数据库的前提。只有创建了数据库文件之后,才能进行其他操作。数据库文件创建的同时已经保存在电脑中,也可以根据需要另存为其他类型,以便与早期版本兼容。当多个客户端访问一个数据库文件时,可能会发生数据写入不一致而导致数据库文件损坏的情况,可以使用压缩修复功能解决。当需要对访问的数据库设置权限时,可使用加密功能实现。

(1) 数据库文件创建

数据库文件可以基于模版创建,也可以创建空白数据库文件。启动 Access 2016 软件后,在开始界面中直接选择"空白桌面数据库"选项,就可以新建空白数据库文件。如图 4-1 所示。

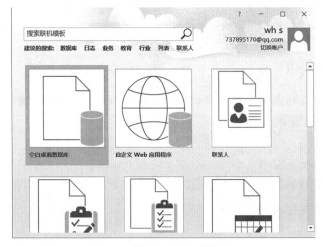

图 4-1　创建空白桌面数据库

也可以单击"文件"选项卡中的"新建"选项,然后选择如图 4-1 所示的"空白桌面数据库",单击"空白桌面数据库"后,如图 4-2 所示。

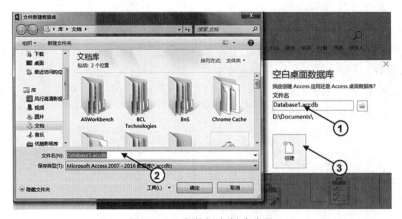

图 4-2　空白数据库创建步骤

① 浏览到某个位置来存放数据库;

② 数据库的文件名及保存类型;

③ 创建空白数据库。

也可以根据需要选择"联系人""项目"等模板创建数据库文件,本章都是在空白数据库的基础上创建数据库文件。

（2）数据库文件保存

在数据库中对数据库对象的编辑都是实时的,在编辑完成之后只需要直接关闭即可。如果希望数据库文件可以与早期版本文件兼容,或者保存为其他类型数据库,应用程序则需要单独进行保存。

单击文件选项卡中的"另存为"选项,根据需要将数据库另存为不同类型或版本的文件,如图 4-3 所示。

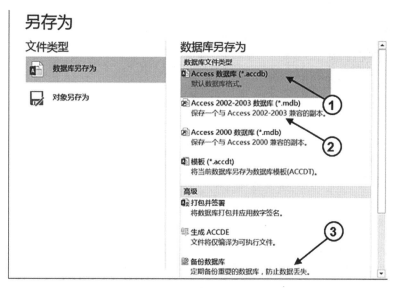

图 4-3　数据库文件保存

① 保存为默认数据库格式；

② 保存为低版本数据库格式；

③ 定期备份重要数据库。

（3）数据库文件打开

Access 数据库文件有四种打开方式,分别为普通、只读、独占和独占只读方式。启动 Access 软件之后,单击"文件"选项卡的"打开"命令,双击"这台电脑",出现"打开"对话框,选择对应的数据库文件,单击"打开"下拉按钮,选择需要的打开方式。如图 4-4 所示。

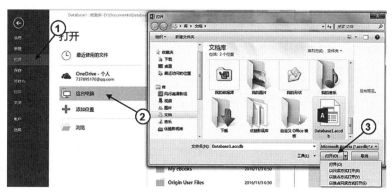

图 4-4　数据库文件打开

（4）数据库文件压缩、修复及加密

数据库,在使用过程当中可能因为各种原因会导致写入不一致的情况发生,比如多个客户端同时访问同一数据库文件,这就会导致数据文件出现损坏。此时可以使用压缩与修复功能解决。而当需要对访问的数据库设置权限时,可使用加密功能实现。如图 4-5 所示。

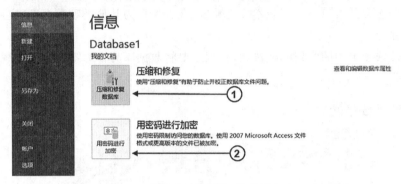

图 4-5　数据库文件压缩、修复及加密

① 可缩小数据库文件的体积,可修复损坏文件。

② 以独占方式打开的数据库才能进行加密。单击"文件"选项卡的"打开"命令,在"打开"对话框中,单击"打开"按钮旁边的下拉箭头,选择"以独占方式打开"。

2. 数据表操作

数据表是数据库中最基本的对象,是数据库中所有数据的载体。数据库中所有数据都存储在数据表中,数据库中其他对象对数据的任何操作都基于数据表。

Access 中的数据表是一个二维表,表中的每一行被称为一条记录,是一个事物的相关数据项集合,表格第一行为字段名称,相当于二维表的表头,记录对应字段的值被称为字段值。

（1）利用模板创建数据表

新建一个数据库,可以选择已有的模板创建数据表,单击"创建"选项卡"模板"组中的"应用程序部件"按钮,在"快速入门"类中选择一种模板。操作如图 4-6 所示。

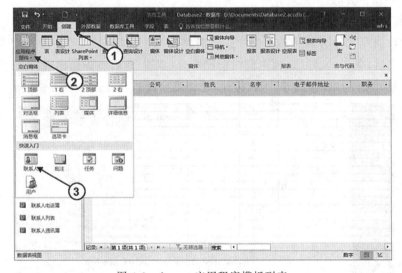

图 4-6　Access 应用程序模板列表

（2）利用空白表创建数据表

① 单击"创建"选项卡"表格"组中的"表"按钮，新建一个空白表，并进入该表的"数据表视图"。

② 单击表中"单击以添加"下拉按钮，选择表字段的数据类型，自动生成"字段 1"。

③ 在表中"字段 1"处输入字段名。

④ 根据实际需要重复步骤②③创建表字段，完成数据表的创建，如图 4-7 所示。

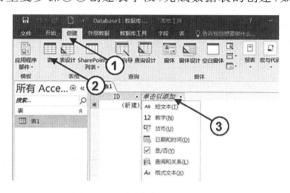

图 4-7　选择表字段数据类型

（3）利用设计视图创建数据表

表模板中提供的模板类型非常有限，更多的情况下，需要在表的"设计视图"中完成表的创建和修改。

① 单击"创建"选项卡"表格"组的"表设计"按钮，进入表的设计视图，如图 4-8 所示。

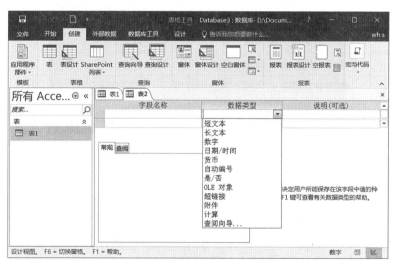

图 4-8　数据表的设计视图

② 在数据表的设计视图中，逐一在"字段名称"栏输入表对象的各个字段名称，并在各个字段的"数据类型"下拉列表框中选择该字段的数据类型。

③ 在"字段属性"下的常规选项卡和查阅选项卡中设置各个字段的属性。如图 4-9 所示。

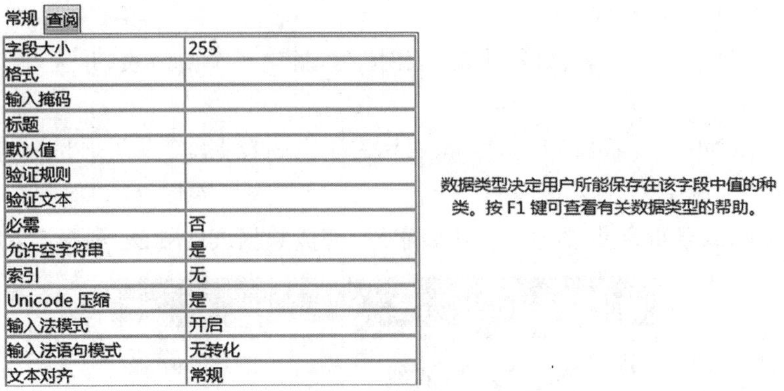

图 4-9　字段常规属性设置

表字段属性分为常规属性和查阅属性两种,Access 常用的各项属性见表 4-1 和表 4-2 所列。

表 4-1　字段常规属性设置

属性名	属性功能
字段大小	文本、数字和自动编号等数据类型的字段,可以指定其字段的大小。
格式	用于设置字段值的显示或者输入的格式,不同数据类型具有不同格式。
输入掩码	用于控制数据的输入模式,也称为"输入模板"。
标题	用于设置字段在窗体中显示的标签。
默认值	用于设置新记录的默认值。
有效性规则	指定输入数据时该字段所要遵循的约束条件和要求。
有效性文本	指定当字段的输入值不符合有效性规则时的提示文本。
必需	指定字段是否必需输入信息。
允许空字符串	指定字段是否允许输入为空字符串。
索引	指定是否用当前字段为表建立索引(逻辑排序)。

表 4-2　字段查阅属性设置

属性名	属性功能
显示控件	指定窗体上用来显示该字段的控件类型。
行来源类型	指定控件数据源的来源类型。
行来源	指定控件的数据源。
列数	指定显示的列数。
列标题	指定是否用字段名、标题或数据的首行作为列标题或图标标签。
允许多值	指定一次查阅是否允许多值。
列表行数	指定在组合框列表中显示行的最大数目。
限于列表	指定是否只在与所列的选择之一相符时才接受文本。
仅显示行来源值	指定是否仅显示与行来源匹配的数值。

（4）设置数据表主键

主键是唯一标识表中每条记录的一个字段或多个字段的组合，主键字段值不允许为空。Access 建议每个表都要设置主键，用来标识数据表中的记录和定义表之间的关系。

在数据表的设计视图中，右击要设为主键的字段，在快捷菜单上选择"主键"命令；或者单击"表格工具"下"设计"选项卡"工具"组的"主键"按钮。若要选择多个字段作为主键，按住"Ctrl"键并选择多个字段，再执行上述同样操作即可。

如果要更改设置的主键，可以先删除现有的主键，再重新指定新的主键。

2. 表对象的关联

在关系数据库中，表之间主要存在两种关联：一对一和一对多。一对一是指 A 表的一条记录在 B 表中只能有一条记录匹配，同样 B 表中的记录在 A 表中也只能有一条记录匹配。一对一关联要求两个数据表中的联接字段分别是这两个表的主键字段。一对多是指 A 表的一条记录在 B 表中有多条记录匹配，但是 B 表中的一条记录在 A 表中只能有一条记录匹配。

① 打开已创建好的数据库（包含若干张表），单击"数据库工具"选项卡"关系"组的"关系"按钮，显示空的关系设计视图窗口。如图 4-10 所示；

② 在关系设计视图窗口内单击右键，在快捷菜单中选择"显示表"命令或者单击"设计"选项卡"关系"组的"显示表"按钮，弹出"显示表"对话框，如图 4-11 所示。

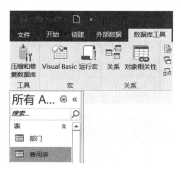

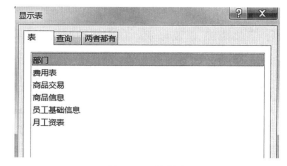

图 4-10　"数据库工具"—"关系"　　　　　　　　图 4-11　显示表

③ 在"显示表"对话框中，依次选择需要对其设定关联的表对象并单击"添加"按钮，使得这些表显示在"关系设计视图"窗口内。单击"关闭"按钮，关闭"显示表"对话框。

④ 在"关系设计视图"窗口中，用鼠标指向主表中的关联字段，按住鼠标左键将其拖曳至从表的关联字段上并放开，弹出"编辑关系"对话框，如图 4-12 所示。

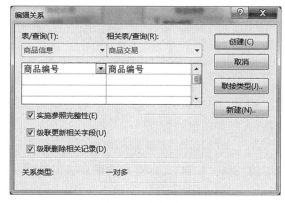

图 4-12　编辑关系

⑤ 单击"编辑关系"对话框的"联接类型"按钮,弹出"联接属性"对话框,如图 4-13 所示,Access 数据库支持三种联接类型:只包含两个表中联接字段相等的行;包括所有主表的记录和从表中联接字段相等的记录;包括所有从表的记录和主表中联接字段相等的记录。用户可以根据实际需要选定一种联接类型。

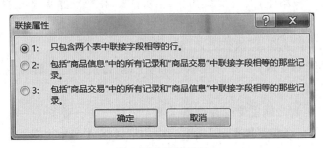

图 4-13 联接属性

⑥ 在"编辑关系"对话框中分别选中"实施参照完整性"复选框、"级联更新相关字段"复选框和"级联删除相关记录"复选框,完成数据表关联的创建和参照完整性的设置。

3. 表记录的编辑

数据表存储着大量的数据信息,对数据库进行数据管理,很大程度上就是对数据表中的数据进行管理。

(1) 表记录的添加与修改

① 直接添加、修改记录。在左侧导航窗格双击打开数据表,进入该表的"数据表视图",如图 4-14 所示。将光标移到表的最后一行,该行的行首标志为"*****",然后输入所需添加的数据。若要修改表记录,单击要修改的单元格,在单元格中直接修改记录。

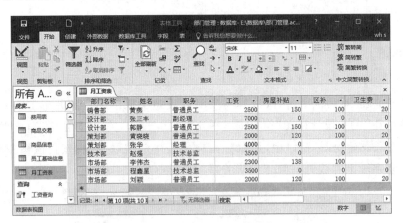

图 4-14 数据表视图添加数据

② 应用导航按钮。在左侧导航窗格双击打开数据表,进入该表的"数据表视图",单击数据表窗口的导航按钮" 记录: ◄ 第1项(共9项) ► ►► "上的增加新记录按钮" ►⚏ ",光标自动跳到表的最后一行上,即可输入所需添加的数据。

③ 应用工具栏按钮。在左侧导航窗格双击打开数据表,进入该表的"数据表视图",单击"开始"选项卡"记录"组的"新建"按钮,光标会自动跳到表的最后一行上,即可输入所需添

加的数据。

（2）表记录的删除

在左侧导航窗格双击打开数据表，进入该表的"数据表视图"，右击要删除表记录左侧的行选择区域，在弹出的快捷菜单中选择"删除记录"命令或者单击"开始"选项卡"记录"组的"删除"按钮，弹出"确认删除"对话框，单击"是"按钮，删除指定的记录。

（3）表记录的查找与替换

和其他 Office 软件一样，Access 也提供了灵活的"查找和替换"功能，用以对指定的数据进行查看和修改。

① 打开数据表，进入该表的"数据表视图"。单击"开始"选项卡"查找"组的"查找"按钮或者按下组合键"Ctrl＋F"，打开"查找和替换"对话框，如图 4-15 所示。

图 4-15　查找和替换

② 在"查找"选项卡的"查找内容"下拉列表框中输入要查询的内容。

③ 在"查找范围"下拉列表框中查找的范围，可以选择"当前文档"或"当前字段"。

④ 在"匹配"下拉列表框中设置查找数据的匹配方式，可以选择"字段任何部分""整个字段"或"字段开头"。

⑤ 在"搜索"下拉列表框中设置搜索的方向，可以选择"向上""向下"或"全部"。

⑥ 勾选"区分大小写"，设置查找内容时区分字母大小写；勾选"按格式搜索字段"，设置按格式搜索字段。

⑦ 单击"查找下一个"按钮，系统将会按指定的条件对数据表进行搜索。

（4）表记录排序

和 Excel 中的排序操作相似，Access 提供了强大的排序功能，用户可以按照文本、数值或日期值等进行数据排序。

① 打开数据表，进入该表的"数据表视图"。

② 将光标定位在排序字段列中，单击"开始"选项卡"排序和筛选"组的"升序"或"降序"按钮；或者在排序字段列单击右键，从弹出的快捷菜单中选择"降序"或"升序"命令，如图 4-16 所示。

上述的简单排序方法只能按单列字段排序，也可以使用高级排序方法同时对多列字段进行排序。

图 4-16　排序

① 打开数据表,单击"开始"选项卡"排序和筛选"组的"高级"按钮,在弹出的下拉菜单中选择"高级筛选/排序"命令,打开排序筛选窗口,如图 4-17 所示。

图 4-17　高级排序

② 在排序筛选窗口的字段行中依次设置各个字段的排序方式。

③ 在快速访问工具栏点击"保存"按钮,弹出"另存为查询"对话框,输入文件名后点击"确定"按钮,高级排序操作会以查询的形式保存下来。

(5) 表记录的筛选

如果想要数据表只显示符合某种条件的数据记录,可以使用数据筛选功能。

① 打开数据表,进入该表的"数据表视图"。

② 将光标移至筛选字段列任意位置,单击右键(或者单击该列字段名旁的箭头;或者单击工具栏"排序和筛选"组中的"筛选器"按钮),在弹出的菜单中选择"＊＊筛选器"命令。

③ 在"＊＊筛选器"的级联菜单中选择筛选方法(不同数据类型字段的筛选方法有所区别)。

④ 弹出"自定义筛选"对话框,在对话框中设置筛选条件,单击"确定"按钮,便完成了筛选操作。如图 4-18 所示。

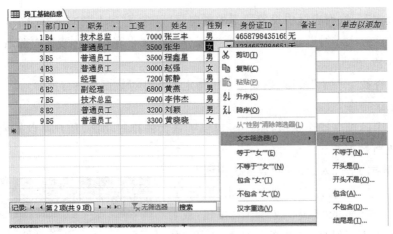

图 4-18　表记录筛选

4. 数据表的格式设置

数据表创建好后,用户可以根据个人喜好或数据管理的实际要求,自行修改、设定数据表的格式。

（1）设置表的行高

① 在数据表视图中打开表，鼠标移至需要更改行高的表记录行，右击表左侧的行选择区域，在弹出的快捷菜单中选择"行高"命令。或者单击"开始"选项卡"记录"组的"其他"下拉按钮，选择"行高"命令，如图 4-19 所示。

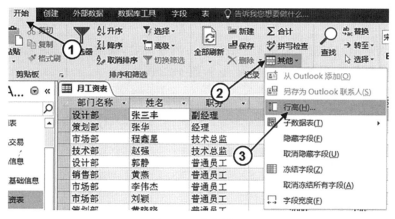

图 4-19　表格设置

② 系统弹出"行高"对话框，如图 4-20 所示，在"行高"文本框中输入要设置的行高数值，单击"确定"按钮。

（2）设置表的列宽

① 在数据表视图中打开表，鼠标移至需要更改列宽的字段列，右击列字段名，在弹出的快捷菜单中选择"字段宽度"命令。或者单击"开始"选项卡"记录"组的"其他"下拉按钮，选择"字段宽度"命令。

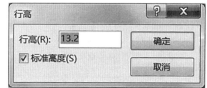

图 4-20　"行高"对话框

② 弹出"列宽"对话框，在"列宽"文本框中输入要设置的列宽数值，单击"确定"按钮。

（3）设置表记录的字体格式

① 打开数据库中的表对象，进入该表的"数据表视图"。

② 在"开始"选项卡的"文本格式"组中，有设置字体格式的"字体""大小""颜色"及"对齐方式"等功能按钮。

③ 如要设置表记录的字体格式，将光标定位于任一单元格，单击"字体"下拉按钮，选择所需的字体样式。

④ 对表中内容进行字形、大小、颜色、对齐方式等字体效果的设置，和上面字体设置步骤相似。

（4）隐藏和显示字段

① 打开数据库中的表对象，进入该表的"数据表视图"。

② 在要隐藏的字段名上单击右键，在弹出的快捷菜单中选择"隐藏字段"命令，该字段即被隐藏。

③ 若要取消字段的隐藏，右键单击表中任一列字段名，在弹出的快捷菜单中选择"取消隐藏字段"命令，弹出"取消隐藏列"对话框。如图 4-21 所示，将隐藏字段名前的复选框选

中，单击"关闭"按钮，则被隐藏的字段又恢复显示。

（5）冻结和取消冻结

① 打开数据库中的表对象，进入该表的"数据表视图"。

② 右键单击要冻结的字段名，在弹出的快捷菜单中选择"冻结字段"命令，该字段即被冻结。如图 4-22 所示，表中姓名字段被冻结后就不能随着其他字段的左右移动而移动。

③ 若要取消字段的冻结，右键单击表中任一列字段名，在弹出的快捷菜单中选择"取消冻结所有字段"命令，字段的冻结就被取消，如图 4-22 所示。

图 4-21　"取消隐藏列"对话框

图 4-22　冻结字段

4.1.2　查询设计

建立查询，可以从数据库中提取出所需的数据，并进行检索、组合、重用和分析。查询可以从一个或多个数据表中检索出需要的数据，也可以使用一个或多个查询作为其他查询、窗体和报表的数据源。

1. 普通查询的创建

（1）使用"查询向导"创建查询

① 单击"创建"选项卡"查询"组的"查询向导"按钮，弹出"新建查询"向导对话框。

② 如图 4-23 所示，选择要创建的查询类别，单击"确定"按钮。Access 2016 的查询向导提供了 4 种查询的创建方法：简单查询、交叉表查询、重复项查询和不匹配项查询。

③ 根据向导的提示，选择查询数据源表或查询，再选择查询需要的字段，单击"下一步"按钮。

④ 根据实际需要选择采用明细查询或汇总查询，单击"下一步"按钮。

⑤ 为查询指定标题。单击"完成"按钮，完成查询的创建。

（2）使用"查询设计"创建查询

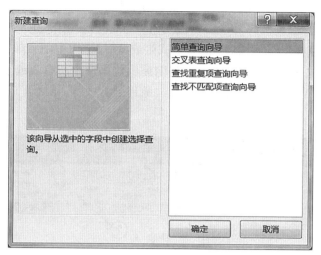

图 4-23　"新建查询"向导对话框

　　查询的"设计视图"也被称为"查询设计器"，利用它可以随时定义各种查询条件、统计方式等，从而灵活地创建或修改查询。

　　① 指定查询的数据源。单击"创建"选项卡"查询"组的"查询设计"按钮，打开查询设计视图窗口并弹出"显示表"对话框。在"显示表"对话框中逐个地指定数据源（表或查询），通过"添加"按钮将其添加到查询设计视图窗口的数据源显示区域内，如图 4-24 所示。

图 4-24　查询设计视图和"显示表"对话框

　　② 选择需要在查询中显示的数据源字段。根据需要将字段从数据源逐个地拖曳至查询设计网格的"字段"行各列中；或者逐个单击"字段"行下拉列表框，从中选取需要显示的数据字段；或者逐个双击数据源中需要显示在查询中的数据字段。

　　③ 设定查询结果是否进行排序。在查询设计网格"排序"行单击相应字段的下拉列表框，从中选择排序方式。有 3 种排序方式可供用户选择：升序、降序和不排序。

　　④ 设定查询的查询条件。在查询设计网格"条件"行中输入相应字段的条件表达式，即

可完成查询条件的设定。也可在字段相对应的"条件"行中单击右键,在快捷菜单中选择"生成器"命令;或者单击"查询工具"下"设计"选项卡"查询设置"组的"生成器"按钮。如图 4-25 所示,弹出"表达式生成器"对话框。在"表达式生成器"对话框中,上方的表达式编辑框用来输入条件表达式。左下方的表达式元素列表能提供数据库中所有表或查询的字段名称、窗体和报表中的控件、Access 函数、操作符、常量、通用表达式等,将之合理组合就可以构造出需要的条件表达式。

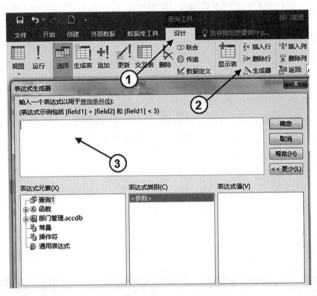

图 4-25   表达式生成器

⑤ 设定字段是否会显示在查询结果中。在查询设计网格取消相应字段"显示"行的复选框选择,则对应字段不会显示在查询结果中。

⑥ 点击"保存"按钮,弹出"另存为"对话框,用于为新建查询对象命名。

⑦ 单击"设计"选项卡"结果"组的"运行"按钮;或者单击"视图"下拉按钮,选择"数据表视图",可以查看查询的运行结果。

2. 高级查询的创建

高级查询创建步骤与普通查询大致相似。一般都是采用"查询向导"或"查询设计"的方法创建一个查询,然后再逐步进行设计修改,以实现相关类型查询的设计结果。

(1) 设计计算查询

通过查询操作完成数据源或数据源之间数据的计算,是建立查询对象的一个常用功能,计算操作可以通过在查询对象中设计计算查询列来实现。

在查询的"设计视图"中,将光标定位在需要设计计算查询列的"字段"行上。单击"设计"选项卡"查询设置"组的"生成器"按钮;或者单击右键,在快捷菜单中选择"生成器"命令,弹出"表达式生成器"对话框。与普通查询条件的逻辑表达式设置不同,此处设置为计算表达式。

如图 4-26 所示,建立查询,在工资表中增加一列"应发",其计算公式为:工资+房屋补贴+区补-卫生费-医疗保险。"应发"就是一个计算查询列。这个计算表达式用冒号隔成两部分,冒号左边等同于计算查询列的字段名,冒号右边是该列的计算公式。

图 4-26　计算查询示例设计视图

(2) 设计汇总查询

若要建立查询时得到数据的汇总统计结果,可以应用查询的汇总功能。

单击"查询工具"下"设计"选项卡"显示/隐藏"组的"汇总"按钮。如图 4-27 所示,查询设计视图下部的设计网格中将增加一个名为"总计"的行,其间参数均为"Group By"。"总计"行中的参数表明各字段是属于分类字段(Group By)还是汇总字段(Expression)。一个汇总查询至少应有一个分类字段和一个汇总字段。

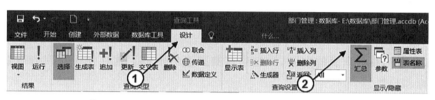

图 4-27　汇总查询示例设计视图

如图 4-28 所示,统计"商品交易"表中各"商品编号"代表的商品交易总数量。"商品编号"字段为分类字段,"交易数量"为汇总字段,在"总计"行的下拉列表中选择汇总方式为"合计"。

图 4-28　汇总方式

汇总方式说明:

合计:计算总数;平均值:计算平均;最小值:计算最小;最大值:计算最大;计数:计算个数;StDev:计算每一分组中的字段值的标准偏差值;变量:通过自定义函数获取变量值然后在查询设计器里"直接"应用变量;First:返回分组记录中的第一条;Last:返回分组记录中的最后一条;Expression:表达式;Where:筛选条件语句。

（3）设计参数查询

参数查询，就是查询运行时需要用户输入一些信息（即参数）才能得到结果，输入不同的参数得到不同的查询结果。

在查询的"设计视图"中，将光标定位在需要设置参数的字段下的"条件"行中，输入条件，保存设计结果并运行查询。

如图 4-29 所示，查询交易数量在 1200 以上的商品。在"交易数量"的"条件"行中输入文本">1200"。保存设置并运行即可得到查询结果。

字段:	商品编号	交易数量
表:	商品交易	商品交易
总计:	Group By	合计
排序:		
显示:	☑	☑
条件:		>1200
或:		

商品编号 ▾	交易数量之· ▾
00001 ▾	1593
00002	1358
00004	1372
00005	1291
00007	1385
00010	1203

图 4-29　参数查询示例设计视图

（4）创建交叉表查询

交叉表查询主要用于显示某一字段数据的统计值如求和、计数、求平均值等。它将数据分组显示，一组列在数据表的左侧，一组列在数据表的上部。这样便于用户查看数据，分析数据的规律和趋势。

在"设计视图"中打开查询，单击"设计"选项卡"查询类型"组的"交叉表"按钮，进入交叉表"设计视图"。与普通查询的"设计视图"相比，交叉表查询"设计视图"多了"交叉表"行。单击"交叉表"行可以看到下拉列表框中有"行标题""列标题"和"值"3 个选项。设计查询时至少将一个字段设为"行标题"，另一个字段设为"列标题"，行列交叉处的字段设为"值"。

如图 4-30 所示，查询公司费用情况。设置"费用名称"字段的交叉表行为"行标题"，设置"报销人"字段的交叉表行为"列标题"，设置"报销金额"字段的交叉表行为"值"，汇总方式为"合计"。

字段:	费用名称	报销人	报销金额
表:	费用表	费用表	费用表
总计:	Group By	Group By	合计
交叉表:	行标题	列标题	值
排序:			
条件:			
或:			

图 4-30　交叉表查询示例设计视图

单击"设计"选项卡"结果"组中的"运行"按钮，效果如图 4-31 所示。

费用名称 ▾	费娜 ▾	黄三 ▾	李德华 ▾	王杰 ▾	占得利 ▾	张海燕 ▾	赵刚 ▾	周星 ▾
办公费					500		230	
差旅费			300	500				600
福利费		600						
广告费	1360							
通信费						60		

图 4-31　交叉表查询运行结果

（5）创建查找重复项查询

在某些表中，会使用"自动编号"数据类型的字段作为主键，这虽然保证了主键字段的自动产生及唯一性，但是不能保证记录内容不出现重复。比如部门表中，如果出现两个"销售部"，则可以用查询向导中的"查找重复项查询"实现查找重复记录。

在查询向导中选择"查找重复项查询"后，选择想要查找的表，选择可能包含重复的字段，可以选择多个字段。选中的字段表示这些字段的记录内容相同，即记录重复。然后选择区别重复项的字段。当查询的结果显示后，如果在查询表中删除指定记录，则同时会删除源表格的记录。

（6）创建不匹配项查询

在数据库中，很多表之间是相互关联的，某些特殊的表，甚至要求两表中必须完全包含所有相同的字段。比如教师工资管理数据库，里面包含教师信息表和教师工资表，两张表都有"姓名"字段。以学校教师都领工资的角度看，在教师信息表中出现的姓名都应该同时在教师工资表中出现；以领工资的人都应该是学校教师的角度看，在教师工资表中出现的姓名都应该出现在教师信息表中。所以，两个表中的姓名字段的内容应该相互出现。如果要快速判断两个表中姓名是否一致，可以用"创建不匹配项查询"来实现。

在查询向导中选择"创建不匹配项查询"后，选择第一张表，作为包含完整记录的表，然后选择第二张表，作为待检查的表，选择两张表中相匹配的字段。完成查询后，显示的结果表示是在第一张表中出现而第二张表没出现的记录。而在第二个表中出现但不在第一个表中出现的记录则需要重新再做"创建不匹配项查询"操作，并且要把选择表的顺序相交互。

（7）创建操作查询

操作查询不仅能进行数据的筛选查询，还能对数据表中的数据进行修改。根据操作查询的内容，又分为：更新查询、追加查询、删除查询和生成表查询。

① 更新查询的创建：在"设计视图"中打开查询，单击"设计"选项卡"查询类型"组的"更新"按钮。这时查询设计视图下部的设计网格中将增加一个名为"更新到"的行。在相应字段"更新到"行中输入更新规则，在"条件"行中输入更新条件。运行更新查询，即可按照更新规则对数据源的数据进行更新。

如图 4-32 所示，建立查询，将表中工资大于 3500 的员工工资提高 10%。设置"工资"字段的"更新到"行为"＊1.1"，"条件"行为"＜3500"。

字段：	职务	工资	姓名
表：	员工基础信息	员工基础信息	员工基础信息
更新到：		＂＊1.1＂	
条件：		＜3500	
或：			

图 4-32　更新查询示例设计视图

② 追加查询的创建：在"设计视图"中打开查询，单击"设计"选项卡"查询类型"组中的"追加"按钮，弹出"追加"对话框，选择需要追加数据的表对象。这时查询设计视图下部的设计网格中将增加一个名为"追加到"的行，逐个输入需要追加数据的表对象中的对应字段名，

如图 4-33 所示。运行追加查询即可对指定数据表进行数据的追加。

图 4-33　追加查询

③ 删除查询的创建：在"设计视图"中打开查询，单击"设计"选项卡"查询类型"组的"删除"按钮。这时查询设计视图下部的设计网格中将增加一个名为"删除"的行，在相应字段"条件"行中输入删除条件。运行删除查询即可按指定的条件删除数据源表中的记录。

如图 4-34，图 4-35 所示，建立查询，将"费用表"中报销金额在 500 以上的记录删除，在删除查询设计视图"条件"行输入"＞500"。

字段:	费用名称	报销人	报销金额
表:	费用表	费用表	费用表
删除:	Where	Where	Where
条件:			＞500
或:			

图 4-34　删除查询示例设计视图

费用名称	报销人	报销金额	票据数量
办公费	占得利	500	6
福利费	黄三	600	5
办公费	赵刚	230	1
通讯费	张海燕	60	1
差旅费	王杰	500	6
差旅费	周星	600	5
差旅费	李德华	300	3
广告费	费娜	800	10
广告费	费娜	560	1

费用名称	报销人	报销金额	票据数量
办公费	占得利	500	6
#已删除的	#已删除的	#已删除的	#已删除的
办公费	赵刚	230	1
通讯费	张海燕	60	1
差旅费	王杰	500	6
#已删除的	#已删除的	#已删除的	#已删除的
差旅费	李德华	300	3
#已删除的	#已删除的	#已删除的	#已删除的
#已删除的	#已删除的	#已删除的	#已删除的

图 4-35　删除查询运行结果

④ 生成表查询的创建：在"设计视图"中打开查询，单击"设计"选项卡"查询类型"组的"生成表"按钮，弹出"生成表"对话框，输入生成表的名称并确定新表所属的数据库即可。运行生成表查询即可按指定名称生成一个新表，内容与查询结果一致。

4.1.3　窗体设计

窗体是用户工作的界面，是管理数据库的窗口。窗体可以用于接受用户对数据表进行记录的查看、输入、修改及删除等操作，也可以用于用户对表信息的查询、打印等操作。通过窗体，可以实现程序与用户的交互。

Access 2016 中，窗体一般有 4 种视图模式：窗体视图、数据表视图、布局视图和设计视图。

1. 普通窗体的创建

（1）使用"窗体"工具创建窗体

利用"窗体"工具创建窗体,来自数据源的所有字段都放置在窗体上。

① 在数据库导航窗格中,选择要在窗体上显示数据的表或查询。

② 单击"创建"选项卡"窗体"组的"窗体"按钮,如图 4-36 所示。Access 将创建窗体,并以布局视图显示该窗体。在布局视图中,可以在窗体显示数据的同时对窗体进行设计方面的更改;也可以在设计视图中修改该窗体以更好地满足需要。

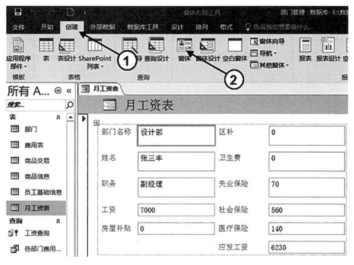

图 4-36　创建窗体

③ 单击"保存"按钮保存新建的窗体。

（2）使用"多项目"工具创建窗体

使用"窗体"工具创建的窗体,一次只能显示一条记录。如果需要一次显示多条记录,可以使用"多项目"工具创建窗体。

① 在数据库导航窗格中,选择要在窗体上显示数据的表或查询。

② 单击"创建"选项卡的"窗体"组的"其他窗体"下拉按钮,选择"多个项目"命令。如图 4-37 所示。

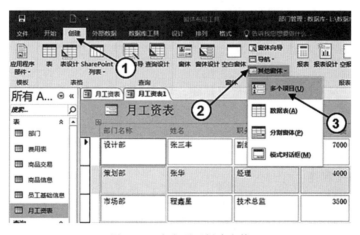

图 4-37　多个项目创建窗体

③ 系统自动创建多项目窗体,单击"保存"按钮保存。

(3) 使用"分割窗体"工具创建分割窗体

分割窗体可以同时提供数据的两种视图:窗体视图和数据表视图,使用分割窗体可以在一个窗体中同时利用两种窗体类型的优势。例如,可以使用窗体的数据表部分快速定位记录,然后使用窗体部分查看或编辑记录。

① 在导航窗格中,选择要在窗体上显示数据的表或查询。或者在数据表视图中打开该表或查询。

② 单击"创建"选项卡"窗体"组的"其他窗体"按钮,在弹出的下拉列表中选择"分割窗体"。Access 将创建分割窗体,并以布局视图显示该窗体。在布局视图中,可以在窗体显示数据的同时对窗体进行设计方面的更改。

③ 单击"保存"按钮保存新建窗体。

(4) 使用"窗体向导"创建窗体

要更好地选择显示在窗体上的字段,可以使用"窗体向导"来替代"窗体"和"多项目"工具。

① 单击"创建"选项卡"窗体"组的"窗体向导"按钮。

② 系统弹出"窗体向导"对话框,根据向导的提示选择窗体的数据源表或查询,再选择窗体中出现的字段。

③ 单击"下一步"按钮,选择窗体布局。如图 4-38 所示,系统总共提供了 4 种布局方式:纵栏表、表格、数据表和两端对齐。

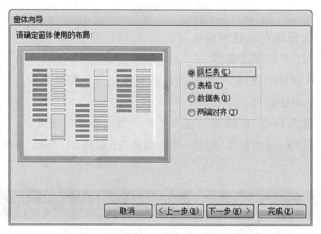

图 4-38 "窗体向导"对话框中确定布局

④ 单击"下一步"按钮,为窗体指定标题。输入窗体的名称,然后可以选择查看窗体还是在设计视图中修改窗体。

⑤ 单击"完成"按钮,即可完成对窗体的创建。

2. 创建高级窗体

(1) 创建父/子窗体

如果需要使用同一窗体查看来自多个表或者查询的数据,只要这些表或者查询之间是一对多的关系,就可以使用创建父/子窗体来操作。如图 4-39 所示.

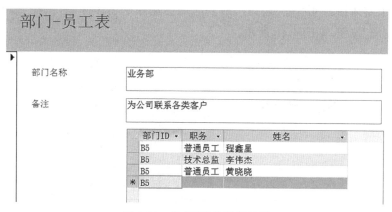

图 4-39　父/子窗体运行效果

在父/子窗体中数据是链接在一起的,子窗体中只会显示与父窗体当前记录相关的记录,所以上图中,显示的三位员工部门都是"B5",也就是属于"业务部",创建父/子窗体的操作方法如下:

① 打开数据库,单击"创建"选项卡"窗体"组的"窗体向导"按钮。

② 在出现的"窗体向导"对话框中,单击"表/查询"下拉按钮,选择对应的表,在下面的"可用字段"中选择想要显示的字段,单击">"按钮;第一个数据表选择好后,单击"表/查询"下拉列表,选择第二个数据表,同时选择好想要显示的字段。所有的数据表和字段选择好后,单击"下一步",如图 4-40 所示。

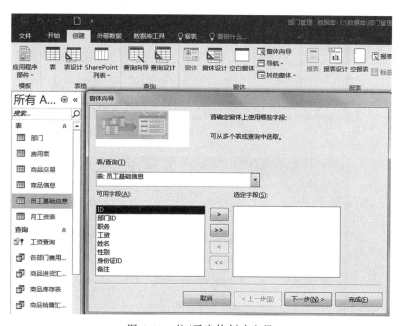

图 4-40　父/子窗体创建向导

③ 数据的查看方式选择父窗体数据,也就是单击"通过部门"选项,然后单击"带有子窗体的窗体",单击"下一步"按钮。如图 4-41 所示。

④ 确认选中"数据表"选项,单击"下一步"按钮。如图 4-42 所示。把窗体标题改成"部

门-员工表",子窗体标题可不改,因为一般到后期会删除子窗体标题,选择"修改窗体设计"
选项,单击"完成"按钮,如图 4-43 所示。

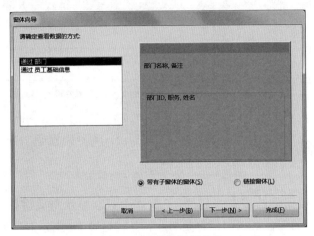

图 4-41　查看数据的方式

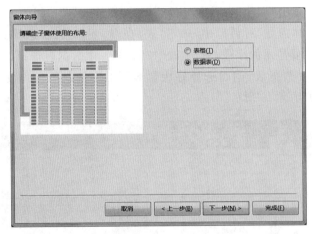

图 4-42　子窗体布局

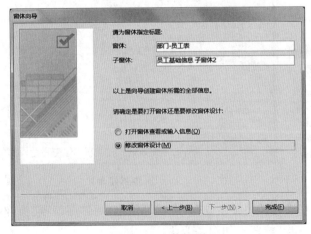

图 4-43　窗体标题

⑤ 单击"完成"按钮后,会显示父/子窗体的设计视图,如图 4-44 所示:

图 4-44　父/子窗体设计视图

⑥ 选择"部门名称""备注"等父窗体的数据,单击"窗体设计工具"下"排列"选项卡"表"组的"堆积"按钮;选择子窗体的"员工基础信息"标签,按"Delete"按钮,删除子窗体的窗体标题。单击软件左下角的视图标签中的"窗体视图",将"设计视图"转换为"窗体视图"。

⑦ 选择"部门 ID"列,单击鼠标右键,在弹出的快捷菜单中选择"字段宽度",在出现的对话框中单击"最佳匹配"按钮,调整子窗体各数据字段的宽度,如图 4-45 所示。

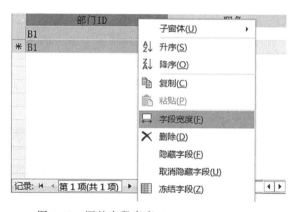

图 4-45　调整字段宽度

(2) 创建图表窗体

Access 2016 中可以通过在空白窗体或者其他任意需要添加图表的窗体上添加"图表"控件,然后通过控件向导的方法创建图表窗体。

① 打开数据库,单击"创建"选项卡"窗体"组的"窗体设计"按钮。

② 单击"窗体设计工具"下"设计"选项卡"控件"组的"图表"控件,在窗体中单击,如

图 4-46 所示。

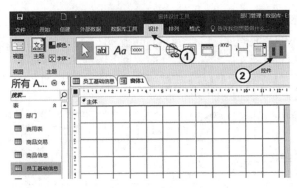

图 4-46　数据透视图窗体"设计视图"

③ 在打开的窗体列表框中,选择用于创建图表的表或者查询,这里选择"员工基础信息"表,然后单击"下一步"按钮,如图 4-47 所示。

图 4-47　创建图表的表或查询选择

④ 将需要在图表中使用的字段添加到"用于图表的字段"列表框,然后单击"下一步"按钮,在打开的对话框中选择一种合适的图表类型,然后单击"下一步"按钮。

⑤ 在出现的对话框中显示已经设置的一种图表布局,如果不合适,可以通过拖动字段的方式进行调整,如图 4-48 所示。

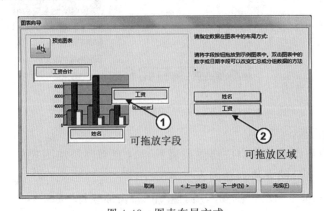

图 4-48　图表布局方式

⑥ 单击"下一步"按钮,在对话框中设置图表的标题和是否需要显示图例,如图 4-49 所示,单击"完成"按钮。

图 4-49　图表标题及图例

⑦ 单击窗体右下角的"窗体视图"按钮,将窗体切换后,可查看实际图表效果。如图4-50所示。

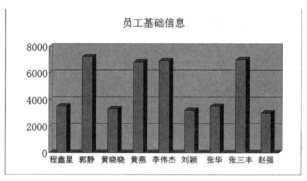

图 4-50　实际图表效果

⑧ 如果要更改图表的设置,可在图表区域双击,进入图表编辑状态,类似 Excel 软件一样操作图表,操作工具如图 4-51 所示。

图 4-51　图表编辑工具

图表编辑工具从左到右依次为:设置图表区格式,导入数据源文件,剪切,复制,粘贴,撤销,按行,按列,模拟运算表,图表类型,分类轴网格线,数值轴网格线,图例,绘图,填充颜色。

3. 使用窗体操作数据

窗体作为和用户交互的主要界面,其最重要的作用就是对数据表数据进行查看、添加、修改和删除等编辑操作。

(1)查看并修改记录

打开窗体,便可对窗体中的数据进行查看操作。对数据进行查看时,可以借助系统提供的导航按钮"记录: ⒈ 第1项(共10项 ▶ ▶ ▶ ▶) ⒉ 无筛选器 ⒊ 搜索 ⒋ ◀ ⒌ ▶"。利用窗体导航按钮可以查看上一条记录、下一条记录、第一条记录、尾记录等,也可以通过在导航按钮中输入记录号直接进行定位。若要修改记录,可以直接修改窗体控件中显示的数据,修改后的结果会保存在窗体数据源中。

(2)添加、删除记录

如果要添加表记录,在窗体导航按钮上单击新记录按钮"▶▪"即可。窗体上将显示一个空白记录,用户可以在相应的控件中输入每一个字段的值。如果要删除记录,选中要删除的记录值,然后直接单击"删除"按钮或者按下"Delete"键。

(3)排序记录

如果要按某字段来排序窗体中表记录,选择要排序的字段列,单击"开始"选项卡"排序和筛选"组的"升序"按钮或"降序"按钮,使所有表记录重新按照该列数据由小到大或由大到小的顺序进行排列。

(4)筛选记录

要在窗体中进行数据筛选,操作与在数据表中进行数据筛选类似。将光标定位到筛选字段列任意位置,单击右键或者单击"开始"选项卡"排序和筛选"组的"筛选"下拉按钮,选择"＊＊筛选器"命令,就可以完成很多筛选功能。具体的操作方法前面已经详细说明,这里不再赘述。

(5)查找记录

在窗体中要查找某特定记录,单击"开始"选项卡"查找"组的"查找"按钮,弹出"查找与替换"对话框。用户可以通过这个对话框来查找或替换某个特定的字段值。具体的操作方法前面已经详细说明,这里不再赘述。

4.1.4 报表设计

报表是 Access 的重要对象,主要用来把数据库中的数据表、查询甚至是窗体中的数据生成报表,供打印输出。在报表中,数据可以被分组和排序,也可以被汇总或加以统计,然后再将这些信息显示和打印出来。

一个报表最多可以由 7 个部分组成:报表页眉、页面页眉、组页眉、主体、组页脚、页面页脚、报表页脚。根据报表中主体节中的内容及其显示方式不同,可以将报表分为 4 种类型:

① 纵栏式报表:在一页的主体节内以垂直方式显示一条或多条记录。

② 表格式报表:以行和列的形式显示记录数据,通常一行显示一条记录、一页显示多条记录。

③ 图表报表:以更直观的方式表示数据之间的关系。

④ 标签报表:全部由标签控件组成,在标签中显示信息。

1. 创建报表

Access 提供了强大的建立报表功能。一般创建报表的步骤可以分为两步:先选择报表数据源;再利用报表工具建立报表。

(1)使用"报表"工具创建报表

① 在数据库导航窗格中,选择用作报表数据源的表或查询。

② 单击"创建"选项卡"报表"组的"报表"按钮。Access 将创建一个包含数据源所有字段的报表。报表将自动使用表格式布局,如果数据源包含足够多的字段,Access 将以横向格式创建报表。

③ 报表在布局视图中打开,这样在显示数据的同时也可以更改报表的布局。例如改变字体颜色、改变背景颜色等。

④ 单击"保存"按钮保存新建的报表。

(2) 使用"报表向导"创建报表

报表向导是一种创建具有大量字段和复杂布局的快速方法。利用报表向导创建报表的具体操作如下:

① 单击"创建"选项卡"报表"组的"报表向导"按钮。

② 系统将弹出"报表向导"对话框,选择要创建报表的表或查询,选择该表中要显示的字段,单击"下一步"按钮,如图 4-52 所示。

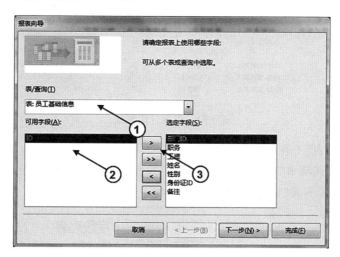

图 4-52　报表向导

③ 单击"下一步"按钮,根据需要添加分组级别。

④ 单击"下一步"按钮,设置数据排序次序及汇总信息。如图 4-53 所示,用户最多可以按 4 个字段对记录进行排序。单击对话框中的"汇总选项"按钮,在"汇总选项"对话框中,用户可以对数字型、货币型的字段设置汇总方式。

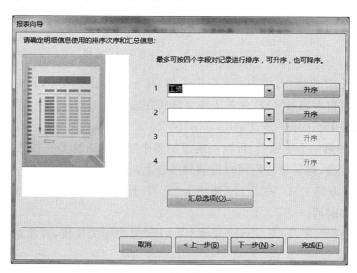

图 4-53　报表字段排序

⑤ 单击"下一步"按钮,设置报表布局方式和打印方向。

⑥ 单击"下一步"按钮,设置报表名称。输入报表的名称,单击"完成"按钮,即完成对报表的创建,进入报表的打印预览视图,如图 4-54 所示。

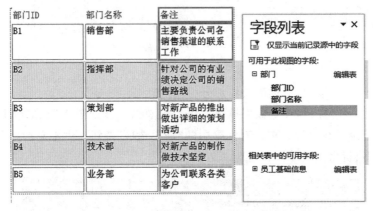

员工基础信息

部门ID	工资	职务	姓名	性别	身份证ID	备注
B1						
	3500	普通员工	张华	女	12346579846513131	无
B2						
	3200	普通员工	刘颖	男	12345678946543516	无
	6800	副经理	黄燕	男	32123132132132131	无
B3						
	3000	普通员工	赵强	女	56497849848546546	无
	7200	经理	郭静	男	79845316816513154	无
B4						
	7000	技术总监	张三丰	男	46587984351684984	无
B5						
	3300	普通员工	黄晓晓	女	59152562055841245	无
	3500	普通员工	程鑫星	男	45868667867867687	无
	6900	技术总监	李伟杰	男	13132465498798465	无

图 4-54　报表打印预览

(3) 使用"空报表"工具创建报表

① 单击"创建"选项卡"报表"组的"空报表"按钮。Access 将在布局视图中打开一个空白报表,并显示"字段列表"窗格,如图 4-55 所示。

部门ID	部门名称	备注
B1	销售部	主要负责公司各销售渠道的联系工作
B2	指挥部	针对公司的有业绩决定公司的销售路线
B3	策划部	对新产品的推出做出详细的策划活动
B4	技术部	对新产品的制作做技术坚定
B5	业务部	为公司联系各类客户

字段列表 ▾ ✕

仅显示当前记录源中的字段

可用于此视图的字段:

⊟ 部门　　　　　　　　编辑表
　　部门ID
　　部门名称
　　备注

相关表中的可用字段:

⊞ 员工基础信息　　　　编辑表

图 4-55　"空白报表"及"字段列表"窗格

② 在"字段列表"窗格中,单击表名旁边的加号(＋),加号变减号,表中可用字段被展开显示出来。若要向报表添加字段,先单击该字段所在表旁边的加号(＋),然后双击该字段或者将其拖动到报表上。

注意 :在添加第一个字段后,可以一次添加多个字段。方法是在按住"Ctrl"键的同时,单击所需的多个字段,然后将它们同时拖动到报表上。

③ 单击"报表布局工具"下"设计"选项卡"页眉/页脚"组中的相关按钮,可向报表添加徽标、标题、日期和时间。

④ 单击"报表布局工具"下"设计"选项卡"主题"组的相关按钮,可重新设置报表外观的颜色和文字的字体。

⑤ 保存新建的报表并命名,完成报表的创建。

(4) 创建标签报表

标签报表,就是将数据库表或查询中的某些字段数据,制作成一个个小的标签,以便打印出来进行粘贴。在实际工作中,标签报表具有很强的实用性。例如设备管理标签,可将其直接贴在财产设备上。下面介绍标签报表的创建过程。

① 在数据库导航窗格中,选择要用作标签数据源的表或查询。

② 单击"创建"选项卡"报表"组的"标签"按钮,弹出"标签向导"对话框。如图 4-56 所示,在该对话框中选择标签的制造商和型号。默认的是 Avery 厂商的 C2166 型号,这种标签的尺寸是 52mm×70mm,一行显示两个。

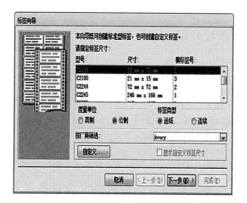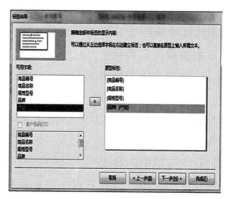

图 4-56　"标签向导"对话框设置标签显示内容

③ 单击"下一步"按钮,设置文本的外观格式。

④ 单击"下一步"按钮,设置标签显示内容。用户可以直接输入要显示的文字,也可以从左边的"可用字段"列表框中选择要显示的字段。具体通过以下步骤在标签的每行上添加显示的字段内容:

● 在"原型标签"上,单击要添加字段的行。

● 输入要在该标签上显示的任何文字、空格或标点。

● 在"可用字段"列表中,双击希望在该行上显示的数据字段。如果添加了某个不需要的字段,可以通过选择该字段然后按"Delete"键将其删除。

⑤ 单击"下一步"按钮,选择标签的排序次序。

⑥ 单击"下一步"按钮,设定报表名称。

⑦ 单击"完成"按钮。如图 4-57 所示,Access 将在"打印预览"模式下打开标签。

00001　　　　　　　　　　　　　　00002
软体跳马　　　　　　　　　　　　城堡滑梯
75*27.5*47cm　　　　　　　　　1000*550*330cm
小龙哈彼　江苏　　　　　　　　　汇乐　浙江

图 4-57　标签报表预览

⑧ 完成后可以在报表的设计视图中进行美化,或者在"打印预览"模式下打印标签。

2. 打印报表

创建报表除了用于数据的查看以外,主要用于数据的打印输出。

(1) 报表的页面设置

① 对报表进行打印,一般先进入报表的打印预览视图。单击"打印预览"选项卡"打印"组的"打印"按钮;或者用鼠标右击报表,在快捷菜单中选择"打印"命令,进入报表的打印设置页面。

② Access 窗口出现了"打印预览"选项卡,用以对报表页面进行各种设置。如纸张大小、打印方向、页边距等,只需在"打印预览"选项卡中单击相应的按钮便可进行设置。

(2) 打印报表

单击"打印预览"选项卡"打印"组的"打印"按钮。弹出"打印"对话框,用来设置打印机、打印范围和打印份数等。单击"确定"按钮,即可进行打印。

3. 数据的导入与导出

Access 数据库中的数据不仅可以供数据库系统自身使用,也可以共享给其他外部的应用项目。Access 数据的共享,一是由外部应用项目通过开放式数据库链接工具实现对 Access 数据的共享;另一种方式是通过 Access 提供的数据导出功能将数据导出从而实现对数据的共享。

(1) Access 数据的导入

一般数据库获得数据的方式主要有两种,一种是在数据表或者窗体中直接输入数据,另一种是利用 Access 的数据导入功能,将外部数据导入到当前数据库中。数据的各种导入操作是通过"外部数据"选项卡的"导入并链接"组中的各种工具按钮完成的。

Access 可以导入多种数据类型的文件,如 Excel、XML、文本和 ODBC 数据库等文件,也可以是其他数据库文件。下面以导入 Excel 文件为例,介绍数据的导入操作。

① 打开数据库,单击"外部数据"选项卡"导入并链接"组的 Excel 按钮"![Excel]",如图 4-58 所示,弹出"获取外部数据-Excel 电子表格"对话框。

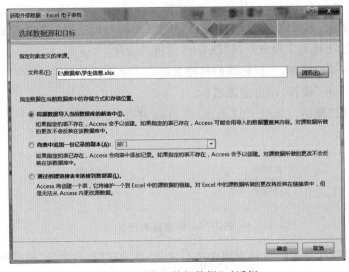

图 4-58 "获取外部数据"对话框

② 单击"浏览"按钮,选择导入的文件,指定导入文件在当前数据库中的存储方式和存储位置。有三种方式可供选择:将源数据导入当前数据库的新表中、向表中追加一份记录的副本、通过创建链接表来链接到数据源。

③ 单击"确定"按钮,如图 4-59 所示,弹出"导入数据表向导"对话框。一个 Excel 工作表可由若干个命名区域组成,所以"导入数据表向导"询问导入数据所在的工作表或命名区域。在"显示工作表"或"显示命名区域"两者中选择一种方式即可。

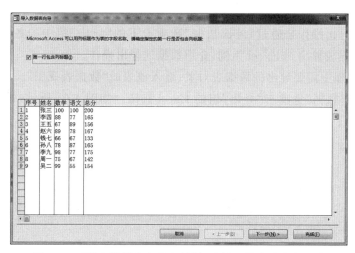

图 4-59　"导入数据表向导"对话框选择工作表或命名区域

④ 单击"下一步"按钮,选定字段名称,即确定第一行是否包含列标题。若第一行包含各列标题,选中"第一行包含列标题"复选框。

⑤ 单击"下一步"按钮,设定字段信息。单击预览窗口中的各列,上面会显示字段的相关信息(如字段名称、数据类型、索引等),可以在窗口中直接修改各个字段的相应信息。

⑥ 单击"下一步"按钮,设置主键。默认的是"让 Access 添加主键";若要自行设置,可选中"我自己选择主键"单选按钮并在其旁边的下拉列表框中选择主键字段。如图 4-60 所示。

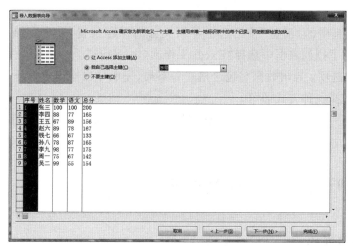

图 4-60　"导入数据表向导"对话框设定字段信息

⑦ 单击"下一步"按钮,设置数据表名称。

⑧ 单击"完成"按钮,保存导入步骤。选中保存导入步骤复选框,则需要继续输入必要的说明信息。若直接单击"关闭"按钮,则导入的表已经在数据库导航窗格中了。

(2) Access 数据的导出

Access 可以将数据导出到多种类型的文件中,包括 Excel 文件、Word 文件、文本文件、SharePoint 列表等,也可以将数据导出到其他的 Access 数据库中,还可以直接使用 Word 中的"邮件合并"功能。

数据的各种导出操作是通过"外部数据"选项卡下的"导出"组中的各种工具按钮完成的。下面以将数据表导出到 Excel 为例,介绍数据的导出操作。

① 打开数据库中需要导出的数据表对象,进入该表的"数据表视图"。

② 单击"外部数据"选项卡"导出"组的 Excel 按钮。如图 4-61 所示,弹出"导出 - Excel 电子表格"对话框。如图 4 - 61 所示。

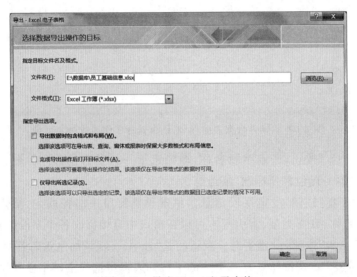

图 4-61　导出 Excel 电子表格

③ 利用对话框中的"浏览"按钮选定导出文件的保存位置,在保存路径后面输入文件名,在"文件格式"下拉列表框中选择"Excel 工作簿(* .xlsx)"。

④ 确定导出选项:导出数据时包含格式和布局、完成导出操作后打开目标文件、仅导出所选记录,从中选择一种方式即可。

⑤ 单击"确定"按钮,即可完成将数据表导出到 Excel 文件的操作。其他类型文件的导出,步骤与之类似。

4.2　项目1:工资管理数据库制作

4.2.1　项目描述

使用 Access 2016 软件,创建工资管理数据库,包含相互关联的五张表,表的基本结构如下所示。

① 职务工资标准(职务 ID,职务,职务工资);

② 职称工资标准(职称 ID,职称,职称工资);

③ 考勤扣除标准(考勤 ID,考勤事项,每次扣除);

④ 员工信息(员工 ID,姓名,性别,部门,职务,职称,基本工资);

⑤ 考勤结果(员工 ID,考勤情况,考勤时间)。

项目描述

要求:

(1) 创建工资管理数据库和五张表。其中"员工信息"表中的"职务"字段来源于"职务工资标准"表中的数据,"职称"字段来源于"职称工资标准"表中的数据,"考勤结果"表中的"员工 ID"字段来源于"员工信息"表中的数据。

(2) 创建表之间的关系。

(3) 给每张表输入数据。

(4) 完成表的各种查询。

① 普通查询,数据先按"基本工资"降序,再按"性别"升序显示;

② 汇总查询,显示不同性别员工的基本工资平均值,不同性别的员工人数;

③ 计算查询,显示员工工资总数(工资总数＝基本工资＋职称工资＋职务工资)

工资的计算方式如下:

$$工资总数＝基本工资＋职称工资＋职务工资;$$

$$应发工资＝工资总数－考勤扣除。$$

④ 交叉表查询,显示不同部门男女员工的人数;

⑤ 重复项查询,查找"职称工资标准"表中重复记录。

4.2.2　知识要点

(1) 创建数据库和相关数据表。

(2) 输入数据或从外部文件中导入数据到数据表。

(3) 建立数据表间关联,实现数据库完整性。

(4) 创建各类查询。

4.2.3　制作步骤

数据源是数据库中创建各种功能的基础。因此在 Access 2016 工作中,首先需要创建数据源。

1. 创建数据库表

(1) 创建数据库

创建数据库

① 启动 Access 2016,在启动界面中,单击"空白桌面数据库";也可以在进入软件后,单击"文件"选项卡中的"新建"选项,在出现的页面中单击"空白桌面数据库",然后在跳出的对话框中单击"浏览…",找到要保存的路径,写入"工资管理数据库"文件名,单击"确定",如图 4-62 所示。

图 4-62　创建数据库

② 此时创建了一个路径和名称为"E：\数据库\工资管理数据库.accdb"的数据库文件,同时会带有一个默认名为"表 1"的空数据表。

(2) 创建数据表

① 鼠标右键单击左侧导航窗格中的"表 1"标签,选择"设计视图"命令。

② 在打开的对话框中将表名称设置为"职务工资标准",单击"确定"按钮。

③ 在设计视图中,设置"职务工资标准"表所包含的字段名称及其数据类型,如图 4-63 所示,完成后保存并关闭表。

创建五张表

④ 选择"职务工资标准"表,单击鼠标右键,选择"复制"命令,在空白处单击鼠标右键选择"粘贴"命令,出现"粘贴表方式"对话框,如图 4-64 所示,输入表名称为"职称工资标准"。

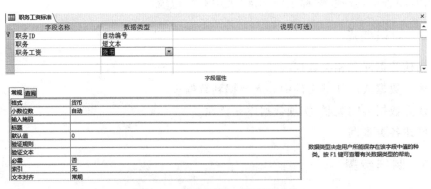

图 4-63　创建"职务工资标准"表

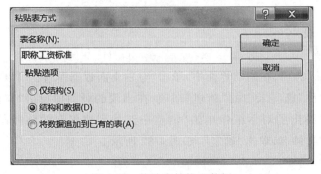

图 4-64　粘贴表结构和数据

以设计视图打开"职称工资标准"表,将字段名称中的"职务"更改为"职称"。

⑤ 单击"创建"选项卡"表格"组的"表设计"按钮,在设计视图中创建新表,输入如图 4-65 所示的字段名称,其中"职务"字段数据类型设置为"查阅向导"。

图 4-65　设置字段数据类型

⑥ 在打开的对话框中单击"下一步"按钮,选择查阅的表为"职务工资标准"表,单击"下一步"按钮。如图 4-66 所示。

图 4-66　设置查阅字段来源

选择"职务工资标准"表,单击"下一步"按钮,在"可用字段"列表中选择"职务"字段,将其添加到"选定字段"列表框中。单击"下一步"按钮,在下拉列表中选择"职务"选项,依次单击"下一步"和"完成"按钮。如图 4-67 所示。

单击"完成"会提示保存表及设置主键,将表中的"员工 ID"设置为主键。以同样的方式设置"职称"字段,数据类型为"查阅向导",选择查阅的表为"职称工资标准"表。

⑦创建"员工信息"表,字段分别为"员工 ID","姓名","性别","部门","职务","职称","基本工资"。单击"创建"选项卡"表格"组的"表设计"按钮,在出现的设计视图中输入字段

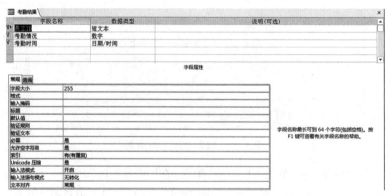

图 4-67　排序字段

名称和选择数据类型。先创建"员工 ID","姓名","性别","部门","基本工资"等字段。然后设置"员工 ID"字段为主键,选择"员工 ID"字段后,单击"表格工具"下面"设计"选项卡下面"工具"组的"主键"按钮,此时在"员工 ID"字段边出现钥匙的图标,表示主键设置成功。

添加"职务"字段,数据类型设置为"查询向导",在跳出的"查询向导"对话框中选择"使用查阅字段获取其他表或查询中的值",单击"下一步",选择"职务工资标准",以获取"职务工资标准"表中的"职务"字段的数据值。采用这种方式设置数据类型,会提示先保存数据表,把数据表保存名称为"员工信息"表,用同样的方法添加"职称"字段。

⑧ 创建"考勤扣除标准"表,字段分别为"考勤 ID""考勤事项""每次扣除";然后创建"考勤结果"表,单击"员工 ID"字段数据类型为"查阅向导"并绑定"员工信息"表的"员工 ID"字段,单击"考勤情况"字段,设置数据类型为"查阅向导"并绑定"考勤扣除标准"表的"考勤事项"字段,如图 4-68 所示。

图 4-68　考勤结果表

(3) 设置表关系

① 关闭所有打开的表,然后单击"数据库工具"选项卡"关系"组的"关系"按钮。如图 4-69 所示。

设置表关系

图 4-69 设置表之间关系

② 如果关系窗口中显示的表不完全,可以单击"关系工具"下"设计"选项卡"关系"组的"显示表"按钮,在出现的列表窗口中选择没有显示的表,单击"添加"按钮,如图 4-70 所示。

图 4-70 关系工具—设计

③ 图在 4-70 中,单击"编辑关系"按钮,在出现的对话框中单击"新建"按钮,新建一个新的关系,如图 4-71 所示。

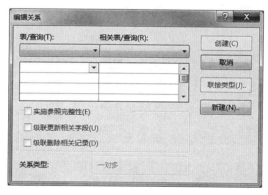

图 4-71 编辑关系

④ 在打开的对话框中,设置关系的左右表以及相关的字段名,单击"确定"按钮。如左表选择"考勤结果",左列名称选择"员工 ID",右表选择"员工信息",右列名称选择"员工 ID",单击"确定"后,即可建立"员工信息"表和"考勤结果"表的关系。同样的操作设置好"职务工资标准"和"员工信息"、"职称工资标准"和"员工信息"、"考勤扣除标准"和"考勤结果"各个表之间的关系,效果如图 4-72 所示。

⑤ 给每张表输入数据,如图 4-73 所示。

由于在创建数据表时,"员工信息"表的"职务"和"职称"字段都绑定于别的表,所以输入数据的时候,如图 4-73 中的"职务"和"职称"字段的数据应该单击下拉列表按钮,在出现的列表值中选择一个即可。同理,"考勤结果"表的"员工 ID"字段绑定"员工信息表",所以在"考勤结果"表中输入记录时,"员工 ID"字段的数据应该单击下拉按钮选择数据;"考勤情况"字段绑定了"考勤扣除标准"表的"考勤事项"字段,所以"考勤情况"字段的数据应该单击

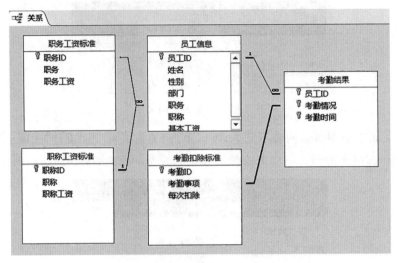

图 4-72 表间关系

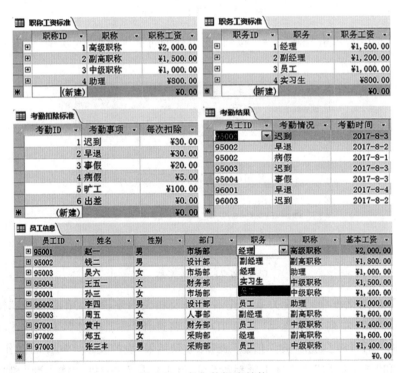

图 4-73 各个数据表结构

下拉按钮选择数据。这保证了相关联的表之间数据的一致性。

2. 创建查询

创建表并在表间创建关联后,可以通过查询来筛选表中有用的数据,具体完成以下几个查询。

(1)创建"员工信息查询",可以查看公司所有员工的信息,并首先按照"基本工资"降序,然后按照"性别"升序的方式显示。

创建查询1

① 单击"创建"选项卡"查询"组的"查询向导"按钮,弹出"新建查询"向导对话框。

② 在"新建查询"向导对话框中选择"简单查询向导"命令,单击"确定"按钮。

③ 如图 4-74 所示,在对话框的"表/查询"下拉列表中,选择"表:员工信息",在"可用字段"列表中选择所有字段,单击"下一步"按钮。

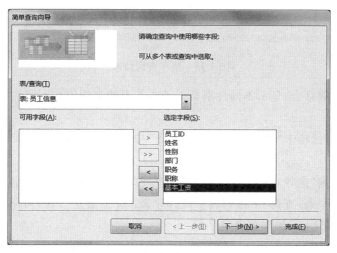

图 4-74　简单查询向导

④ 选择"明细(显示每个记录的每个字段)",单击"下一步"按钮。

⑤ 在出现的"简单查询向导"对话框中,为查询指定标题处输入"员工信息查询",选择"修改查询设计"选项,单击"完成"按钮。

⑥ 在出现的"员工信息查询"设计视图中,单击"基本工资"的排序单元格,在出现的下拉列表中选择"降序",去掉"性别"字段的显示复选框,在"基本工资"后面添加"性别"字段,在排序单元格中单击,选择"升序",如图 4-75 所示。

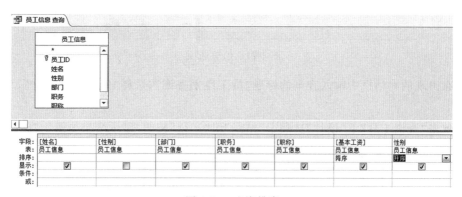

图 4-75　查询排序

注:多字段排序,按字段出现的先后顺序作为排序的依据字段。本题要求先按"基本工资",再按"性别"排序,所以应该让"性别"字段出现在"基本工资"字段之后。

⑦ 单击"查询工具"下"设计"选项卡"结果"组的"运行"按钮,结果如图 4-76 所示。

图 4-76　排序查询结果

（2）查询员工信息表，显示不同性别员工基本工资的平均值和不同性别员工人数

① 单击"创建"选项卡"查询"组的"查询向导"按钮。弹出"新建查询"向导对话框。

创建查询 2

② 在"新建查询"向导对话框中选择"简单查询向导"命令，单击"确定"按钮。

③ 在对话框的"表/查询"下拉列表中，选择"表：员工信息"，在"可用字段"列表中选择"性别"和"基本工资"字段添加到选定字段。

④ 选择"汇总"，单击"汇总选项"按钮。设置如图 4-77 所示，然后单击"下一步"按钮。

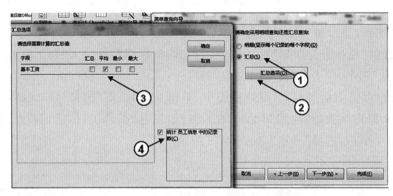

图 4-77　汇总选项

⑤ 在出现的对话框中输入查询的标题"员工性别查询"，选择"修改查询设计"，单击"完成"按钮。

⑥ 单击"查询工具"下"设计"选项卡"结果"组"运行"按钮，显示结果如图 4-78 所示。

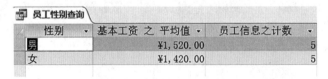

图 4-78　汇总查询结果

（3）查询员工信息表，显示所有员工工资总数（工资总数＝基本工资＋职务工资＋职称工资）

① 单击"创建"选项卡"查询"组的"查询向导"按钮。弹出"新建查询"向导对话框。

② 在"新建查询"向导对话框中选择"简单查询向导"命令,单击"确定"按钮。

③ 在对话框的"表/查询"下拉列表中,选择"表:员工信息",在"可用字段"列表中选择"姓名""基本工资""职称""职务"字段,重新选择"表:职务工资标准"表,选择"职务工资"字段,重新选择"表:职称工资标准"表,选择"职称工资"字段。

④ 单击"下一步"按钮,选择"明细(显示每个记录的每个字段)",单击"下一步"按钮,在出现的对话框中输入标题"员工工资查询",选择"修改查询设计"选项,单击"完成"按钮,显示如图 4-79 所示界面:

字段	姓名	职务	职称	基本工资	职称工资	职务工资	▼
表	员工信息	员工信息	员工信息	员工信息	职称工资标准	职务工资标准	
排序							
显示	✓	✓	✓	✓	✓	✓	☐
条件							
或							

图 4-79　计算查询结果

⑤ 在如图 4-79 所示的"职务工资"右侧空白单元格位置单击鼠标右键,选择"生成器",在出现的生成器中输入如图 4-80 所示的公式。"工资总数:"直接输入,后面的[员工信息]![基本工资]等字段名称及操作符可在对话框左下区域的"表达式元素"中对应数据库表里选择。

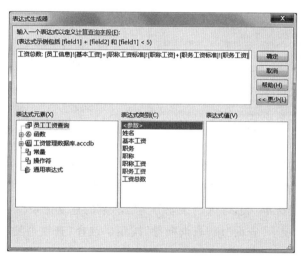

图 4-80　表达式生成器

⑥ 单击"查询工具"下"设计"选项卡"结果"组的"运行"按钮,可以看到如图 4-81 所示的结果。

姓名	职务	职称	基本工资	职称工资	职务工资	工资总数
赵一	经理	高级职称	¥2,000.00	¥2,000.00	¥1,500.00	¥5,500.00
钱二	经理	副高职称	¥1,800.00	¥2,000.00	¥1,500.00	¥5,300.00
孙三	员工	中级职称	¥1,400.00	¥1,000.00	¥1,000.00	¥3,400.00
李四	员工	助理	¥1,000.00	¥1,000.00	¥1,000.00	¥3,000.00
周五	副经理	副高职称	¥1,600.00	¥1,500.00	¥1,200.00	¥4,300.00
吴六	实习生	助理	¥1,000.00	¥800.00	¥800.00	¥2,600.00
黄中	员工	中级职称	¥1,400.00	¥1,000.00	¥1,000.00	¥3,400.00
郑五	经理	副高职称	¥1,600.00	¥2,000.00	¥1,500.00	¥5,100.00
张三丰	员工	中级职称	¥1,400.00	¥1,000.00	¥1,000.00	¥3,400.00
王五一	副经理	中级职称	¥1,500.00	¥1,500.00	¥1,200.00	¥4,200.00
*						

图 4-81　查询结果

提高:进一步查询显示应发工资,应发工资＝工资总数－考勤扣款

(4)交叉表查询,显示员工信息表中不同部门男女员工的人数

① 单击"创建"选项卡"查询"组的"查询向导"按钮。弹出"新建查询"向导对话框。

创建查询3

② 在"新建查询"向导对话框中选择"交叉表查询向导"命令,单击"确定"按钮。

③在指定哪个表包含交叉表查询所需的字段中,选择"表:员工信息",单击"下一步"按钮。在指定哪些字段的值作为行标题中,选择:"部门"字段,作为行标题的字段最多可以选择 3 个;在指定哪些字段作为列标题中,选择:"性别"字段;在确定为每个列和行的交叉点计算出什么数字中,选择:"员工 ID"字段,函数选择:计数。如图 4-82 所示。

④ 在指定查询的名称处输入"员工信息交叉表查询",选择"修改设计"命令,单击"完成"按钮。

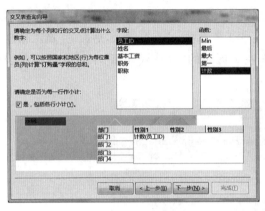

图 4-82 交叉查询设置　　　　图 4-83 交叉查询运行结果

⑤ 单击"查询工具"下"设计"选项卡"结果"组"运行"按钮,运行结果如图 4-83 所示。

(5)重复项查询,查找"职称工资标准"表中重复记录

① 双击"职务工资标准"表,输入一条职务为"经理"的重复记录。

② 单击"创建"选项卡"查询"组"查询向导"按钮。选择"查找重复项查询向导"命令,单击"确定"按钮。

③ 在确定用以搜寻重复字段值的表中选择"职务工资标准"表。在确定可能包含重复信息的字段中选择"职务"字段,单击"下一步"按钮,如图 4-84 所示;在确定其他可用字段中选择"职务工资""职务 ID"字段,单击"下一步"按钮。

④ 在指定查询的名称处输入:查找职务工资标准的重复项,选择"修改设计"命令,单击"完成"按钮。

⑤ 单击"查询工具"下"设计"选项卡"结果"组"运行"按钮,运行结果如图 4-85 所示。

⑥ 运行结果表明在表中有两条职务都为"经理"的记录,选择其中一条记录,单击鼠标右键,选择"删除记录"命令,即可同时在查询表和原始表中删除该记录。

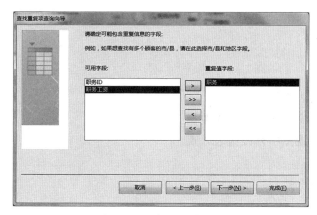

图 4-84　重复项查询设置

图 4-85　重复项查询运行结果

4.2.4　项目小结

本项目涉及了 Access 数据库的几个主要概念和基础操作,包括如何建立数据库及数据表;如何设置数据表的关系;如何确保数据库的数据完整性;如何实现不同的查询显示等。

4.2.5　举一反三

设计并创建一个"商品销售数据库"

在库中设计 4 张以上的表,表与表之间具有一定的关系,根据表之间的数据关系,设计计算查询、汇总查询、交叉表查询、条件参数查询及操作查询(更新、删除)。

4.3　项目 2:工资管理系统的设计与制作

4.3.1　项目描述

使用 Access 2016 为某公司编制一个工资管理系统,要求在工资管理数据库的基础上完成相关窗体、报表等功能设计。原始的数据库包含以下三张表及多条记录,三张表结构如下:

① 员工基础信息(ID,部门 ID,职务,工资,姓名,性别,身份证 ID,备注);

② 工资信息(部门名称,姓名,职务,工资);

③ 部门(部门 ID,部门名称,备注)。

项目描述

要求:

(1) 创建和完善数据库表。

(2) 创建窗体,能够对公司人员进行增减修改等管理。

(3) 按所需关键字查阅人员工资。

(4) 对工资库按指定关键字进行排序。

（5）建立报表进行工资总额的汇总及打印。

（6）能输出工资表及工资条。

4.3.2　知识要点

（1）创建各种查询如计算查询、生成表查询等。

（2）利用"多个项目"建立窗体，使用窗体操作数据表数据。

（3）利用向导创建报表，在报表设计视图中修改报表外观。

4.3.3　制作步骤

1. 计算工资表

编制一个工资管理系统，当公司有员工新进或离职的时候，只需要做一些简单的操作便可以轻松地制作出当月的工资表。

管理工资，首先要根据员工的基本信息建立完善工资表。这里可以通过查询的计算功能来确定工资表中各个字段的关系。

计算工资表

① 首先打开原始的数据库"工资管理数据库 2.accdb"，库中已经包含"部门""工资信息""员工基础信息"三张表。

② 单击"创建"选项卡"查询"组的"查询设计"按钮，打开查询设计窗口并弹出"显示表"对话框。

③ 在"显示表"对话框中的"表"选项卡列表中选择"部门"和"员工基础信息"表，单击"添加"按钮。单击"关闭"按钮，关闭"显示表"对话框。

④ 在下方的编辑区依次选择"部门"表中的"部门名称"字段以及"员工基础信息"表中的"姓名""职务""工资"字段。在"工资"字段列上，单击鼠标右键，在快捷菜单中选择"属性"命令。

⑤ 如图 4-86 所示，弹出"属性表"对话框，在对话框中选择"常规"选项卡。将"格式"属性设置为"标准"，将"小数位数"属性设置为"2"，关闭"属性表"窗口。

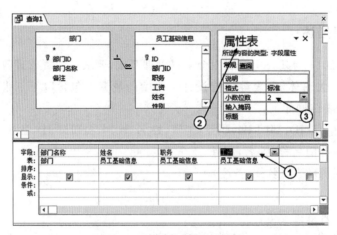

图 4-86　"工资查询"设计视图

⑥ 在查询设计网格中选择"工资"字段旁边的空白列，在该列的"字段"行中单击右键，在弹出的快捷菜单中选择"生成器"命令。

⑦ 弹出"表达式生成器"对话框,使用表达式创建一个新字段"房屋补贴"。如图 4-87 所示,输入表达式"IIf([员工基础信息]![职务]="普通员工",[员工基础信息]![工资]*.06,0)",单击"确定"按钮。其中:"房屋补贴:"由键盘输入,IIf 函数由表达式函数中的"函数"列表中选中后双击添加到输入框位置,"[员工基础信息]![职务]"和"[员工基础信息]![工资]"由表达式元素中的"工作管理数据库 2.accdb"中对应的表选择字段名后双击添加到输入框位置。其他数据由键盘输入获取。

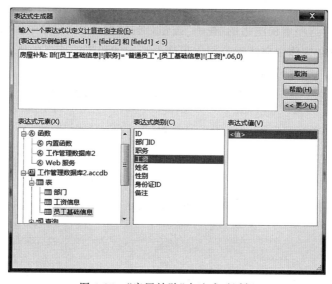

图 4-87 "房屋补贴"表达式对话框

⑧ 重复步骤⑦,依次创建如下字段:

区补:IIf([员工基础信息]![职务]="普通员工",100,0)

卫生费:IIf([员工基础信息]![性别]="女",20,0)

失业保险:[员工基础信息]![工资]*.01

社会保险:[员工基础信息]![工资]*.08

医疗保险:[员工基础信息]![工资]*.02

应发工资:[工资]+[房屋补贴]+[区补]+[卫生费]-[失业保险]-[社会保险]-[医疗保险]

⑨ 单击"保存"按钮,在弹出的"另存为"对话框中将查询命名为"工资查询"。

⑩ 单击"设计"选项卡"结果"组的"运行"按钮,查询的字段结果如图 4-88 所示。

工资	房屋补贴	区补	卫生费	失业保险	社会保险	医疗保险	应发工资
2,500.00	150	100	20	25	200	50	2495
7,000.00	0	0	0	70	560	140	6230
2,500.00	150	100	0	25	200	50	2475
2,000.00	120	100	20	20	160	40	2020
4,000.00	0	0	0	40	320	80	3560
3,500.00	0	0	0	35	280	70	3115
2,300.00	138	100	0	23	184	46	2285
3,500.00	0	0	0	35	280	70	3115
2,000.00	120	100	20	20	160	40	2020

图 4-88 查询结果

2. 创建人员增减录入窗体

设计人员增减录入窗体,以方便应对公司随时的人员变动问题。

① 打开数据库,选定导航窗格中的“员工基础信息”表。

② 单击“创建”选项卡“窗体”组的“其他窗体”下拉按钮,选择“多个项目”命令。

③ 单击“保存”按钮,在弹出的“另存为”对话框中将新窗体命名为“员工信息录入窗体”。

创建人员增减录入窗体

④ 选择“设计”选项卡视图组的“视图”按钮,选择“窗体视图”命令。窗体的运行效果如图 4-89 所示,可以在窗体中完成对公司人员变动情况的编辑或信息的查询。

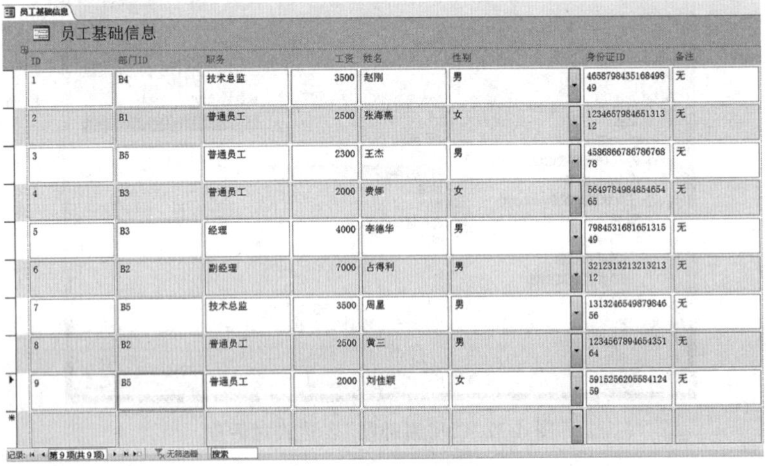

ID	部门ID	职务	工资	姓名	性别	身份证ID	备注
1	B4	技术总监	3500	赵刚	男	465879843516849849	无
2	B1	普通员工	2500	张海燕	女	123465798465131312	无
3	B5	普通员工	2300	王杰	男	458686678678676878	无
4	B3	普通员工	2000	费娜	女	564978498485465465	无
5	B3	经理	4000	李德华	男	798453168165131549	无
6	B2	副经理	7000	占得利	男	321231321321321312	无
7	B5	技术总监	3500	周星	男	131324654987984656	无
8	B2	普通员工	2500	黄三	男	123456789465435164	无
9	B5	普通员工	2000	刘佳颖	女	591525620558412459	无

图 4-89 窗体预览

例如公司新进一名员工李红,要在窗体中录入她的信息“B1 普通员工 2500 李红女 332578198012035028 无”。操作步骤如下:单击“开始”选项卡“记录”组的“新建”按钮;或者点击导航按钮的新记录按钮“▶※”。系统会在窗体中自动新建一行,在新的行中输入对应的信息即可。

如果需要在窗体中删除离职的员工记录信息,单击要删除记录左侧的行选择区域。在“开始”选项卡的“记录”组中,单击“删除”按钮,在弹出的对话框单击“是”按钮。

如果要按工资从高到低对公司所有人员排序,光标定位在“工资”字段列任意一个单元格,单击“开始”选项卡“排序和筛选”组的“降序”按钮,则对员工基础信息按工资进行降序排序。

3. 创建父/子窗体

创建父/子窗体是查看多个表或查询数据的一种常用操作,但是对这些表或查询的关系有一个限定要求,只有一对多的表或查询才可以制作父/子窗体。

创建父/子窗体

创建“部门”表和“工资信息”表的父/子窗体。能显示不同部门员工的工资信息,其具体的操作步骤如下。

(1) 编辑“部门”表和“工资信息”表的关系

① 单击“数据库工具”选项卡“关系”组的关系按钮,查看到“部门”表和“工资信息”表没

有设置关系。

② 单击"关系工具"下"设计"选项卡"工具"组的"编辑关系"按钮。

③ 按前面所学方法新建两表的关系,结果为一对一关系表。不符合创建父/子窗体的一对多关系。选择刚创建的关系,按下键盘的"Delete"键删除该关系。

（2）修改"工资信息"表结构

① 在左侧导航窗格中选择"工资信息"表,单击鼠标右键,选择"设计视图"命令。

② 单击表结构的第一行,单击鼠标右键,选择"插入行"命令。

③ 在出现的空行中输入"部门"表的主键"部门 ID",数据类型为"短文本",单击"保存"按钮,关闭"工资信息"表。

④ 重新创建"部门"表和"工资信息"表的关系,此时为一对多关系。

（3）利用向导创建父/子窗体

① 打开数据库,单击"创建"选项卡"窗体"组的"窗体向导"按钮。

② 在出现的"窗体向导"对话框中,单击"表/查询"下拉按钮,选择"部门"表,在下面的"可用字段"中选择"部门 ID"和"部门名称"字段,单击"＞"按钮;第一个数据表选择好后,单击"表/查询"下拉列表,选择"工资信息"表,同时选择好想要显示的"姓名""职务""工资"等字段。所有的数据表和字段选择好后,单击"下一步"。

③ 数据的查看方式选择父窗体数据,也就是单击"通过部门"选项,然后单击"带有子窗体的窗体",单击"下一步"按钮。只有两个表关系为一对多才会出现父/子窗体选择的界面。

④ 确认选中"数据表"选项,单击"下一步"按钮。把窗体标题改成"部门—员工信息查看表",子窗体标题可不改,选择"修改窗体设计"选项,单击"完成"按钮。

⑤ 单击"完成"按钮后,会显示父/子窗体的设计视图。

⑥ 利用"窗体设计工具"下各选项卡工具美化父/子窗体

4. 设计工资表

当公司的员工信息和每个员工基本工资信息等确定下来以后,需要将这些内容以工资表的形式输入并打印出来。

设计工资表

（1）创建月工资表

① 在数据库的导航窗格中,选择"工资查询"对象。单击右键,在快捷菜单中选择"设计视图"命令,在设计视图中打开"工资查询"。

② 单击"设计"选项卡"查询类型"组的"生成表"按钮。

③ 如图 4-90 所示,系统弹出"生成表"对话框,输入"月工资表"表名称,单击"确定"按钮。

④ 单击"保存"按钮保存对"工资查询"的修改,然后将其关闭。

⑤ 在数据库的导航窗格中,双击修改后的"工资查询"。弹出对话框提示"您正准备执行生成表查询,该查询将修改您表中的数据",单击"是"按钮确认创建新表。

⑥ 确认创建新表后,系统会弹出对话框确认是否向新表粘贴数据。单击"是"按钮确认,此时导航窗格中会自动创建一个名为"月工资表"的新表,如图 4-91 所示。

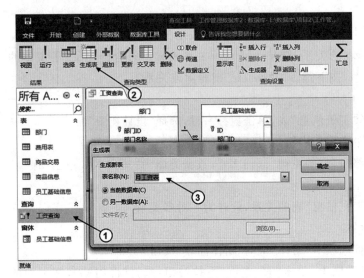

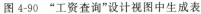

图 4-90　"工资查询"设计视图中生成表

图 4-91　数据库导航
窗口新增"月工资表"

（2）创建月工资报表

① 单击"创建"选项卡"报表"组的"报表向导"。

② 弹出"报表向导"对话框，在对话框中的"表/查询"下拉列表框中选择"表：月工资表"。单击按钮"⟫"，将所有字段添加到"选定字段"列表框中。

③ 单击"下一步"按钮，从左边列表框中选择"部门名称"作为分组字段，如图 4-92 所示。

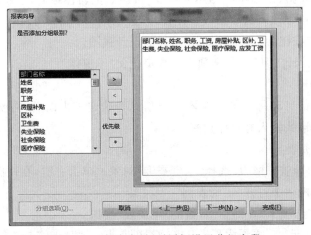

图 4-92　"报表向导"对话框设置分组字段

④ 单击"下一步"按钮，选择"工资"作为排序字段，"升序"作为排序方式。

⑤ 报表的布局方式选择"表格"，方向为"纵向"，单击"下一步"按钮，输入"月工资报表"作为报表的名称。

⑥ 选择"修改报表设计"选项，单击"完成"按钮，完成报表的创建并在设计视图中将其打开。

⑦ 在报表"页面页眉"区中依次调整各个字段标签至合适位置。单击要调整位置的字

段标签并按住左键拖动,即可将该字段标签移至合适的位置。

⑧ 在报表"页面页眉"区中依次调整各个字段标签至合适大小。如选中"部门名称",对应的字段标签四周出现 8 个控制端点。将鼠标移到左右两侧的控制端点处,等待鼠标变成左右双向箭头时按住左键拖动,即可调整该标签至合适的宽度。如要调整字段标签的高度,只需将鼠标移至上下两侧的控制端点处,等待鼠标变成上下双向箭头时按住左键拖动即可。

⑨ 在报表"页面页眉"区中依次调整各个字段标签间的间距。按住 ctrl 键依次将全部字段标签选中,在"报表设计工具－排列"选项卡的"调整大小和排序"组中,单击"大小/空格"按钮,在弹出的下拉菜单中选择"间距"组的"水平相等"命令。

⑩ 在报表"页面页眉"区中依次调整各个字段标签间的对齐方向。按住 ctrl 键依次将全部字段标签选中,在"报表设计工具－排列"选项卡的"调整大小和排序"组中,单击"对齐"按钮,选择"靠下"命令。

⑪ 重复步骤⑦⑧⑨⑩,依次调整"主体""部门名称页脚""报表页脚"等区域的控件位置、大小、间距和对齐格式。

⑫ 完成报表中各区域控件格式设置和修改后,单击"报表设计工具"下"设计"选项卡"视图"组的"视图"下拉按钮,选择"报表视图"命令,可以看到报表的效果如图 4-93 所示。

工资	部门名称	姓名	职务	房屋补贴	区补上费		失业保险	社会保险	医疗保险	工资
2000	业务部	刘佳颖	普通员工	120	100	20	20	160	40	2020
2000	策划部	费娜	普通员工	120	100	20	20	160	40	2020
2300	业务部	王杰	普通员工	138	100	0	23	184	46	2285
2500	指挥部	黄三	普通员工	150	100	0	25	200	50	2475
2500	销售部	张海燕	普通员工	150	100	20	25	200	50	2495
3500	业务部	周星	技术总监	0	0	0	35	280	70	3115
3500	技术部	赵刚	技术总监	0	0	0	35	280	70	3115
4000	策划部	李德华	经理	0	0	0	40	320	80	3560
7000	指挥部	占得利	副经理	0	0	0	70	560	140	6230

图 4-93　"月工资表"报表视图

5. 打印工资单

工资表财务留用一份用于做账,另外还需一份用于发放员工工资时使用。工资单的制作不需要重新创建报表,只需要在原工资表的基础上进行格式的修改即可。

打印工资单

① 在"报表页眉"区域上,单击鼠标右键,在弹出的快捷菜单中选择"排序和分组"命令。

② 如图 4-94 所示,在报表窗体的下方增加"分组、排序和汇总"窗格。选择窗格中的"分组形式 部门名称"行,单击该行中的"删除"按钮将"部门名称"分组删除。

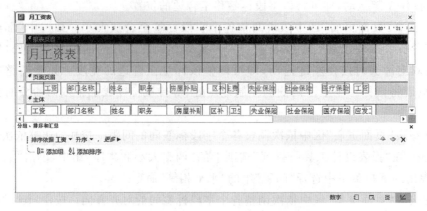

图 4-94 "分组、排序和汇总"对话框

③ 按住"Ctrl"键,单击"页面页眉"区域中的所有控件,然后按住鼠标左键将这些控件移到"主体"区域中。报表设计视图"主体"区域中的各个控件位置如图 4-95 所示。

图 4-95 "打印工资单"报表设计视图

④ 为了让报表的设计更为清楚直观,去掉报表设计视图中的网格线。右击"页面页眉"区域,在弹出的快捷菜单中选择"网格"命令,即可去掉报表设计视图中的网格线。

⑤ 单击"报表设计工具"下"设计"选项卡"控件"组的"直线"按钮。按住左键,在报表"主体"区域各个字段标签的上面画出一条横线。

⑥ 如图 4-96 所示,为了让报表美观,可以根据具体的需要在报表"主体"区域中创建多条横、竖直线,以便将工资单中各个字段信息分隔。

⑦ 单击"报表页眉"区域中的标题控件,将光标定位于标签内,删除"月工资表"并输入"工资单"。按住左键,将该标题控件拖到"报表页眉"区域的中间。

⑧ 单击"报表设计工具"下"设计"选项卡"工具"组的"属性表"按钮,在弹出的"属性表"窗口的"格式"选项卡中,设置"标题"属性为"工资单"。

⑨ 单击"保存"按钮保存对"打印工资单"报表的修改。

⑩ 单击"报表设计工具"下"设计"选项卡"视图"组的"视图"下拉按钮,选择"报表视图"命令,可以看到"打印工资单"报表的效果如图 4-97 所示。

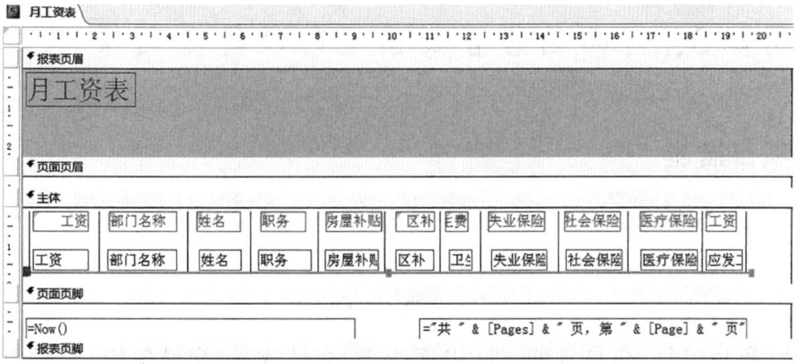

图 4-96 “虚线”属性对话框

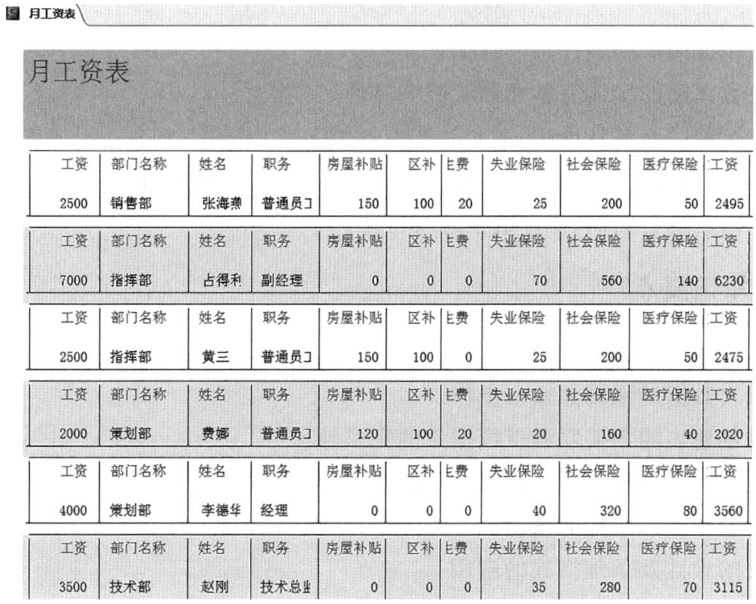

月工资表

工资	部门名称	姓名	职务	房屋补贴	区补	生费	失业保险	社会保险	医疗保险	工资
2500	销售部	张海燕	普通员	150	100	20	25	200	50	2495
7000	指挥部	占得利	副经理	0	0	0	70	560	140	6230
2500	指挥部	黄三	普通员	150	100	0	25	200	50	2475
2000	策划部	费娜	普通员	120	100	20	20	160	40	2020
4000	策划部	李德华	经理	0	0	0	40	320	80	3560
3500	技术部	赵刚	技术总	0	0	0	35	280	70	3115

图 4-97 “工资单”报表视图

4.3.4 项目小结

本项目主要用到了 Access 数据库的如下几个知识点：如何根据已有的数据表创建计算查询，如何根据已有的查询生成新的数据表；如何利用“多个项目”工具创建窗体，如何利用窗体对数据进行添加、修改、删除、查找等操作；如何利用向导创建汇总报表，如何根据实际需要来修改报表的布局和外观以便更好地呈现信息等。读者通过学习，可以开发类似的数据库管理系统。

4.3.5 举一反三

设计并创建一个“库存管理系统”

在库中设计 4 张以上的表，表与表之间具有一定的关系，根据表与表之间的数据关系，设计各类窗体、设计输出报表和打印报表。

4.4　项目 3：商品销售管理系统的设计与制作

4.4.1　项目描述

为某公司设计一个简单的商品销售管理系统,要求对商品信息、商品入库、商品交易和库存等进行管理。数据库表的结构如下:

商品信息(商品编号,商品名称,规格型号,品牌,产地);

商品交易(商品编号,交易日期,进/出库标志,交易数量,交易单价,交易金额,经办人);

员工基础信息(ID,职务,工资,姓名,性别,身份证 ID,备注)。

要求:

(1) 建立包含商品相关信息的数据表。

(2) 确保数据库的实体完整性和参照完整性。

(3) 能进行商品交易管理。

(4) 输入符合查询要求的商品名称,可查阅指定商品的销售利润及库存。

(5) 能对商品进行利润、库存的汇总及打印。

项目描述

4.4.2　知识要点

(1) 数据表的设计及创建。

(2) 数据表数据的编辑如输入操作。

(3) 通过创建表间的关联确保数据库的完整性。

(4) 各类查询特别是汇总查询、计算查询和参数查询的创建。

(5) 窗体的创建和布局的修改。

(6) 报表的设计及条件格式的应用。

4.4.3　制作步骤

1. 建立数据源

本项目主要实现商品、商品进库、商品销售等信息的管理,首先需要建立存储商品相关信息的数据表。

(1) 创建数据表

① 创建"商品管理"数据库,单击"创建"选项卡"表格"组的"表设计"按钮,进入表的设计视图。

创建数据表

② 如图 4-98 所示,在表中依次创建字段:商品编号、商品名称、规格型号、品牌以及产地,注意数据类型的字段大小。如"商品编号"字段的长度根据实际判断不超过 20 个字符,所以设置其字段大小为 20。

③ 点击"保存"按钮,在弹出的"另存为"对话框中输入表的名称"商品信息"并单击"确定"按钮。

④ 设置字段"商品编号"作为本表的主键。右击"商品编号",在快捷菜单中选择"主键"

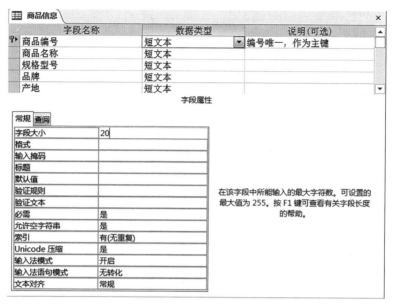

图 4-98　商品信息表

命令。

⑤ 单击表设计窗口的"关闭"按钮,完成"商品信息"表的设计。

⑥ 关闭"商品信息"表。单击"外包数据"选项卡"导入并链接"组的"Excel"按钮,在"获取外部数据 - Excel 电子表格"对话框中选择本书提供的"商品信息.xlsx"电子表格文件。并选择"向表中追加一份记录的副本",单击"确定"按钮,完成记录的添加。

⑦ 重复步骤①~③,创建一个新表,在表中依次创建字段:ID(短文本)、职务(短文本)、工资(数字)、性别(短文本)、身份证 ID(短文本)、备注(短文本),设置"ID"为主键,保存表为"员工基础信息"。

⑧ 重复步骤⑥,从外部导入数据到"员工基础信息"表中。

⑨ 重复步骤①~③,创建一个新表,在表中依次创建字段:商品编号、交易日期、进/出库标志、交易数量、交易单价、交易金额、经办人,并将表保存为"商品交易"。

⑩ 设置"商品编号"字段属性。在表设计窗口中选择"商品编号"字段的"查阅"属性选项卡,在"显示控件"属性的下拉列表框中选择"组合框",在"行来源类型"属性的下拉列表框中选择"表/查询",在"行来源"属性的文本框中输入"SELECT 商品信息.商品编号 FROM 商品信息;",也可以设置字段的数据类型为"查阅向导",然后链接"商品信息"表中"商品编号"字段的方法实现。

⑪ 设置"经办人"字段属性。步骤同⑩相似,在表设计窗口中选择"经办人"字段"查阅"属性选项卡,在"显示控件"属性的下拉列表框中选择"组合框",在"行来源类型"属性的下拉列表框中选择"表/查询",在"行来源"属性的文本框中输入"SELECT 员工基础信息.姓名 FROM 员工基础信息;",如图 4-99 所示。

⑫ 点击"保存"按钮保存对"商品交易"的修改。

⑬ 重复步骤⑥,从外部导入数据到"商品交易"表中。

字段名称	数据类型	说明(可选)
商品编号	短文本	
交易日期	日期/时间	
进/出库标志	是/否	
交易数量	数字	
交易单价	数字	
交易金额	数字	
经办人	短文本	

商品交易

字段属性

常规 查阅

显示控件	组合框
行来源类型	表/查询
行来源	SELECT 员工基础信息.姓名 FROM 员工基础信息;
绑定列	1
列数	1
列标题	否
列宽	
列表行数	16
列表宽度	自动
限于列表	否
允许多值	否
允许编辑值列表	否
列表项目编辑窗体	
仅显示行源值	否

数据类型决定用户所能保存在该字段中值的种类。按 F1 键可查看有关数据类型的帮助。

图 4-99　商品交易表

（2）建立表之间的关联

要保证数据库里各个数据表之间数据的一致性和相关性，就必须在表之间建立关联。在"商品交易"和"商品信息"表之间以"商品编号"为关联字段建立关联，具体操作步骤参考书中表关联的介绍。数据库中最终的关系如图 4-100 所示。

创建表间关系

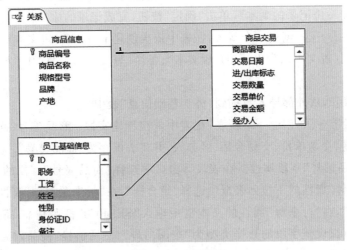

图 4-100　表间关系

2. 创建查询

在实际应用中，往往需要对数据表的固定字段进行各类查询来重新组织和整合"信息"。"输入符合查询要求的商品名称，可查阅指定商品的销售利润及库存"，这是一个典型的参数匹配查询，输入参数"商品名称"后查询商品的销售利润和库存情况。而商品的销售利润、库存量等信息则是在数据表中不存在的字段，这需要创建多个汇总查询后逐项汇总出商品的销售利润和库存。

（1）创建"商品进货汇总查询"和"商品销售汇总查询"（操作步骤扫右侧二维码）

① 单击"创建"选项卡"查询"组的"查询向导"按钮。

② 弹出"新建查询"对话框，选择"简单查询向导"选项。

③ 在对话框左侧的"表/查询"下拉列表中选择"表：商品信息"，在"可用字段"列表中选择字段"商品名称"，添加到"选定字段"；再次在"表/查询"下拉列表中选择"表：商品交易"，依次将"商品编号""交易数量"和"交易金额"3 个字段添加到"选定字段"列表。

④ 单击"下一步"按钮，选择 "汇总"选项并单击"汇总选项"按钮，系统弹出"汇总选项"对话框。

⑤ 在"汇总选项"对话框中依次勾选字段"交易数量"和"交易金额"的"汇总"选项，单击"确定"按钮，返回到"请确定采用明细查询还是汇总查询"对话框。

⑥ 单击"下一步"按钮，系统弹出对话框指定查询标题。在对话框中输入标题"商品进货汇总查询"，选择"修改查询设计"选项，单击"完成"按钮。

⑦ 至此已经完成了查询的基本信息设置，系统进入了查询的设计视图。

⑧ 如图 4-101 所示，将光标定位在"交易金额之合计"旁边的字段行，单击下拉按钮，从下拉列表中选择字段"商品交易.进/出库标志"，查询多了一列字段"进/出库标志"。

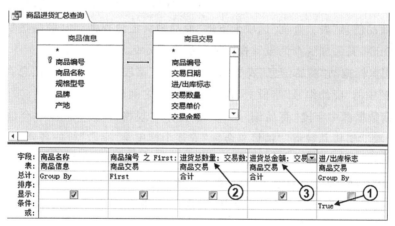

图 4-101　进货汇总查询设置

⑨ 将字段"进/出库标志"的"显示"行处勾选去掉，在条件行处设置条件为"True"。

⑩ 将查询字段"交易数量之合计"改名为"进货总数量"，将查询字段"交易金额之合计"改名为"进货总金额"。

⑪ 单击"设计"选项卡"结果"组的"运行"按钮，系统将查询结果以数据表的形式显示，其结果如图 4-102 所示。

⑫ 单击"保存"按钮，保存对"商品进货汇总查询"的设计。

⑬ 重复步骤①～⑧创建"商品销售汇总查询"。

⑭ 将字段"进/出库标志"的"显示"行处勾选去掉，在条件行处设置条件为"False"。

⑮ 将查询字段"交易金额之合计"改名为"销售总金额"，将查询字段"交易数量之合计"

商品进货汇总查询			
商品名称 ·	商品编号 之 ·	进货总数量 ·	进货总金额 ·
布娃娃	00003	554	￥83,100.00
大型拼图	00009	510	￥61,200.00
滑板车	00007	700	￥87,500.00
毛绒玩具	00006	650	￥52,000.00
魔方	00008	627	￥47,025.00
喷水枪	00005	676	￥43,000.00
塑料滑梯	00002	708	￥68,894.00
玩具电子琴	00010	645	￥74,175.00
遥控铲车	00004	777	￥38,850.00
遥控汽车	00001	848	￥177,100.00

记录: ◄ ◄ 第 10 项(共 10 项 ► ►► ► 无筛选器 搜索

图 4-102　商品进货汇总查询结果

改名为"销售总数量"。

⑯ 单击"保存"按钮,保存对"商品销售汇总查询"的设计。

(2) 创建"商品销售利润及库存查询"

根据上面创建的商品进货汇总查询和销售汇总查询计算商品的销售利润和库存。

参数查询

① 在数据库窗口中,单击"创建"选项卡"查询"组的"查询设计"按钮。

② 系统进入查询设计视图并弹出"显示表"对话框。在"显示表"对话框中,依次将"表"选项卡下的"商品信息"表、"查询"选项卡下的"商品销售汇总查询"和"商品进货汇总查询",通过"添加"按钮将其添加到查询设计视图的数据源显示区域内。

③ 依次用鼠标拖动"商品信息"表中的"商品编号"字段到"商品销售汇总查询"和"商品进货汇总查询"中的"商品编号"字段上,在查询数据源之间建立关联。

④ 将查询数据源中字段"商品编号""商品名称""规格型号""品牌""产地""进货总数量""进货总金额""销售总数量""销售总金额"等逐个拖曳至"字段"行的各列中。

⑤ 在"销售总金额"旁边一列输入"销售利润:销售总金额-进货总金额"。

⑥ 在"销售利润"旁边一列输入"库存数量:进货总数量-销售总数量"。

⑦ 在"商品名称"字段的"条件"行中,输入一个带有方括号的文本"[请输入商品名称:]"作为参数查询的提示信息。

⑧ 查询设计视图如图 4-103 所示,单击"保存"按钮,系统弹出"另存为"对话框,输入查

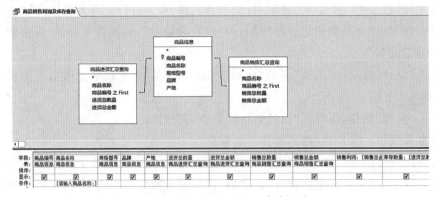

图 4-103　商品销售利润及库存查询

询名字为"商品销售利润及库存查询"。

⑨ 单击"设计"选项卡"结果"组的"运行"按钮,系统弹出"输入参数值"对话框。

⑩ 在"输入参数值"对话框中输入要查询的商品名称(如输入"毛绒玩具"),单击"确定"按钮,即可得到查询结果。

3. 创建商品的日常业务处理窗体

(1) 创建商品交易窗体

① 在数据库的导航窗格中,选择"商品交易"表。

② 单击"创建"选项卡"窗体"组的"窗体"按钮,系统会根据数据表"商品交易"的字段自动创建一个新窗体。

窗体设计

③ 单击"开始"选项卡"视图"组的"视图"下拉按钮,选择"设计视图"命令,系统进入窗体的设计视图。

④ 单击"窗体设计工具"下"设计"选项卡"控件"组的"标签"按钮,在窗体"主体"区域的"进/出库标志"旁拖曳出一个区域,输入"若是商品入库,请将复选框勾选"。用同样的方法再在"进/出库标志"旁输入一行信息"若是商品销售,请去掉复选标志"。

⑤ 单击"窗体设计工具"下"设计"选项卡"视图"组的"视图"下拉按钮,选择"窗体视图"命令,可以看到窗体的运行效果。

⑥ 右键单击"商品交易"标签,从快捷菜单中选择"保存"命令。系统弹出"另存为"对话框,在"窗体名称"文本框中输入"商品交易窗体"并单击"确定"按钮。

商品交易窗体的创建完成了,可以利用它来管理商品交易的相关操作:商品入库、销售商品、修改商品交易记录和删除商品交易记录等。

(2) 商品销售利润及库存查询窗体

前面创建的"商品销售利润及库存查询",实现了"按输入商品名称查询商品销售利润和库存"的要求。但是窗体能更直观地显示查询数据。接下来将根据该查询建立窗体,进一步完善项目的查询要求。

① 单击"创建"选项卡"窗体"组的"窗体向导"按钮。

② 系统弹出"窗体向导"对话框。在对话框中的"表/查询"下拉列表框中,选择"查询:商品销售利润及库存查询"作为窗体的数据源。

③ 单击按钮 "⟫",将"可用字段"列表中的所有字段添加到"选定字段"列表中去。

④ 单击"下一步"按钮,如图 4-104 所示,选择"两端对齐"作为窗体的布局方式。

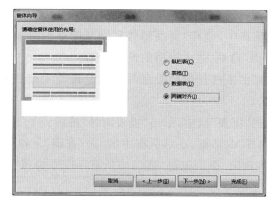

图 4-104　窗体布局—两端对齐

⑤ 单击"下一步"按钮,输入窗体标题为"商品销售利润及库存查询窗体"。选中"修改窗体设计"选项,单击"完成"按钮,便进入了窗体设计视图。

⑥ 在窗体的"主体"区域对各个字段控件作布局调整。"商品名称""商品编号""规格型号""品牌""产地"等有关商品信息的字段作为一组排列在一行。"进货总数量""进货总金额""销售总数量""销售总金额""库存数量""销售利润"等商品销售信息作为另一组排列成三行。

⑦ 单击"窗体页脚",按下鼠标左键向下拖动,给"主体"区域留出空间,调整步骤⑥中两组字段的间距;单击"窗体设计工具"下"设计"选项卡"控件"组的"直线"按钮,在窗体"主体"区域两组商品信息之间画出一条直线。

⑧ 单击"窗体设计工具"下"格式"选项卡"控件格式"组的"形状轮廓"按钮,在下拉菜单中依次选"颜色"(红色)和"线条宽度"(2pt)来设置直线的外观,单击"保存"按钮。

⑨ 单击"窗体设计工具"下"设计"选项卡"视图"组的"视图"下拉按钮,选择"窗体视图"命令。系统弹出"输入参数值"对话框,输入要查询的商品名称"毛绒玩具"并单击"确定"按钮,得到的查询结果如图 4-105 所示。

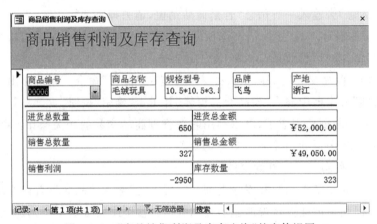

图 4-105　"商品销售利润及库存查询"的窗体视图

4. 设计利润汇总报表

① 在数据库的导航窗格中,选择"商品销售利润及库存查询"。单击右键,在弹出的快捷菜单中选择"复制"命令。

② 在导航窗格的空白处,单击鼠标右键,在弹出的快捷菜单中选择"粘贴"命令。

③ 系统弹出"粘贴为"对话框,输入"商品销售利润及库存汇总查询"作为新查询的名称,单击"确定"按钮。

④ 在数据库的导航窗格中,选择"商品销售利润及库存汇总查询"查询。单击右键,在快捷菜单中选择"设计视图"命令,进入查询的设计视图。

⑤ 在字段"商品名称"的条件行中删除条件设置"[请输入商品名称:]",单击"保存"按钮保存。

⑥ 在"创建"选项卡的"报表"组中,单击"报表向导"按钮。

⑦ 系统弹出"报表向导"对话框,在对话框中的"表/查询"下拉列表框中选择"查询:商品销售利润及库存汇总查询"。单击按钮"⣿",将所有字段添加到"选定字段"列表框。

⑧ 单击"下一步"按钮,采用系统默认设置,不添加分组级别。

⑨ 单击"下一步"按钮,采用系统默认设置,不设置数据排序次序及汇总信息。

⑩ 单击"下一步"按钮,设置报表布局方式,在"布局"组中选择"表格",在"方向"组中选择"横向"。

⑪ 单击"下一步"按钮,输入"商品销售利润及库存汇总报表"作为报表名称。选择"修改报表设计"选项,单击"完成"按钮,便完成了对报表的创建并在设计视图中将其打开。

⑫ 选中"报表页眉"区域的标题,拖曳至"报表页眉"区域中间使标题居中。

⑬ 在报表"页面页眉""主体"区中依次调整各个字段标签的位置及大小。

⑭ 单击"保存"按钮保存对报表的设置。单击"报表设计工具"下"设计"选项卡"视图"组的"视图"按钮,选择"报表视图"命令。"商品销售利润及库存汇总"报表的运行效果如图4-106 所示。

商品销售利润及库存汇总

商品编号	商品名称	规格型号	品牌	产地	进货总数量	进货总金额	销售总数量	销售总金额	销售利润	库存数量
00003	布娃娃	12m	好娃娃	江苏	554	￥83,100.00	554	￥105,430.00	22330	0
00009	大型拼图	66*22*7	梦想	安徽	510	￥61,200.00	510	￥102,000.00	40800	0
00007	滑板车	55*18*13cm	好娃娃	江苏	700	￥87,500.00	686	￥125,075.00	37575	15
00006	毛绒玩具	10.5*10.5*3.5c	飞岛	浙江	650	￥52,000.00	327	￥49,050.00	-2950	323
00008	魔方	15.5*5.8*4.3cm	天才	上海	627	￥47,025.00	485	￥87,300.00	40275	142
00005	喷水枪	29.5*18*17cm	白云	上海	676	￥43,000.00	615	￥73,800.00	30800	61
00002	塑料滑梯	1000*550*330cm	汇乐	浙江	708	￥68,894.00	650	￥71,490.00	2596	58
00010	玩具电子琴	1.2m	印象卡奇	福建	645	￥74,175.00	558	￥125,600.00	51425	87
00004	遥控铲车	124*90	蓝天	福建	777	￥38,850.00	595	￥38,960.00	110	182
00001	遥控汽车	75*27.5*47cm	小龙哈彼	江苏	848	￥177,100.00	745	￥187,325.00	10225	103

2017年8月9日　　　　　　　　　　　　　　　　　　　　　　　　　　　　共 1 页,第 1 页

图 4-106　"商品销售利润及库存汇总"报表视图

5. 使用条件格式在报表中预警

为了让报表中各种数据看起来更加清晰夺目,将商品销售利润和库存数量的多少用不同的颜色和样式表现出来。

报表条件格式

① 首先需要使报表中各行显示的颜色统一。在报表的"主体"区域上单击右键,在弹出的快捷菜单中选择"替补填充/背景色"命令,并在该命令的下拉列表中选择"白色",如图4-107 所示。

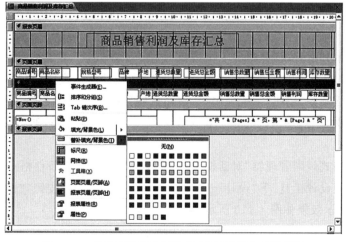

图 4-107　"商品销售利润及库存汇总"报表设计视图

② 选中窗体"主体"区域中的"销售利润"字段,单击"报表设计工具"下"格式"选项卡"控件格式"组的"条件格式"按钮,系统弹出"条件格式规则管理器"对话框,如图 4-108所示。

图 4-108　条件格式规则管理器

③ 单击"条件格式规则管理器"对话框的"新建规则"按钮,弹出"新建格式规则"对话框。

④ 如图 4-109 所示,在"新建格式规则"对话框中设置条件格式:当字段值小于 5000

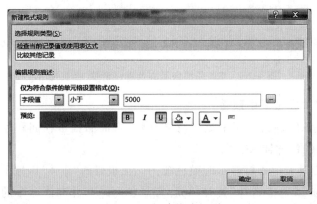

图 4-109　新建格式规则

时,显示为红色、加粗、下划线、背景为浅灰色 1。单击"确定"按钮,返回到"条件格式规则管理器"对话框。

⑤ 单击"显示其格式规则"旁的下拉按钮,选择"库存数量"命令。系统弹出对话框提示"切换字段将丢失尚未应用的规则修改",这里选择"继续并应用设置"按钮。

⑥ 单击"新建规则"按钮,系统弹出"新建格式规则"对话框。设置条件格式:当字段值小于 50 时,显示为蓝色、加粗、倾斜、背景为浅灰色 1。单击"确定"按钮,返回到"条件格式规则管理器"对话框。

⑦ 在"条件格式规则管理器"对话框中单击"确定"按钮,完成条件格式的设置。

⑧ 单击"报表设计工具"下"设计"选项卡"视图"组的"视图"按钮,"商品销售利润及库存汇总"报表的显示效果如图 4-110 所示。

图 4-110　商品销售利润及库存汇总报表

4.4.4　项目小结

本项目主要介绍了如何设计和创建数据表,如何确保数据库的参照完整性和实体完整性;如何按照实际需求创建汇总查询、计算查询和参数查询;如何利用窗体向导创建窗体,如何根据实际需要修改窗体的布局和外观以便更好地呈现信息;如何将查询以报表的形式来呈现信息,如何对报表创建条件格式以便突出显示重要数据。读者可以将 Access 数据库的强大功能应用于各类信息管理系统的开发中。

4.4.5　举一反三

设计一个工资管理系统

要求对项目 2 中的工资管理加以完善。具体的功能要求如下:

(1) 建立公司人员工资信息表;

(2) 建立窗体,方便地在工资库中完成人员的新增、离职或部门调动;

(3) 建立窗体,输入员工的姓名,可以查阅指定人员的工资详情;

(4) 建立窗体,输入部门名称,可以查阅指定部门人员的工资详情;

(5) 打印输出工资小于 2500 的职工名单;

(6) 能以图表的方式分析公司工资的分布情况。

第 5 章

Office 组件协作及团队协作

 学习目的及要求

掌握 Office 2016 提高工作效率的方法，学习 Office 组件之间的协作运用技巧并实现最佳组合应用技术，能够熟练掌握 Word、Excel、PowerPoint 三个软件之间协作的常用方法。具体地说，掌握以下内容：

1. Word 与 Excel 之间的协作

（1）掌握 Word 中新建 Excel 表格的方法。

（2）掌握 Word 中插入 Excel 已有表格的方法。

（3）掌握 Excel 表格中插入 Word 文档的方法。

（4）掌握 Excel 内容转换成 Word 表格的方法。

2. Word 与 PowerPoint 之间的协作

（1）掌握 Word 中创建 PPT 演示文稿的方法。

（2）掌握 PowerPoint 转换为 Word 文档的方法。

（3）掌握 PowerPoint 插入 Word 文档的方法

3. Excel 与 PowerPoint 之间的协作

（1）掌握 PPT 中插入空白 Excel 表格的方法。

（2）掌握 PPT 中插入已有的 Excel 表格的方法。

（3）掌握 Excel 表格中插入 PPT 演示文稿的方法。

4. Office 2016 团队协作编辑

掌握 Office 2016 文档实时共享和团队协作编辑方法。

5.1　Word 与 Excel 之间的协作

Word 和 Excel 是 Office 家族中使用最频繁的两个办公软件，Word 侧重于文字编辑、图文混排，Excel 则是一款电子表格，具有强大的计算、数据编辑和处理能力。在实际工作中，经常需要在 Word 文档中加入数据处理的操作，以及在 Excel 文档中加入文字编辑的操作，

这就需要用到 Word 与 Excel 之间的协作。

5.1.1　Word 中新建 Excel 表格

打开 Word 2016,将光标定位在需要插入表格的位置,单击"插入"选项卡"表格"组中的"表格"下拉按钮,选择"Excel 电子表格"命令,如图 5-1 所示。

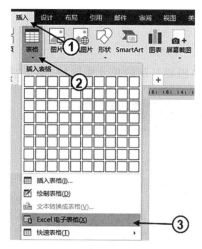

图 5-1　Word 中插入 Excel 表格

在 Word 文档中出现空白的 Excel 电子表格,当光标选中表格时,可以以与在 Excel 软件中处理数据同样的方式操作表格,选项卡也对应变成 Excel 电子表格的选项卡。如图 5-2 所示。

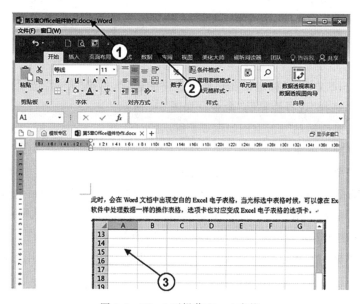

图 5-2　Word 下操作 Excel 表格

① Word 软件界面;

② Excel 选项卡;

③ Word 文档下的 Excel 表格。

如果想删除 Word 文档下的 Excel 表格,可以在 Word 文档的空白处单击,退出 Excel 表格编辑状态。然后单击表格,此时表格处于选中状态(双击表格,再次进入表格编辑状态),按下键盘的"Delete"键即可删除电子表格。

5.1.2 Word 中插入已有的 Excel 表格

1. 复制—选择性粘贴

表格内容粘贴操作如下:

(1) 打开 Excel 表格,选中想要复制的单元格区域,单击"复制"按钮,如图 5-3 所示。

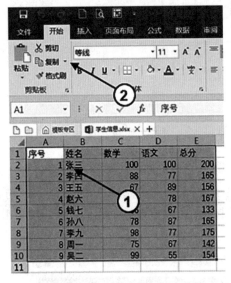

图 5-3 复制 Excel 表格内容

图 5-4 选择性粘贴操作步骤

(2) 打开 Word 文档,光标定位在想插入表格的位置,单击"开始"选项卡"剪贴板"组的"粘贴"下拉按钮,选择"选择性粘贴"命令。如图 5-4 所示。

(3) 单击"选择性粘贴"后,出现如图 5-5 所示的对话框。

① 指明复制的数据源;

② 单击选中要复制为 Excel 工作表对象;

③ 粘贴:则把 Excel 数据粘贴到 Word 文档中,粘贴完后原始 Excel 表和 Word 文档中的表格不再有联系,源表数据的更改不影响 Word 文档中的表格数据;粘贴链接:Excel 源表数据的更新会影响 Word 表格的数据,可以实现实时更新。

④ 显示为图标:在 Word 文档中出现 Excel 软件的图标,双击后会用 Excel 软件打开对应的源表格。

2. 插入—对象

打开 Word 文档,光标定位在想插入表格的位置,单击"插入"选项卡"文本"组的"对象"下拉按钮,选择"对象…"命令,弹出如图 5-6 所示的对话框。

① 新建:在 Word 文档中插入一个新的 Excel 表格。

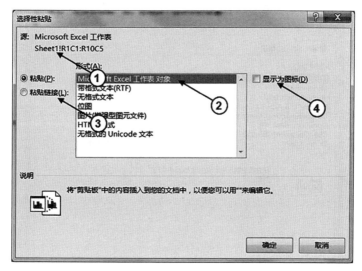

图 5-5　选择性粘贴

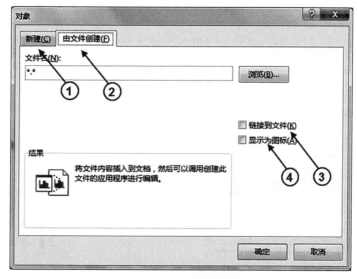

图 5-6　插入对象对话框

② 由文件创建：单击"浏览"按钮，可选择一个已有的 Excel 表格插入到 Word 文档中。

③ 链接到文件：把 Excel 数据粘贴到 Word 文档中，并且 Excel 源表数据的更新会影响 Word 表格的数据。

④ 显示为图标：在 Word 文档中出现 Excel 软件的图标，双击后会用 Excel 软件打开对应的源表格。

5.1.3　Excel 表格中插入 Word 文档

在 Excel 表格中也可以插入 Word 文档并编辑。打开 Excel 表格，光标定位到想插入位置的单元格。单击"插入"选项卡"文本"组的"对象"按钮，如图 5-7 所示。

单击"新建"选项卡中的"Word 文档"表示插入一个空白的 Word 文档，如果勾选"显示

图 5-7　插入 Word 文档

为图标",则在 Excel 表格中会插入 Word 软件图标,当双击该图标,会打开 Word 软件开始文档的编辑。单击"由文件创建",则可以插入一个已有的 Word 文档。如图 5-8 所示,显示在 Excel 表格中插入一个空白 Word 文档并编辑的操作界面。

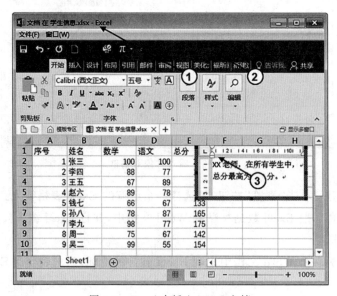

图 5-8　Excel 中插入 Word 文档

① Excel 软件界面;

② Word 选项卡;

③ Excel 表格下编辑 Word 文档。

5.1.4　Excel 内容转换成 Word 表格

有时候我们需要将 Excel 表格转换为 Word 文档,但是并不是所有表格都适合直接复制。比如遇到过多的表格,如何更方便地处理呢? 可以通过如下步骤实现:

(1) 打开 Excel 文件。

(2) 单击"文件"选项卡,在左侧选项列表中单击"导出"选项,选择"导出"窗口中"更改文件类型"选项下的"另存为其他文件类型",然后单击"另存为"按钮。如图 5-9 所示。

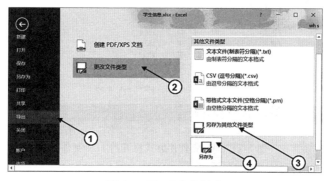

图 5-9　Excel 文件导出

① 单击"导出"。

② 单击"更改文件类型"。

③ 单击"另存为其他文件类型"。

④ 单击"另存为"。

(3) 跳出文件保存窗口,选择保存类型为"网页(* .htm; * .html)",单击"保存"按钮。如图 5-10 所示。

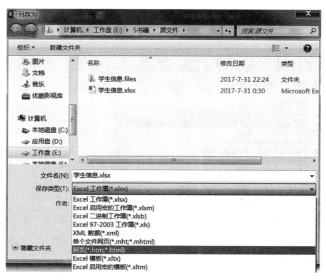

图 5-10　Excel 文件导出

（4）在对应的文件夹内找到刚保存好的 htm 文件，右击，选择打开方式为"Word 2016"，打开如图 5-11 所示的文档，然后另存为 Word 文档格式。

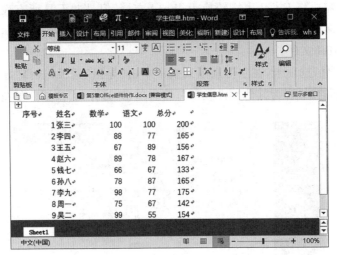

图 5-11　Word 软件方式打开的 htm 文件

5.2　Word 与 PowerPoint 之间的协作

5.2.1　Word 中创建 PPT 演示文稿

在 Word 2016 中插入演示文稿，可以使 Word 文档内容更加丰富美观，在 Word 中插入演示文稿的具体步骤如下所示：

（1）打开 Word 文档，光标定位在想插入演示文稿的位置。

（2）单击"插入"选项卡"文本"组的"对象"下拉按钮，选择"对象…"命令，弹出如图 5-12 所示的对话框。

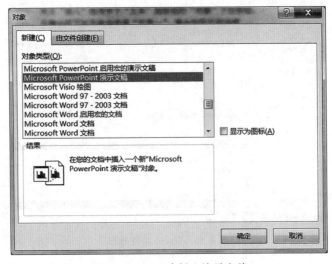

图 5-12　Word 中插入演示文稿

（3）选择"Microsoft PowerPoint 演示文稿"，单击"确定"按钮，即可在 Word 文档中新建一个空白的演示文稿，效果如图 5-13 所示。

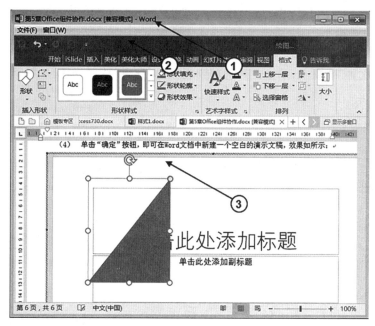

图 5-13　Word 中插入演示文稿

① Word 软件界面；

② PPT 选项卡；

③ Word 文档下的 PPT 演示文稿。

（4）双击演示文稿即可进入放映状态。

（5）如果想再次进入演示文稿的编辑状态，可右击演示文稿，选择"演示文稿对象"下的"编辑"。如图 5-14 所示。

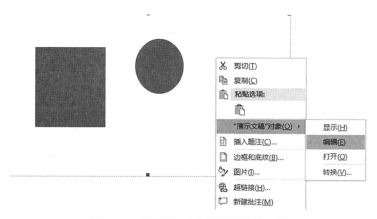

图 5-14　编辑 Word 文档下的演示文稿

（6）如果想将演示文稿以图标的形式插入到文档中，只需要在新建演示文稿时选中"显示为图标"复选框。

5.2.2 PowerPoint 转换为 Word 文档

为便于阅读、检查或打印内容,可以将 PowerPoint 演示文档中的内容转换为 Word 文档。具体操作步骤如下:

(1) 打开一个演示文稿。

(2) 单击"文件"选项卡,单击左侧选项列表中的"导出"选项,如图 5-15 所示。

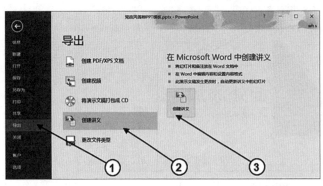 

图 5-15　创建讲义　　　　　　　　图 5-16　Microsoft Word 版式设置

(3) 单击"导出"窗口中的"创建讲义"按钮,在弹出的对话框中,选择"Microsoft Word 使用的版式"后,单击"确定"按钮,可以在 Word 中创建讲义。如图 5-16 所示。

① 发送到 Word 后的五种版式:备注在幻灯片旁、空行在幻灯片旁、备注在幻灯片下、空行在幻灯片下、只使用大纲。

② 将幻灯片添加到 Word 文档中的方式:粘贴、粘贴链接。

③ 单击"确定"后,生成一个 Word 文档。

(4) 演示文稿转换为 Word 文档后,会以 PPT 幻灯片页为单位在 Word 中显示,双击幻灯片可以进入编辑状态。

5.2.3 PowerPoint 插入 Word 文档

在演示文稿中也可以插入 Word 文档并编辑。打开演示文稿,选中想插入 Word 文档的幻灯片页。单击"插入"选项卡下的"文本"面板组中的"对象"按钮,如图 5-17 所示:

① 插入方式"新建":创建一个空白的 Word 文档;"由文件创建":打开一个已有的 Word 文档;

② 对象类型:选择"Microsoft Word 文档";

③ "显示为图标":显示一个 Word 软件图标。双击 Word 文档区域可以对文档进行编辑。

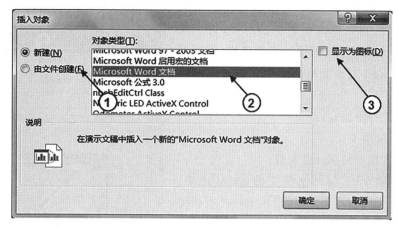

图 5-17　PPT 中插入 Word 文档

5.3　Excel 与 PowerPoint 之间的协作

5.3.1　PPT 中插入空白 Excel 表格

打开 PowerPoint 2016，将光标定位在需要插入表格的幻灯片页位置，单击"插入"选项卡"表格"组的"表格"下拉按钮，选择"Excel 电子表格"命令，如图 5-18 所示。

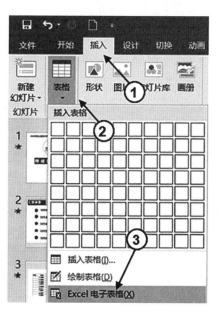

图 5-18　PPT 中插入 Excel 表格

① 单击"插入"选项卡；

② 单击"表格"下拉列表；

③ 单击"Excel 电子表格"选项。

此时,会在 PPT 的幻灯片页中出现空白的 Excel 电子表格,当光标选中表格的时候,可以像在 Excel 软件中处理数据那样地操作表格,选项卡也对应变成 Excel 电子表格的选项卡。如图 5-19 所示:

① PPT 软件界面;

② Excel 选项卡;

③ PPT 文档下的 Excel 表格。

如果想删除 PPT 演示文档下的 Excel 表格,可以在幻灯片页的空白处单击,退出 Excel 表格编辑状态。然后单击表格,此时表格处于选中状态(双击表格,再次进入表格编辑状态),按下键盘的"Delete"键即可删除电子表格。

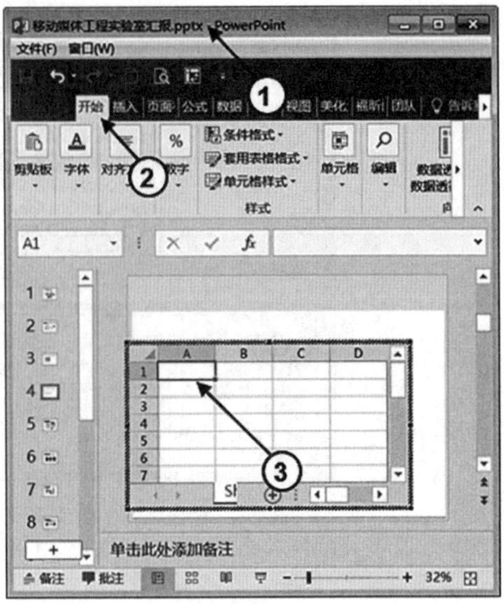

图 5-19　PPT 下操作 Excel 表格

5.3.2　PPT 中插入已有的 Excel 表格

1. 复制—选择性粘贴

表格内容粘贴操作如下:

(1) 打开 Excel 表格,选中想要复制的单元格区域,单击"复制"按钮,如图 5-20 所示:

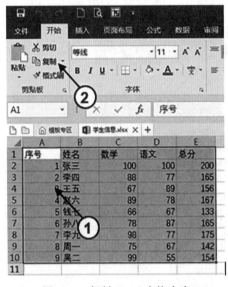

图 5-20　复制 Excel 表格内容

图 5-21　选择性粘贴操作步骤

(2) 打开 PPT 演示文稿,光标定位在想插入表格的幻灯片页位置,单击"开始"选项卡"剪贴板"组的"粘贴"下拉按钮,选择"选择性粘贴"命令。如图 5-21 所示。

(3) 单击"选择性粘贴"后,出现如图 5-22 所示的对话框。

① 指明复制的数据源;

② 单击选中要复制为 Excel 工作表对象;

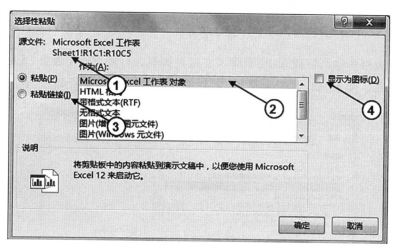

图 5-22　选择性粘贴

③ 粘贴：则把 Excel 数据粘贴到 PPT 文档中，粘贴完后原始 Excel 表和 PPT 文档中的表格不再有联系，源表数据的更改不影响 PPT 文档中的表格数据；粘贴链接：Excel 源表数据的更新会影响 PPT 表格的数据，可以实现实时更新。

④ 显示为图标：在 PPT 文档中出现 Excel 软件的图标，双击后会用 Excel 软件打开对应的源表格。

2. 插入－对象

打开 PPT 演示文稿，光标定位在想插入表格的幻灯片页位置，单击"插入"选项卡"文本"组的"对象"下拉按钮，选择"对象…"命令，弹出如图 5-23 所示对话框。

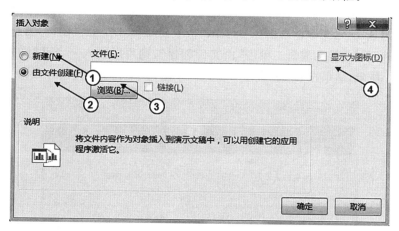

图 5-23　插入对象对话框

① 新建：在 PPT 文档中插入一个新的 Excel 表格。

② 由文件创建：单击"浏览"按钮，可选择一个已有的 Excel 表格插入到 PPT 文档中。

③ 链接：把 Excel 数据粘贴到 PPT 文档中，并且 Excel 源表数据的更新会影响 PPT 文档的表格数据。

④ 显示为图标：在 PPT 文档中出现 Excel 软件的图标，双击后会用 Excel 软件打开对应的源表格。

5.3.3 Excel 表格中插入 PPT 演示文稿

在 Excel 表格中也可以插入 PPT 演示文稿并编辑。打开 Excel 表格,光标定位到想插入位置的单元格。单击"插入"选项卡"文本"组的"对象"按钮,如图 5-24 所示:

图 5-24　插入 PPT 演示文稿

单击"新建"选项卡中的"Microsoft PowerPoint 演示文稿"表示插入一个空白的 PPT 演示文稿,如果勾选"显示为图标",则在 Excel 表格中会插入 PPT 软件图标,当双击该图标,会打开 PPT 软件开始文档的编辑。单击"由文件创建",则可以插入一个已有的 PPT 演示文稿。如图 5-25 所示,显示在 Excel 表格中插入一个空白 PPT 演示文稿并编辑的操作界面。

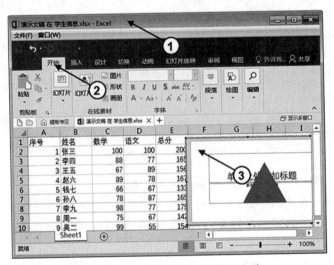

图 5-25　Excel 中插入 PPT 演示文稿

① Excel 软件界面；

② PPT 软件选项卡；

③ Excel 表格下编辑 PPT 演示文稿。

在幻灯片区域双击则进入 PPT 演示文稿的播放状态，如果想再次进入演示文稿的编辑状态，可在演示文稿上单击鼠标右键，选择"演示文稿对象"下的"编辑"。如图 5-26 所示：

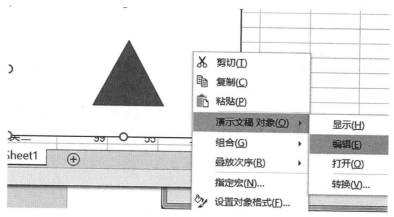

图 5-26　Excel 下的 PPT 文稿进入编辑状态

5.4　Office 2016 团队协作编辑

Office2016 提供了强大的实时协作功能，这个功能可以让用户在不同的电脑上处理同一个文件，比如用户想到办公室的电脑上继续处理在家中的文档，而不用 U 盘等进行数据迁移，则可以使用这个功能。另外，协作功能对于同一个团队多个用户实时协作编辑同一文档，提高工作效率，具有非常重要的意义。以 Word 2016 协作编辑为例。

（1）登录 Office 账号，单击"文件"选项卡，在左侧选项卡列表中单击"账号"，用申请的账号登录 Office。如图 5-27 所示：

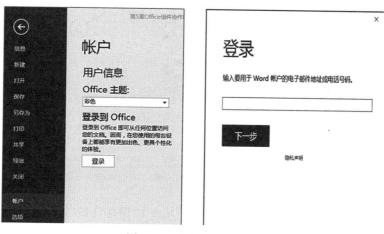

图 5-27　登录 Office 账号

(2)登录成功后,显示如图 5-28 所示,同时软件界面的右上角显示登录名及"共享"。

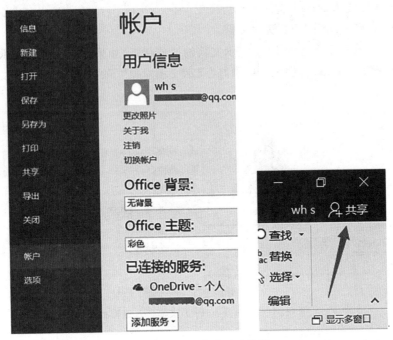

图 5-28　登录成功显示效果

(3)文档共享上传 OneDrive,单击上图的共享按钮,或单击"文件"选项卡,在左侧的选项卡列表中选择"共享"选项,操作如图 5-29 所示。

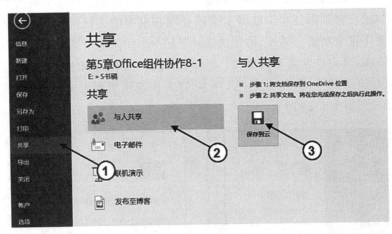

图 5-29　文档共享 OneDrive

① 单击"共享";

② 选择"与人共享";

③ 单击"保存到云"。

(4)单击"保存到云",出现文档保存到 OneDrive 的保存设置,如图 5-30 所示。

① 单击"OneDrive -个人";

② 选择一个 OneDrive 文件夹;

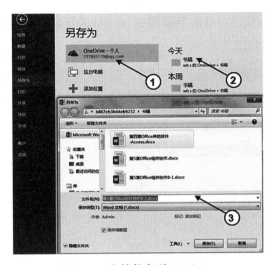

图 5-30　文档保存到 OneDrive

③ 更改文件夹和文件名,单击确定。

(5) 文档上传云共享后,可以发送邀请,实现多人在线实时编辑,如图 5-31 所示。

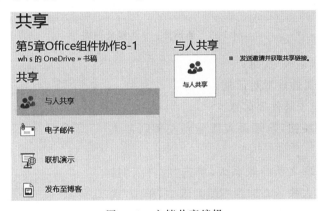

图 5-31　文档共享编辑

(6) 也可以单击软件右上角的"共享"按钮,设置共享方式,如图 5-32 所示。

图 5-32　邀请共享成员

(7)设置共享编辑方法一:单击 ▦ 按钮,出现"通讯簿:全局地址列表"对话框,可邀请共享编辑文档的用户,如图 5-33 所示。

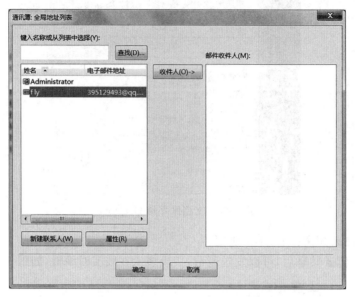

图 5-33 通讯簿:全局地址列表

① 单击"新建联系人"按钮;

② 出现联系人属性设置对话框;

③ 输入姓名、电子邮件等信息;

④ 单击"确定"按钮,新联系人添加到左侧联系人列表框;

⑤ 选择想要共享文档的联系人,单击"收件人"按钮,会将共享的联系人账号添加到右侧列表中,单击"确定"按钮会将该账号设置为能共享编辑文档的用户。如图 5-34 所示。

图 5-34 邀请共享人员

⑥ 单击"共享"按钮,会给指定的账号发送一封邮件,单击如图 5-35 所示的"在 OneDrive 中查看"按钮,即可进入在线协同编辑。

图 5-35 共享邮件

（8）设置共享编辑方法二：单击如图 5-32 所示的"获取共享链接"命令，出现如图 5-36 所示的共享编辑设置。

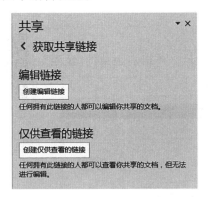

图 5-36　获取共享链接

图 5-37　创建编辑链接

① 单击"创建编辑链接"按钮，出现可编辑的链接网址，如图 5-37 所示。

"创建编辑链接"按钮，可以让拥有此链接的人编辑共享的文档；"创建仅供查看的链接"按钮，可以让拥有此链接的人查看共享的文档，但无法进行编辑。

② 单击"复制"按钮，然后通过网络将链接发送给共享的用户。

③ 共享用户收到链接后，单击链接打开网址，即可在线协同编辑。

Office 2016 协作编辑需要登录到微软的 OneDrive 云存储器，如果无法登录到微软的云存储器则不能进行协同编辑。目前越来越多的协同办公软件出现在互联网上。比如谷歌在线文档、Zoho 在线文档等国外的协同编辑软件。国内知名的协同编辑软件有：腾讯 TIM，腾讯专门开发的一款为工作而设定的 QQ，支持在线协同办公；WPS 在线云文档，功能使用上完全免费，空间上做了 1G 的限制，上传的文件做了限制；石墨文档，个人使用支持最多 5 个人协同；一起写 Office，功能强大，使用简单，支持上传文档。

5.5　项目：公司年会活动策划方案的设计与制作

5.5.1　项目描述

在日常办公中，某些工作需要团队协作完成，比如协作编辑同一文档，如果团队成员可以实时协作编辑，则可以提高工作效率。现有 PX 公司筹备公司年会，需要小张和小李协同完成年会活动的策划方案。小张和小李准备用"一起写 Office"软件完成此工作。

项目描述

5.5.2　知识要点

（1）注册与登录。

（2）原始文档的上传。

（3）协作编辑。

（4）文档的输出。

5.5.3 制作步骤

1. 注册与登录

① 输入网址 http://yiqixie.com，如图 5-38 所示。单击右上角的"注册"
按钮，可选择"个人版"注册或者"企业版"注册。

组件协作操作步骤

图 5-38 一起写 Office

② 注册成功后登录，即可在网页中进行文档编辑。也可以单击"客户端下载"，安装软
件后在本地电脑上编辑文档。客户端支持 Win7/8/10，Linux，Mac 等平台，也支持 IOS 和
Android 移动端。

2. 原始文档上传

① 登录后，单击"新建"按钮下的"导入/上传"，选择"W Word(.doc/.docx)"，如图 5-39
所示。

图 5-39 文档上传

② 在出现的文件选择窗口中，选择项目配套素材"2018 年 PX 公司年会活动方案（初）.docx"文件，如图 5-40 所示。

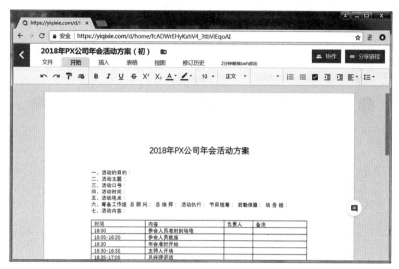

图 5-40　协作编辑页面

3. 协作编辑

① 单击"分享链接"，出现分享的设置对话框，如图 5-41 所示。单击"复制链接"按钮，可通过 QQ、微信等工具将链接发送给共享者。

关闭共享：关闭链接共享，只有指定协作者可以访问。编辑权限：拥有链接的任何用户都可以编辑。只读权限：拥有链接的用户允许查看。只读权限＋评论权限：拥有链接的用户允许查看和评论。

图 5-41　共享链接设置　　　　　　　　　　　图 5-42　协作者列表

② 单击文档编辑页面的"协作"按钮，可添加协作者，如图 5-42 所示。单击左下角的"添

加协作者"按钮。

③ 在出现的联系人列表中可选择已有的联系人,如图 5-43 所示。也可以在"搜索联系人或输入邮箱手机发送邀请"框中输入联系人的账号信息以添加新的联系人。

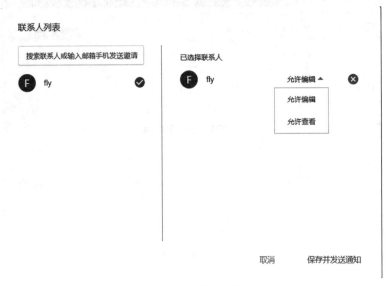

图 5-43 协作者添加

④ 单击"保存并发送通知"按钮。当协作者"fly"上线后,即可在收件箱中看到邀请协作编辑文档的邮件。单击即可进入该文档的编辑状态。如图 5-44 所示。

图 5-44 协作者界面

⑤ 如图 5-45 所示,小张(swh)和小李(fly)可以同时编辑文档,并且在文档中可以显示出正在编辑者的姓名。

图 5-45 协作编辑

4. 文档输出

单击"文件"选项卡,如图 5-46 所示。可单击"导出 pdf"或"导出 word"按钮,将文档以不同格式导出到本地电脑。

图 5-46　文档输出

5.5.4　项目小结

在日常工作中,团队协作编辑非常必要,以便于内部沟通,实现高效办公。目前,在线团队协作编辑的软件也非常多。可根据需要选择适合的工具。

5.5.5　举一反三

选择一款合适的团队协作编辑软件,团队成员协作完成班级活动策划方案。

参考文献

卞诚君.完全掌握 2016 高效办公[M].北京：机械工业出版社,2016.

点金文化.Office2016 从新手到高手[M].北京：电子工业出版社,2016.

刘文香.Office2016 大全[M].北京：清华大学出版社,2017.

刘相滨,刘艳松.Office 高级应用[M].北京：电子工业出版社,2016.

龙马高新教育.Office 2016 办公应用从入门到精通[M].北京：北京大学出版社,2016.

文海英,王凤梅,宋梅.Office 高级应用案例教程[M].北京：人民邮电出版社,2017.